R & STAR
〖アール アンド スター〗
データ分析入門

田中　敏・中野博幸　著
Satoshi Tanaka & Hiroyuki Nakano

新曜社

はじめに

　本書は，統計分析（statistical analysis）の入門書であると同時に，2つの統計分析ソフト js-STAR と **R** のマニュアルとして作成しました。筆者らの制作したフリーウェア js-STAR を入口として，読者諸氏が世界的に普及している素晴らしい統計分析システム **R** の世界に踏み入っていただけたなら，本書の企画意図は達成されたと考えます。

　筆者らは，本書と前著を合わせた下のような学習コースを構想していますので参考にしてください。

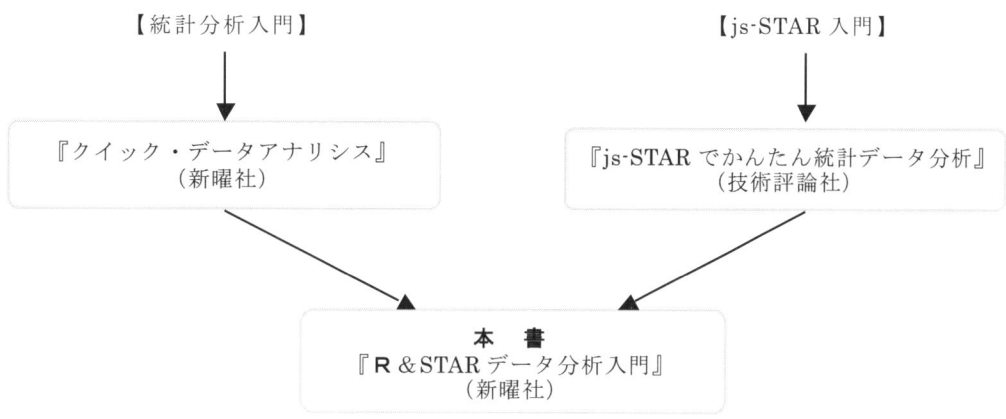

　もちろん前二著を読まなくても，本書『R & STAR データ分析入門』は理解できるように書きました。ただ，ある程度の数学の基礎知識とコンピュータの基本操作を習得している読者を想定しています。もし数字・数式そのものや確率の概念に多少の抵抗があるという方は『クイック・データアナリシス』（新曜社）から入ることをおすすめします。また，コンピュータの環境設定や画面操作にあまり慣れていないという方は『js-STAR でかんたん統計データ分析』（技術評論社）から入ることをおすすめします。

　本書は，データ分析の初学者を対象としていますが，部分的に高度な手法と分析結果の専門的な評価を含んでいます。この点，職業研究者にも役立てていただけるものと考えています。特に，昨今の統計分析の時流は，それまでの"統計的検定"万能の状況をもはや過去のものとし，"効果量と検出力"あるいはさらに"統計的モデリングと情報量基準"の新時代へ確実に歩を進めています。これからの入門学習は，スタート地点が昔よりもかなり前進したところに移ったことを承知しておく必要があるでしょう。しかし，それはデータ分析が大変になったということではなく，以前よりずっとスマートで実効的になったということです。もちろん純粋な分量として，研究内容に比べて研究方法に費やす時間と労力はずいぶん増大すると思いますが，その増大分は本書と一体化された js-STAR がきっと相殺してくれるだろうと予想しています。いや相殺どころか，筆者らが学んだ古く不便だったあの当時よりも，方法の習得にかけ

る時間と労力は大幅に軽減され，その分だけ本命の問題の考究が進展するだろうことを確信しています。

　その意味で，おそらく本書の真価は，本書そのものにはなく，筆者らが新生を画したjs-STARのほうにあるでしょう。本書の評価よりも，願わくは「js-STARはイイ！」という率直な感想を世辞なりともいただけるものなら，それが筆者らにとっては無上の喜びです。もちろんそうした評価は，いうまでもなく「Rはスゴイ！」というからにほかなりません。

*

　本書に記載されているソフトウェアの情報は，2013年6月10日現在のものです。特に断りのない限り，2013年6月10日現在での最新バージョンをもとにしています（R-3.0.1, js-STAR-2.0.2j）。ソフトウェアはバージョンアップされることが常態ですので，機能や画面構成などが本書の説明と異なってしまうことがあります。ご了承ください。

*

　新曜社社長・塩浦暲氏には，本書の上梓にご期待され成稿を辛抱強くお待ちいただきました。併せて何かと注文の多い制作に格別のご高配をいただいたことに心底よりお礼申し上げる次第です。

平成25年清夏
田中　敏・中野博幸

　Windows は Microsoft 社の登録商標です。その他，本文中に記載されている製品の名称は，すべて関係各社の商標および登録商標です。

目　　次

はじめに　　　　　　　　　　　　　　　　　　　　　　　*1*

0章　道具の入手と事前知識 ─────────────── *11*
    0.1　道具の入手　　　　　　　　　　　　　　　　　*11*
    0.2　データの種類と分析法　　　　　　　　　　　　*12*
    練習問題[1]　　　　　　　　　　　　　　　　　*14*

第1部　度数の分析　　　　　　　　　　　　*15〜82*

1章　1×2表の分析：正確二項検定 ─────────── *17*
    【例題1】スイーツの試作品は売れるか？　　　　　　*17*
    1.0　操作環境と操作手順のイメージ　　　　　　　　*17*
    1.1　操作手順　　　　　　　　　　　　　　　　　　*18*
    1.2　図を読む　　　　　　　　　　　　　　　　　　*21*
    1.3　検定結果を読む：p値を理解する　　　　　　　*22*
    1.4　統計的検定を実習する　　　　　　　　　　　　*24*
    　　　（1）帰無仮説（H_0）を立てる　　　　　　　*24*
    　　　（2）対立仮説（H_1）を立てる　　　　　　　*24*
    　　　（3）帰無仮説に従った母集団分布をつくる　　*25*
    　　　（4）有意水準の領域を決める　　　　　　　　*26*
    　　　（5）有意性を判定する　　　　　　　　　　　*27*
    　　　（6）効果量を計算する　　　　　　　　　　　*28*
    　　　（7）検出力を計算する　　　　　　　　　　　*28*
    1.5　結果の書き方　　　　　　　　　　　　　　　　*31*
    1.6　統計的推定　　　　　　　　　　　　　　　　　*31*
    1.7　パワーアナリシス　　　　　　　　　　　　　　*33*
    〈コラム1〉タイプIエラーとタイプIIエラー　　　　 *34*

2章　1×2表の分析：母比率不等 ──────────── *35*
    【例題2】死亡率は全国平均より高いか？　　　　　　*35*
    2.1　操作手順　　　　　　　　　　　　　　　　　　*35*
    2.2　図を読む　　　　　　　　　　　　　　　　　　*37*
    2.3　検定結果を読む　　　　　　　　　　　　　　　*37*
    2.4　区間推定の結果を読む　　　　　　　　　　　　*38*
    2.5　結果の書き方　　　　　　　　　　　　　　　　*39*
    2.6　パワーアナリシス　　　　　　　　　　　　　　*40*

3章　1×j表の分析：カイ二乗検定 —————————————— 41

【例題3】小学生はどんなほめられ方が好きか？　*41*
- 3.1　操作手順　*41*
- 3.2　図を読む　*43*
- 3.3　検定結果を読む　*43*
- 3.4　カイ二乗検定を実習する　*45*
  - (1) χ^2値を計算する　*45*
  - (2) 帰無仮説のカイ二乗分布を描く　*46*
  - (3) 有意性を判定する　*47*
  - (4) 検出力を求める　*48*
- 3.5　多重比較の結果を読む　*50*
- 3.6　結果の書き方　*52*
- 3.7　パワーアナリシス　*53*

練習問題［2］　*54*

4章　2×2表の分析：フィッシャーの正確検定 —————————————— 55

【例題4】仮設住宅は健康を害するか？　*55*
- 4.1　操作手順　*55*
- 4.2　図を読む　*56*
- 4.3　検定結果を読む　*56*
- 4.4　結果の書き方　*58*
- 4.5　点推定と信頼区間推定　*59*
- 4.6　パワーアナリシス　*60*

5章　i×j表の分析：カイ二乗検定 —————————————— 61

【例題5】コンビニの利用頻度に差があるか？　*61*
- 5.1　操作手順　*61*
- 5.2　図を読む　*62*
- 5.3　標本比率と期待度数を理解する　*62*
- 5.4　検定結果を読む　*65*
- 5.5　残差分析の結果を読む　*65*
- 5.6　多重比較の結果を読む　*66*
- 5.7　結果の書き方　*67*
- 5.8　パワーアナリシス　*68*
- 5.9　カイ二乗検定の制約と対策　*68*

〈コラム2〉 χ^2値をR画面で計算する　*70*

6章　2×2×k表の分析：層化解析 ——————————— 71

【例題6】特進クラスの創設は失敗だったか？ 71
- 6.1 操作手順　72
- 6.2 図を読む　73
- 6.3 統計的モデリングを理解する　73
- 6.4 モデリングの結果を読む　75
- 6.5 過分散を判定する　77
- 6.6 選出モデルを解釈する　77
- 6.7 結果の書き方　78
- 6.8 情報量基準を理解する：良いモデルとは何か　79
- 6.9 共通オッズ比を読む　80
- 6.10 層別に分析する　81
- 〈コラム3〉効果の方向を回帰係数から読む　82

第2部　平均の分析：実験計画法　　　83〜162

7章　t 検定：参加者間 ——————————— 85

【例題7】どっちのラーメン店が「うまい」か？ 85
- 7.1 操作手順　86
- 7.2 図を読む　87
- 7.3 検定結果を読む　87
  - (1) 帰無仮説（H_0）を立てる　87
  - (2) 対立仮説（H_1）を立てる　88
  - (3) 基本統計量を読む　88
  - (4) 分散の同質性を検定する　88
  - (5) t 検定の結果を読む　89
- 7.4 結果の書き方　90
- 7.5 t 検定を実習する　90
  - (1) t 値を計算する　91
  - (2) 帰無仮説の t 分布を描く　91
  - (3) 有意性を判定する　93
- 7.6 平均の差の信頼区間推定　93
- 7.7 ボックスプロット（箱ひげ図）を見る　94
- 〈コラム4〉代表値と散布度　96
- 〈コラム5〉分散と標準偏差　97
- **練習問題[3]**　100

8章　t 検定：参加者内 ―――――――――――――――― 101

【例題8】新設コースの名称，どちらがアピールするか？　　101
- 8.1　操作手順　　102
- 8.2　図を読む　　102
- 8.3　検定結果を読む　　103
- 8.4　結果の書き方　　104
- 〈コラム6〉参加者内 t 値を計算してみよう　　105
- 〈コラム7〉代入によるデータの一括入力機能　　106

9章　分散分析のしくみ ―――――――――――――――― 107

【例題9】平均を分析するのに，なぜ"分散分析"なのか？　　107
- 9.1　四コマ漫画：データ①の値はなぜ1になったのか　　107
- 9.2　アノヴァテーブルの作成　　109

10章　分散分析Ａｓ：1要因参加者間 ―――――――――― 111

【例題10】笑いは創造力を高めるか？　　111
- 10.1　操作手順　　113
- 10.2　図を読む　　114
- 10.3　基本統計量を読む　　114
- 10.4　分散分析表を読む　　115
- 10.5　分散分析を実習する　　115
  - （1）帰無仮説の F 分布を描く　　115
  - （2）有意性を判定する　　116
  - （3）効果量と検出力を求める　　117
- 10.6　結果の書き方　　120
- 10.7　多重比較の結果を読む　　121
- 10.8　分散の均一性の検定　　121
- 10.9　パワーアナリシス　　122
- 〈コラム8〉分散分析の3つの効果量　　123
- 〈コラム9〉分散分析と多重比較の関係　　124

11章　分散分析ｓＡ：1要因参加者内 ―――――――――― 125

【例題11】輪投げは中空の的をねらえ！　　125
- 11.1　操作手順　　126
- 11.2　図を読む　　127
- 11.3　基本統計量を読む　　128
- 11.4　分散分析表を読む　　128
- 11.5　効果量と検出力を読む　　130
- 11.6　多重比較の結果を読む　　131

	11.7	結果の書き方	*131*
	11.8	球面性検定の結果を読む	*132*
	〈コラム 10〉効果量：2つの η^2		*133*
	練習問題[4]		*134*

12 章　分散分析ＡＢｓ：2要因参加者間 ——————————— *135*

	【例題 12】美人も子どもには勝てない？		*135*
	12.1	操作手順	*136*
	12.2	図を読む	*137*
	12.3	基本統計量を読む	*138*
	12.4	分散分析表を読む	*138*
	12.5	効果量と検出力を読む	*139*
	12.6	多重比較の結果を読む	*141*
	12.7	分散の均一性を確認する	*142*
	12.8	パワーアナリシス	*142*
	〈コラム 11〉平方和（SS）のタイプ		*143*
	練習問題[5]		*144*

13 章　分散分析ＡｓＢ：2要因混合 ————————————— *145*

	【例題 13】ササヤキは記憶を促進するか？		*145*
	13.1	操作手順	*146*
	13.2	図を読む	*147*
	13.3	分散分析の結果を読む	*148*
	13.4	効果量と検出力を読む	*149*
	13.5	交互作用の分析：単純主効果検定	*150*
	13.6	単純主効果の多重比較	*153*
	13.7	参加者内要因Ｂの球面性検定	*153*
	13.8	参加者間要因Ａの分散の均一性検定	*154*
	13.9	出力オプションを利用する	*155*
	〈コラム 12〉単純主効果検定の有意水準について		*156*

14 章　作図の教室 ————————————————————— *157*

	14.1	線グラフの点描の記号を変えるには……	*157*
	14.2	線グラフに SD の"アンテナ"を付けるには……	*158*
	14.3	凡例の位置を移すには……	*160*

第3部　多変量解析　　163〜235

15章　相関係数計算 ——————————————— 165

【例題14】年をとると時間は短く感じられる？　165
- 15.1　操作手順　166
- 15.2　散布図を読む　169
- 15.3　相関係数を読む　170
- 15.4　相関係数の有意性検定　172
- 15.5　相関の強さを判定する　173
- 15.6　回帰直線を求める　174
- 〈コラム13〉曲線相関　177
- **練習問題［6］**　178

16章　回帰分析 ——————————————— 179

【例題15】学生の満足度を決定している要因は何か？　179
- 16.0　欠損値を処理する　180
- 16.1　回帰モデルを設定する　181
- 16.2　操作手順　181
- 16.3　不良項目をチェックする　183
- 16.4　散布図マトリクスを読む　185
- 16.5　モデル選択の結果を読む　186
- 16.6　選出モデルを解釈する　188
- 16.7　標準化偏回帰係数を計算する　189
- 16.8　モデル決定係数と効果量を読む　190
- 16.9　結果の書き方　192
- 16.10　多重共線性を検討する（必須でない）　193
- 16.11　回帰診断を行う　194

17章　因子分析 ——————————————— 197

【例題16】果物の好みを決めている味覚因子を見つけよう！　197
- 17.1　操作手順　198
- 17.2　不良項目をチェックする　201
- 17.3　因子数を決定する　201
  - （1）スクリープロットを読む　202
  - （2）累積説明率は50％以上か　202
  - （3）平行分析はその因子数を支持するか　203
  - （4）適合度指標と情報量基準を読む　204
- 17.4　因子負荷量を読む　207

17.5	因子を解釈・命名する	*208*
	(1) 因子負荷量｜0.40｜以上をマークする	*208*
	(2) 因子の内容を推理する	*209*
	(3) 因子を命名する	*209*
17.6	結果の書き方	*210*
17.7	因子負荷量の大きい順に項目を並べ替える	*211*
17.8	因子軸の回転について理解する	*211*
17.9	因子得点を利用する	*213*
練習問題 [7]		*216*

18章　因子分析から分散分析へ ―― *217*

【例題17】味覚因子に男女差はあるか？		*217*
18.1	操作手順	*218*
18.2	分散分析の結果を読む	*219*
練習問題 [8]		*222*

19章　クラスタ分析 ―― *223*

【例題18】味覚傾向の似た者同士をグループ分けしよう		*223*
19.1	操作手順	*224*
19.2	デンドログラムを読む	*226*
19.3	クラスタのプロフィール分析	*227*
19.4	結果の書き方	*230*
19.5	クラスタ数kによる成員数の比較	*231*
19.6	変数間相関をチェックする	*231*
〈コラム14〉R Studio を使う		*232*

あとがき1：信濃路の緑陰にて	*237*
あとがき2：星を戴きて往く	*238*
索　　引	*239*

カバー装幀＝吉名　昌（はんぺんデザイン）

0章　道具の入手と事前知識

0.1　道具の入手

まず，分析ツールを手に入れてください。本書では，R（本体）とRパッケージ，及びjs-STARの3点を使います。

◆R（アール）*

統計分析用のコンピュータ言語と統計分析プログラム集の名称。無保証のフリーウェアだが，きわめて高い機能をもつ。Rの拡張とバージョンアップは世界中の有志による一大プロジェクトとして推進され続けている。Rサイトには優れた無数の自作プログラム（パッケージ）が次々と提供されている。

検索エンジンで下のように入力し，クリックすると，RのインストールからセッティングまでガイドしてくれるＨＰがいくつもヒットする。

Rのインストール	検　索

インストールは数クリックで終わる。最後に，起動用のアイコンを作成してくれる。起動は，起動用のアイコン（ショートカット）をクリックする。

ちなみに，日本におけるR専用のR jpWikiがある。管理人氏の献身的な尽力による素晴らしいノウハウの宝庫である。初歩から専門までの豊富な優れた教材とＱ＆Ａが簡単に閲覧できる。インストールもサポートしているので，ぜひ一度のぞいてください。

⇒ http://www.okada.jp.org/RWiki/

◆Rパッケージ

R本体とは別に，世界各国の有志からR言語で作成された数百のプログラム・パッケージが提供されている。このうち，js-STARが用いる次ページの**4個のRパッケージ**をインストールする必要がある。手順は，Rを起動してからR画面のメニューで，[パッケージ]⇒[パッケージのインストール]⇒ サイトの選択 ⇒ パッケージの選択 ⇒ ［ＯＫ］と進む。

なお，『パッケージの選択』の画面で，**複数のパッケージを選択するときは**CTRL**キーを押しながら[クリック]**してゆく。数百のパッケージのリストから次ページの4点を探し出し，一点ずつクリックする。

[js-STAR が用いる R パッケージ]**
car　　GPArotation　　psych　　pwr

◆ js-STAR（ジェイエス・スター，旧名 "JavaScript-STAR"）

筆者ら（田中敏・中野博幸）の共作によるフリーの統計分析プログラム集。"STAR" は STatistical Analysis Rescuers（統計分析レスキュー隊員）を意味するマスコットネーム。

これも下のように入力し検索すれば，js-STAR を含むホームページ（愛称 nappa，中野博幸管理）が上位にヒットする。

トップページ（http://www.kisnet.or.jp/nappa/software/star/index.htm）にアクセスし，"**ダウンロード**" の文字を探してクリックする。画面の指示に従って，もうワンクリックすれば，ダウンロードできる。[STAR]のフォルダが作成されたら，ダウンロード完了である。ZIP ファイルとして圧縮されているので，必ず解凍する。**起動はフォルダの中にある** index.htm **をダブルクリック**する。

0.2　データの種類と分析法

データは**連続変量**と**離散変量**の2つに大別される。それぞれの性質により異なる分析法を用いるので，この区別は分析手法の選択に必須の知識である。

◆連続変量のデータとは・・・

連続変量は，テスト得点や長さ・重さなどの測定値である。値と値の間に細かな値を仮定できる。たとえば，1 点と 2 点との間には 1.0001 や 1.9998 などの数値が無限に連続していると仮定できる。このため値同士を足したり割ったりする＋－×÷が可能である。たとえば各問 1 点の得点合計は必ず整数値になり，77.77 のような得点は実在しないが，全体平均 77.77 は「前回の平均 77.11 より伸びた」というような現実的意味をもつ。

このように値と値にはさまれた間隔が意味をもつとき，尺度の種類として**間隔尺度**といわれる。さらにその尺度上の値 0（ゼロ）が絶対的ゼロを意味するときは特に**比率尺度**といわれる。テスト得点＝ゼロは学力が無いことを意味しないし，気温＝ゼロは気温が無いことを意味しないので間隔尺度に止まる。これに対して，重さ＝ゼロは重さが無いことを意味し，長さ＝ゼロは長さが無いことを意味するので，比率尺度である。ただし，統計分析では間隔尺度と比率尺度の区別は特に必要ない。

これら連続変量のデータは，t 検定，分散分析，多変量解析の手法を用いて分析する。

◆離散変量のデータとは…

離散変量は，値が数量ではなく**カテゴリ**（分類概念）である。このためカテゴリカルデータ，カテゴリ変数ともいわれる。

離散変量のデータは，値と値にはさまれる"間隔"というものがない。たとえば「男」「女」は2値の離散変量であり，「男」と「女」の間に連続する値を仮定できない。また，春・夏・秋・冬は4値の離散変量であり，各値の間に無限個数の中間値を仮定できない。それらの値は数量ではなくカテゴリ名であり，尺度の種類として**名義尺度**といわれる。

数量ではないので，足したり割ったり平均を計算したりできない。そこで一群のデータの中に「男」の値が幾つあり，「女」の値が幾つあるかを数えることになる。そのようにカウントされた人数や個数などを**度数**（frequency）という。度数の分析には，二項検定，カイ二乗検定，統計的モデリングなどを用いる。

離散変量としては，名義尺度のほかに順位尺度（または順序尺度）がある。ただし，順位尺度データについては本書では順位相関係数くらいしか扱わない。順位の分析は別書にゆずる。

以下，本書では，上の順序とは逆に度数の分析から始め，連続変量の分析に進む。全体として，以下の3部構成からなる。

第1部　度数の分析　………………… 1章〜 6章
第2部　平均の分析：実験計画法　…… 7章〜14章
第3部　多変量解析　………………… 15章〜19章

初学者にとって特に1章，3章，10章は重要である。丁寧な学びとプログラミングの実習を心掛けていただきたい。それ以外の章は関心に応じて前後しても差し支えない。

* R:
R Core Team (2012). R: A language and environment for statistical computing. R Foundation for Statistical Computing, Vienna, Austria. ISBN 3-900051-07-0, URL http://www.R-project.org/.

** car:
John Fox and Sanford Weisberg (2011). An {R} Companion to Applied Regression, Second Edition. Thousand Oaks CA: Sage. URL: http://socserv.socsci.mcmaster.ca/jfox/Books/Companion

** GPArotation:
Bernaards, Coen A. and Jennrich, Robert I. (2005) Gradient Projection Algorithms and Software for ArbitraryRotation Criteria in Factor Analysis, Educational and Psychological Measurement: 65, 676-696. <http://www.stat.ucla.edu/research/gpa>

** psych:
Revelle, W. (2012) psych: Procedures for Personality and Psychological Research, Northwestern University, Evanston, Illinois, USA, http://personality-project.org/r/psych.manual.pdf Version = 1.2.12.

** pwr:
Stephane Champely (2012). pwr: Basic functions for power analysis. R package version 1.1.1. http://CRAN.R-project.org/package=pwr

練習問題［1］

天才数学者ガウスは，小学生時代に「1〜100 まで足しましょう」という課題に即答し，教師を仰天させた。私たちも R を使って即答してみよう。

ガウス（Gauss, C. F., 1777-1855）は，後で学ぶ「正規分布」の研究者としても名高く，正規分布は「ガウス分布」とも呼ばれる。その彼が早くから天才の閃きを見せたエピソードだが，真偽は不明らしい。ともあれ彼は，1〜100 の数列を半分に折って重ねると，101 が 50 個できることに気づいた（1+100, 2+99, 3+98, ..., 48+53, 49+52, 50+51）。「なんだ，それなら 100 が 50 個と 1 が 50 個じゃないか」というわけで「ハイ，5050 です！」と解答し，教師に「この子に教えることは何もない」と言わしめた。

R を使えば，私たちも天才並みのスピードで即答できる。次のプログラムを R 画面に入力して，Enter キーを押す。入力は全て半角（英数字もスペースも），大文字・小文字は区別される。なお，＃から右は＃も含めて入力する必要はない。

```
>1+2              # 足し算はふつうに＋を使う
>1+2+3+4+5        # これで 100 まで足せば答えになるが・・

>1:100            # 1〜100 を表示（コロンは〜を表す）
>1:50             # ガウス少年は数列を半分に折ってみた！
>100:51           # 51 以上は折り返し
>1:50 + 100:51    # 足せば皆 101 じゃないか！
>101*50           # 101 が 50 個と考えて「ハイ、できました！」

># Rを使った解き方
>x <- 1:100       # <- は矢印の代わり。変数 x に 1〜100 を代入
>sum(x)           # sum は合計する命令。ハイ、できました！
>sum(1:100)       # これでもＯＫ！
```

上の x のような変数を R では「ベクトル」と呼び，sum のような命令を「関数」と呼ぶ。ベクトルは多くのデータを一括処理することができる。関数は R には膨大な数のものがそろっている。数値計算だけでなく，プロのデザイナー級の作図ができるグラフィック関数も豊富であり，しかも新しい関数が「パッケージ」として日々追加されている。

私たちは天才ではなくても，R を使うことにより天才並みのパフォーマンスを発揮することができる。R を学ぶことは想像以上に価値がある。もしあなたが大学生なら，「一通り R を使うことができます」と就職面接で言えるようになってください。その言葉がウソでない限り，どんな優秀な成績証明より，あなたの真価を強くアピールすることになるでしょう。

第1部　度数の分析

　度数の分析は、カウントされた個数や人数の多さ・少なさを比べる。それには度数の集計表をつくることから始める。その度数の集計表の形が js-STAR ではそのまま分析手法のメニューとデータの入力画面になっているので操作は簡単である。第1部では、度数の分析のしかたとあわせて、コンピュータの操作手順も覚えることにしよう。

　統計分析を学ぶには実習が最善の方法である。本書の通りに実習を進め、画面出力を見ながら理解するようにしてください。

1章　1×2表の分析：正確二項検定

例題1 スイーツの試作品は売れるか？

コンビニエンス・ストアの主力商品の一つであるスイーツの試作品を開発した。営業スタッフ20人に試食してもらった後,「売れると思うか」という質問に対して回答は表1のようになった。「ハイ」の人数が多いと結論づけてよいか。

表1　スイーツの試作品が「売れるか」への回答（人）

ハイ	イイエ
15	5

解説

上の表は**度数集計表**という。度数の総数はN（Numberの頭文字）で表す。統計量の記号はイタリック体を用いる。ここでは$N = 20$である。

だいたい$N = 1000$を超えたら，見た目の多さ・少なさで判定してもそんなに結論を誤らない。新聞やテレビの世論調査が$N = 1000$以上の回答総数を目標にするのはそのためである。しかし，$N = 20$くらいの小さな標本サイズ（sample size）では，［15 vs 5］程度の差は，本当の差なのか偶然の差（すなわち誤差）なのか，見た目での判定は難しい。

そこで，$N = 20$のような有限個数の観測における確実な判定方法として**統計的検定**（statistical test）を用いる。早速，js-STARで実行してみよう。操作環境をしっかり作ることから始めることにしよう。

1.0　操作環境と操作手順のイメージ

下の3つのソフトを起動し，Rをはさむように並べる（次ページのイメージ図参照）。

- js-STAR　　：フォルダ［STAR］の中にあるindex.htmをダブルクリック
- R　　　　　：ショートカットアイコン［R］をクリック
- 文書ファイル：任意のソフトMS-WORDやNotepad等で新規文書ファイルを開く

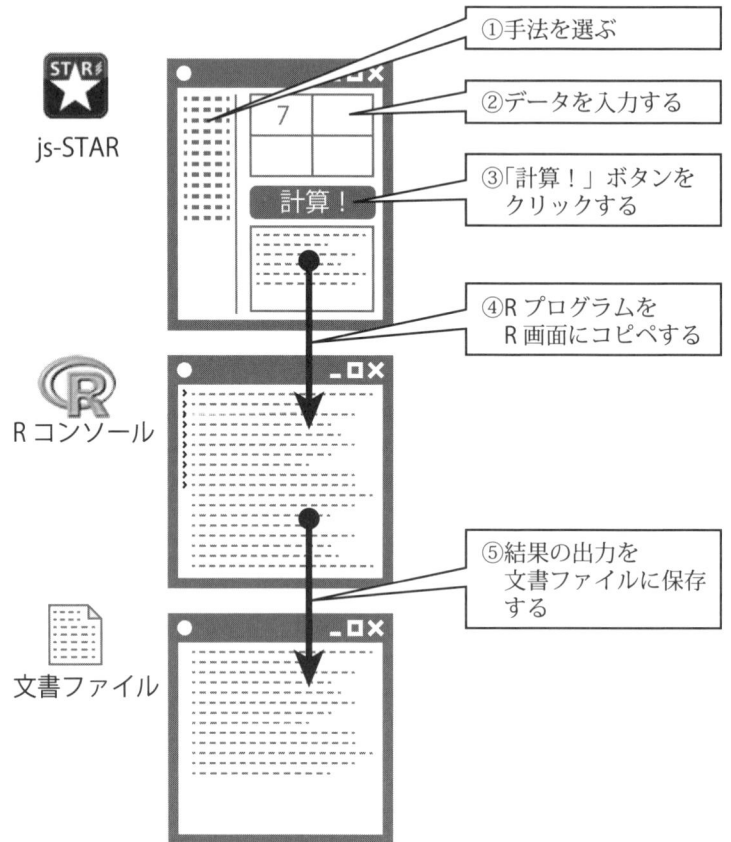

　起動したR画面は，正式にはRコンソールという。「Rの運転台」という意味であるが，本書では単に"R画面"ということにする。
　操作環境ができたら，操作手順をイメージしてみよう。操作手順は上のイメージ図のようにjs-STARから①⇒②⇒③⇒④⇒⑤と進める。何度か①〜⑤を反復し，操作手順のイメージをつくってください。

1.1　操作手順

ここから実際に操作してみよう。
　手法の選択は度数集計表の形から決める。例題は1×2表，つまり1行×2列の表なので，js-STARのメニューの**【1×2表（正確二項検定）】**をクリックする。
　次ページのイメージ図にしたがって操作してみてください。

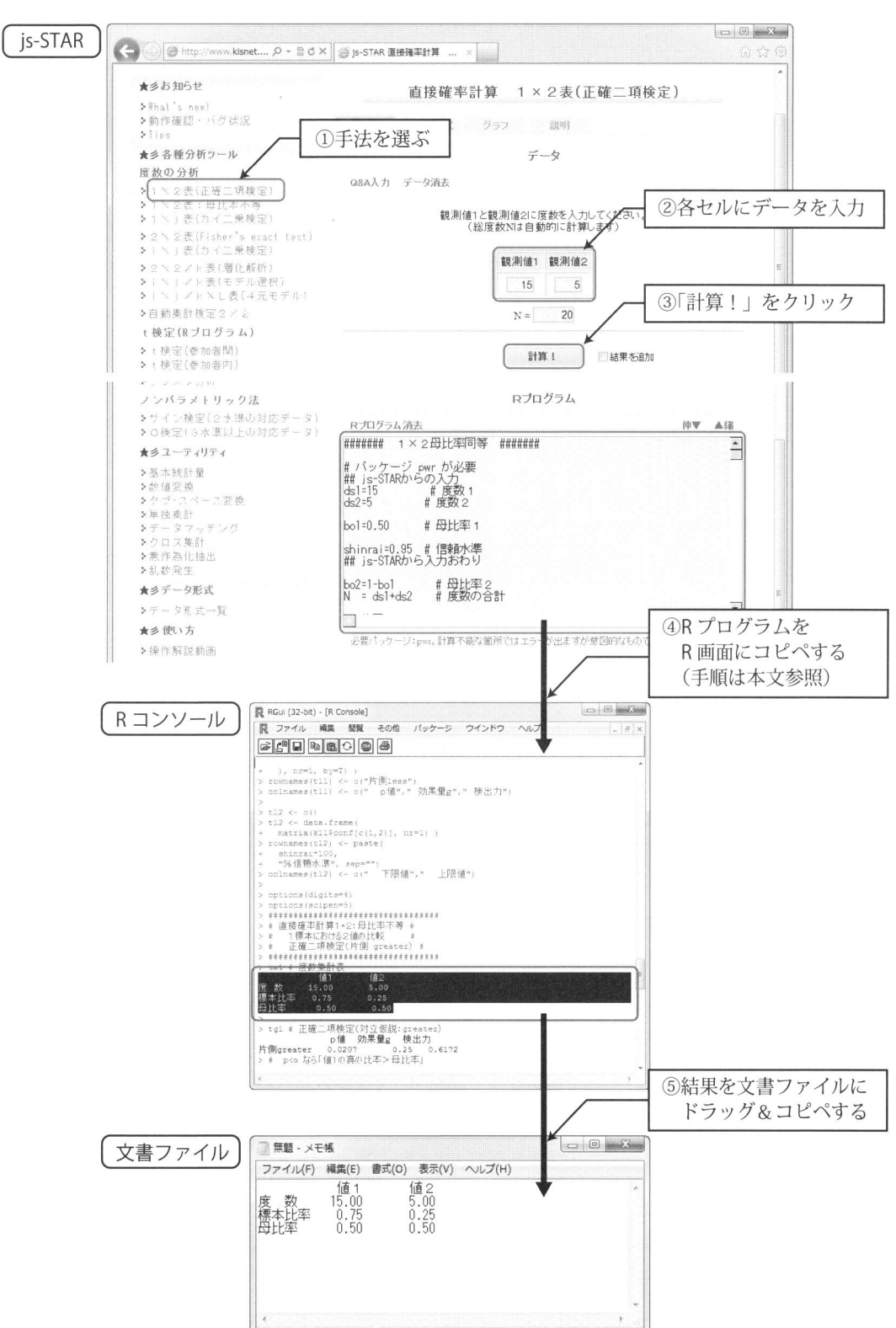

度数［15, 5］を入力する枠を"**セル**"と呼ぶ。原語は cell,「細胞」を意味する。この呼び方を覚えておこう。1×2表なら2セル，2×3表なら6セルになる。

イメージ図の④のところ，**RプログラムをR画面にコピペする**操作は下の手順になる。右クリック1回で［すべて選択］になり同時にメニューボックスが開くよう工夫されている。なれるとひじょうに便利である。

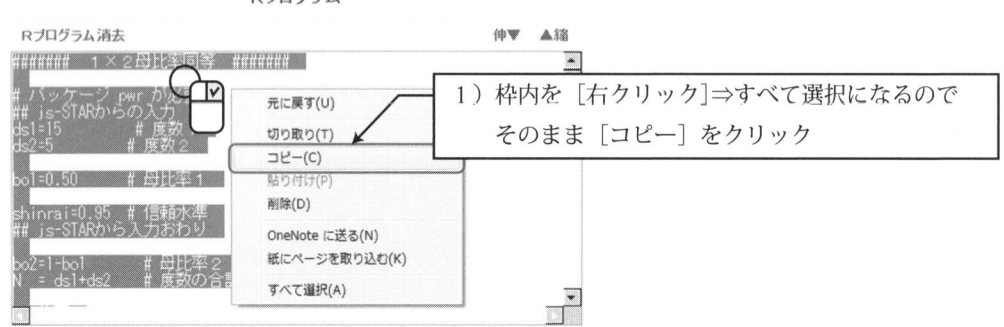

これで，R画面にプログラムが貼り付けられ，自動的に実行され，分析結果が出力される。また同時に，**Rグラフィックス**というウィンドウが開き，図が描かれる。これらの保存は以下のようにする。

〈**分析結果の保存**〉

分析結果の保存は，R画面の出力で，次のような**#で囲まれたタイトルを見つける**。

```
> ###################################
> # 直接確率計算 1 × 2：母比率同等 #
> #   1 標本における 2 値の比較    #
> #     正確二項検定（両側）       #
> ###################################
```

このタイトルから出力の末尾までを［ドラッグ］⇒［コピー］⇒文書ファイルに［ペースト］する。そして，**文書ファイルにおいて保存の操作を行うことをすすめる**。R 画面にも保存のメニューがあるが，プログラムと分析結果の全てを保存してしまう。それでもよければ，R 画面の上辺のメニュー［ファイル］をクリックすると保存の操作ができる。

〈図の保存〉

図の保存は，R グラフィックス画面のメニューで［ファイル］⇒［別名で保存］⇒保存形式の選択，という手順で保存できる。保存形式は，画質劣化が少なくファイルサイズが小さい PNG 形式を選ぶとよい。

基本的な操作手順は，ここまでである。ここから以下は，結果の読み取りになる。

1.2 図を読む

R グラフィックスは R の作図システムであり，下のような 2 本の帯グラフを描く。

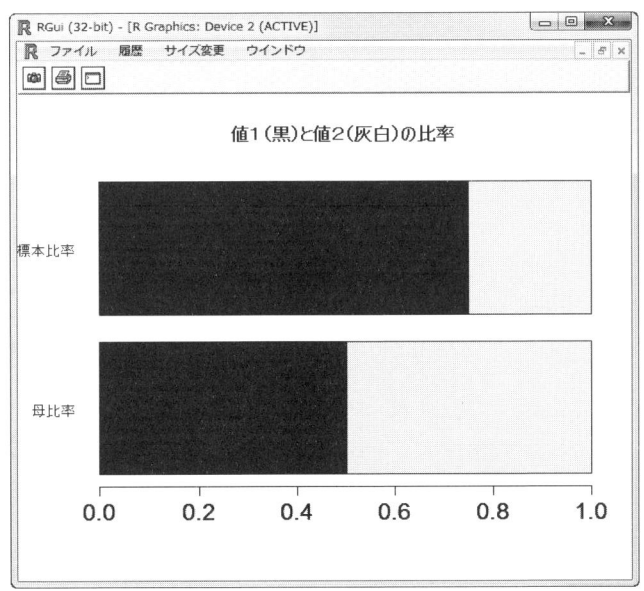

上段のグラフは**標本比率**，下段のグラフは**母比率**という。目盛りは 0.0 〜 1.0 の比率（0%〜

100％）を表す。

標本（sample）の度数［15 vs 5］は比率に換算すると［0.75 vs 0.25］であり，グラフでは値1（ハイ）を黒，値2（イイエ）を灰色で表している。これが上段の標本比率のグラフである。

下段の母比率のグラフは，今回の $N = 20$ の標本を取り出した元にある無限個数のデータ集団（**母集団**という）の中の"ハイ"と"イイエ"の存在比率を示している。母集団の比率なので**母比率**という。母集団の中には"ハイ"と"イイエ"が同数ずつ無限に存在し，両者の比率に差がないと仮定されている。すなわち母比率［0.50 vs 0.50］である。

このように母集団の比率を［0.50 vs 0.50］と仮定し，今回の $N = 20$ の標本比率はその母比率からたまたまズレただけと考える。つまり，今回の標本が［0.75 vs 0.25］となったのは偶然の動揺であり，本来は同数，同比率であるとみなす。

前図は，そのように標本比率［0.75 vs 0.25］と母比率［0.50 vs 0.50］のズレを視覚的に表している。見た目，このズレはかなり大きい。［0.75 vs 0.25］の比率差が，本当に［0.50 vs 0.50］から偶然に出現するだろうか。

こうした標本比率と母比率のズレが偶然に出現するかどうか，それを判定するのが統計的検定である。結果を読み取ってみよう。

1.3　検定結果を読む：p 値を理解する

1×2 表の検定結果は，次の二通りが下の順番で出力される。

・正確二項検定（片側 greater）
・正確二項検定（両側）

上の2つのタイトルが出てくるが，**仮説検証を目的とする研究では「両側」の結果を用いる**。下の★印のように，タイトルに「両側」とあるほうを読む。

```
> #################################
> # 直接確率計算 1 × 2：母比率同等 #
> #    1標本における2値の比較      #
> #    正確二項検定（両側）★       #
> #################################
> tx1 # 度数集計表
              値1      値2
度　数      15.00     5.00
標本比率     0.75     0.25
母比率       0.50     0.50
>
```

見出しの「値1」は"ハイ"の回答,「値2」は"イイエ"の回答を表す.標本比率と母比率とのズレは,差し引き 0.25 である.統計的検定は,こうした大きさのズレが偶然に出現する確率,すなわちこのズレの**偶然出現確率**を計算する.ここでは**正確二項検定**（exact binomial test）という方法を用いて計算する.

```
> tr1 # 正確二項検定
            p値     効果量 g    検出力
両側検定   0.0414    0.25      0.6172
> # p<α なら「値1の真の比率≠母比率」
> # 効果量 g = 標本比率−母比率
>
```

計算結果として次の3つの統計量が出力される.

- **p値** （probability value）
- **効果量** （effect size）
- **検出力** （power）

以下,順番に理解してゆこう.まず,p値（ぴーち）である.

p値の p は確率（probability）の頭文字である.

p値は,仮定された母比率 [0.50 vs 0.50] から標本比率 [0.75 vs 0.25] が偶然に出現する確率を示している（正確には [0.75 vs 0.25] を含むそれ以上の大きな差が偶然に出現する確率である).この**偶然出現確率**が $p = 0.0414$ と計算されている.すなわち,標本比率に見られるような差は（それ以上の差も含め),偶然には100回中4回くらいしか出現しないことになる.偶然に出現する確率はきわめて小さい,ゆえに偶然に出現したのではないと考える.

そこで,今回の標本比率 [0.75 vs 0.25] は,母比率 [0.50 vs 0.50] から偶然には出現しないと結論づける.すなわち,"ハイ"と"イイエ"の真の比率は [0.50 vs 0.50] ではない.したがって標本比率 [0.75 vs 0.25] は実質的な差を示していると判定する.

このとき,標本比率の差は**"統計的に有意である"**（be statistically significant）と表現される.このため p 値は**有意確率**ともいう.p値が小さければ小さいほど,当の標本は仮定された母集団から偶然に出現しにくくなり,有意性が高くなる.ハッキリ有意性を断定する（すなわち母比率を否定する)基準を**有意水準**（significance level）という.

有意水準は α（アルファ）で表される.つまり**有意であるとは $p < \alpha$** ということである.したがって,α の値次第で有意性の判定は変わる.多くの研究領域では $\alpha = 0.05$ と設定されている.ただし,これは客観的基準ではなく経験的目安というべきものであり,研究領域により変動がある.社会科学系では $\alpha = 0.10$ とされたり,精密工学系では $\alpha = 0.0001$ とされたりする.

また,有意性の判定には伝統的に多少の幅がある.下の例は有意水準 $\alpha = 0.05$ のときの幾

つかの判定段階を示したものである。

p 値	$\alpha = 0.05$ の判定	有意性を表す記号
$p > 0.10$	有意でない	ns (not significant)
$p < 0.10$	有意になる傾向がある	+
$p < 0.05$	有意である	*
$p < 0.01$	1％水準で有意である	**
$p < 0.001$	高度に有意である	***

基本的に，有意性検定は $p < \alpha$ か，あるいは $p \geqq \alpha$ のいずれかしかない。「有意である」以外は全て「有意でない」とシンプルに表現するほうがよい。細分化した判定はあまり意味がない。p 値が正確に算出できなくて数値表に照合していた時代のレトリック（表現術）である。

1.4 統計的検定を実習する

統計的検定を実体験してみよう。

統計的検定は，まず最初に，主張したいこととは逆のことを仮定する。この仮定を**帰無仮説**（null hypothesis）という。そして帰無仮説をくつがえすことを目標とする。これは背理法という証明方法である。

次に，帰無仮説を棄却したときに採択する仮説を立てる。これを**対立仮説**（alternative hypothesis）という。対立仮説が本当に主張したいことである。

新しいスイーツが売れるかどうかの回答を例にすれば，以下の手順（1）〜（7）になる。

（1）帰無仮説（H_0）を立てる

観測された"ハイ"と"イイエ"の度数に差があること（比率が等しくないこと）を主張したい。そこで，その反対に帰無仮説として「"ハイ"と"イイエ"の比率は等しい」とする。模式的に表すと，"H_0：ハイ＝イイエ"のように書ける。

（2）対立仮説（H_1）を立てる

次に，帰無仮説を棄却したときに採用する対立仮説を立てておく。これが主張したいことであり，「"ハイ"と"イイエ"の真の比率は等しくない」（差がある）となる。帰無仮説 H_0 に対して，"H_1：ハイ ≠ イイエ"と表現される。

この対立仮説は方向性（どちらの比率が大きくなるか）を特定せず，単に差がある（≠）という。これを**両側の対立仮説**という。

もし，一方の比率が大きい（または小さい）と特定すると，**片側の対立仮説**になる。すなわち，"ハイ"の比率が"イイエ"より大きい（greater H_1：ハイ＞イイエ），あるいは"ハイ"の比率が"イイエ"より小さい（less H_1：ハイ＜イイエ）となる。

両側の対立仮説を用いた検定は**両側検定**，片側の対立仮説を用いた検定は**片側検定**という。両側・片側検定では p 値の算出法が違ってくる（後述）。通常，仮説検証型の研究では両側検

定を行う。この例題でも両側の対立仮説を立てることにしよう。

(3) 帰無仮説に従った母集団分布をつくる

今回と同じ$N = 20$の標本を，帰無仮説が仮定する［0.50 vs 0.50］の母集団から何回も無作為に取り出すことを想像してみよう。すると，やはり$N = 20$なら［10 vs 10］のパターンが最もよく出現するだろう。しかし，偶然に［11 vs 9］が出現したり，きわめてまれに［19 vs 1］が出現したりする。偶然にどんなパターンがどれくらい出現するだろうか。それを分布図として描いてみよう。

ここからR画面にプログラムを打ち込んで，統計的検定を実習する。入力は全て半角英数字にする。また，大文字・小文字は区別される。下のプログラムで，＃から右の文は注釈なので，＃も含めて打ち込む必要はない。

```
# 帰無仮説に従った N=20 の二項分布を描く
N=20                          # N=20：標本サイズを入力
H0  <- dbinom(0:N, N, 0.50)   # H0はHゼロと入力（帰無仮説を表す）。母比率0.50を指定
x   <- 0:20                   # x軸に「ハイ」の度数0～20をとる
barplot(H0, nam=x,            # 帰無仮説の母集団分布Hゼロをバーで作図（バープロット）
    yli=c(0, 0.25), col=8)    # y軸のリミット（下限・上限）指定。col=8は灰色
```

R画面に実際に入力すると，下のようになる。

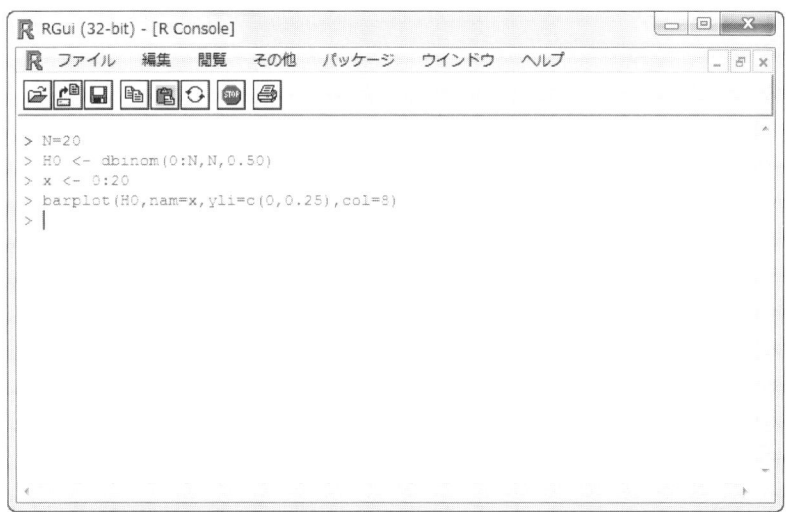

実用的には1行ずつ入力⇒ Enter してゆくのではなく，プログラム用の文書を開き，そこに上のプログラム全部を打ち込んでから，全体をR画面にコピペするとよい。入力ミスの修正がラクであり，バーの色指定（col=8）を別の番号に変えたりするのも容易である。

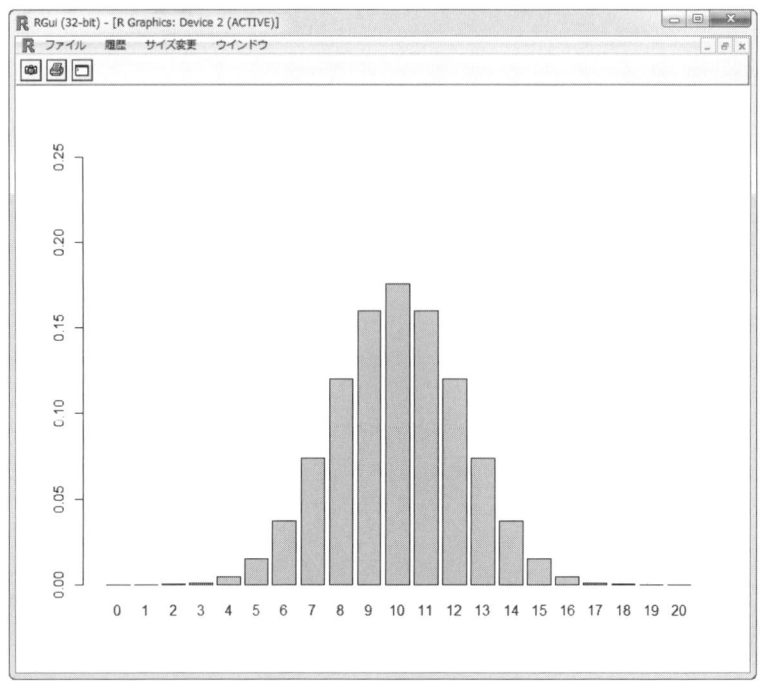

上図を**二項分布**（binomial distribution）という。観測値二項（ハイ，イイエ）の偶然出現パターンを示す。ヨコ軸に"ハイ"の度数，0〜20をとっている。ヨコ軸＝0のところは標本［0 vs 20］を表し，ヨコ軸＝15のところは標本［15 vs 5］を表す。

タテ軸は，無限標本抽出を行ったときの標本数である（**確率密度**として表される）。これを見ると，母比率［0.50 vs 0.50］に従った標本［10 vs 10］（ヨコ軸＝10）がやはり一番よく出現する。今回の標本［15 vs 5］はヨコ軸＝15のバーであり，高さはかなり低い。偶然にはあまり出現しないことが分かる。さらに，そこから先の［16 vs 4］，［17 vs 3］，……となると，もはや地をはう高さであり，偶然には著しく出現が困難である。

（4）有意水準の領域を決める

上の二項分布の両端（偶然には出現しにくいところ）に，**有意水準 α = 0.05 の領域**を設ける。そこに標本が落ちたら，その標本の差は偶然に出現した差ではないと判定する（→有意）。

```
# α=0.05 の領域を設ける：該当するバーを赤く塗りつぶす
iro <- c (rep(2,6), rep(8,9), rep(2,6))    # 左から赤(2)6本，灰(8)9本，赤6本と塗る
par( new=T )                                # 前の図に重ね書きする宣言
barplot(H0, yli=c(0, 0.25), col=iro )       # バープロット（バーの作図）
pbinom(5, N, 0.50)*2                        # 有意水準αの正確な計算：R画面に出力する
```

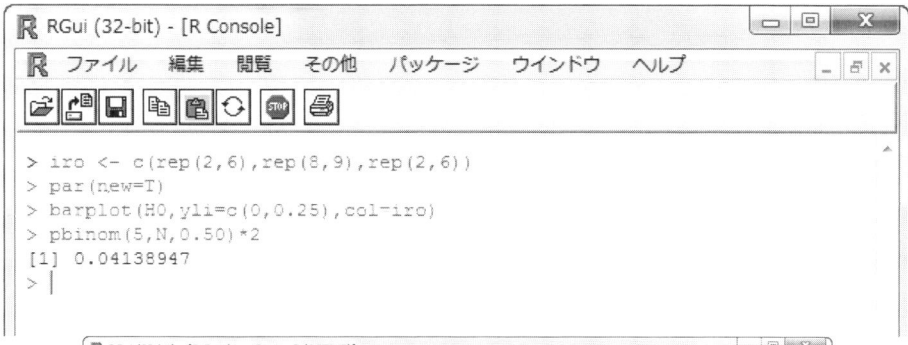
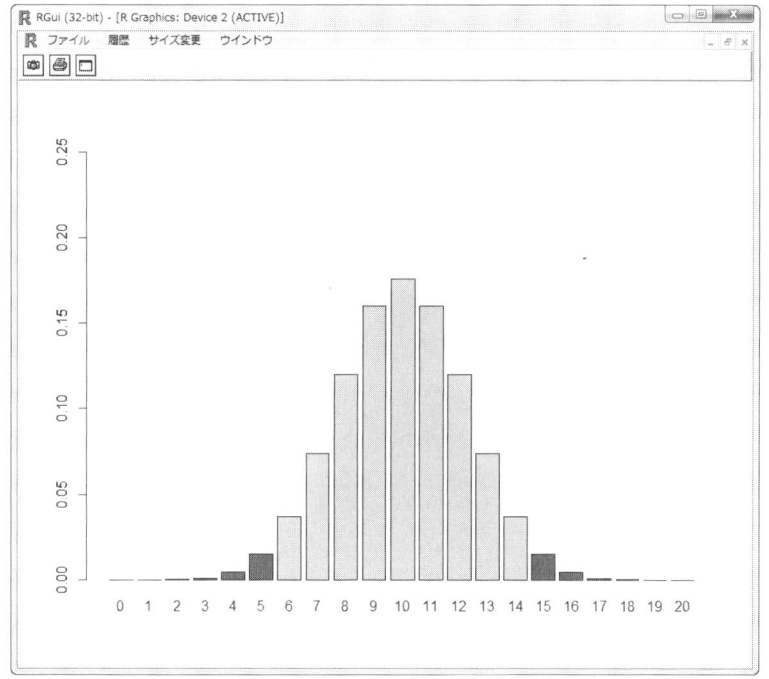

　二項分布の片側6本ずつ，**両側で計12本のバーが全体の5%に相当**する。正確にはこの12本のバーの合計面積は分布全体を1とすると0.04139となり（**R**画面の出力参照），$\alpha = 0.05$（5%）より若干狭くなる。**両側検定**（two-tailed test）は有意水準 $\alpha = 0.05$ を，このように分布の両側に2.5%ずつ振り分ける。もし片側検定とするなら，片側だけに5%の領域を設けることになる。

(5) 有意性を判定する

　今回の標本［15 vs 5］は，有意水準の領域に入る（ヨコ軸 = 15のところ）。したがって，有意であると判定する。すなわち，今回の標本は，母比率［0.50 vs 0.50］の母集団から偶然に出現したものではないと結論づける。これにより帰無仮説が棄却される。このため有意水準の領域は**棄却域**ともいわれる。

　帰無仮説の棄却により対立仮説「"ハイ"と"イイエ"の真の比率は等しくない」（≠）を採択する。こうして"ハイ"と"イイエ"の真の比率は差があることを確定する。それから，ど

ちらの比率が大きいかを見る。そして"ハイ"の比率が"イイエ"より大きいと主張する。このように両側検定は"ハイ"と"イイエ"のどちらの比率が大きくなっても有意差を得ることができる。

(6) 効果量を計算する

標本比率が母比率からどの程度ズレたのか，その大きさを**効果量**（effect size）という。本例のような**比率の効果量はgで表す**。効果量g＝（標本比率−母比率）＝（0.75−0.50）＝0.25である。この引き算は"ハイ"の標本比率を用いたが，"イイエ"の標本比率を用いても同じ効果サイズになる（マイナスになるが絶対値を評価する）。

効果量が大きければ，有意でなくても大きな差である。効果量が小さければ有意であっても小さな差である。そのように**有意性の判定と効果量の評価とは別もの**であることに注意しよう。

有意確率p値は小さければ小さいほど，安心して帰無仮説を棄却できる。しかし，***p*値が小さいことは効果が大きいことを意味しない**。単に帰無仮説"＝"を否定するだけである。差があることになっても，小さな，わずかな差であるかもしれない。そこで，検定結果の記述にはp値に加えて，効果量gを記載することが求められる。

(7) 検出力を計算する

今回の検定がどれだけ"偶然の効果"を排除する力をもっていたかはp値で分かる。p値が小さいほど，それだけ今回の効果は偶然性を含まないことになる。対照的に，今回の検定がどれだけ"真の効果"を取り出す力をもっていたかを**検定力**または**検出力**（power）という。

検出力を作図により求めてみよう。帰無仮説に従った二項分布は，効果量＝ゼロの分布である。そこから効果量g＝0.25だけズレた二項分布を描いてみよう。これが**今回の効果量をもつ母集団**から出現する標本分布となる。

```
# 効果量 g =0.25 の二項分布を描く
g=0.25                          # 効果量g＝（標本比率−母比率）＝（0.75-0.50）＝0.25
H1 <- dbinom(0:N, N, 0.50+g)    # 効果量 0.25 だけズレた二項分布
par( new=T )                    # 前の図に重ね書きする
barplot(H1, yli=c(0,0.25),      # バープロット，Y軸リミット（下限・上限）を指定
        col=1, dens=10)         # バーの色＝黒1，斜線密度 density ＝ 10 を指定
```

```
> g=0.25
> H1 <- dbinom(0:N,N,0.50+g)
> par(new=T)
> barplot(H1,yli=c(0,0.25),col=1,dens=10)
>
```

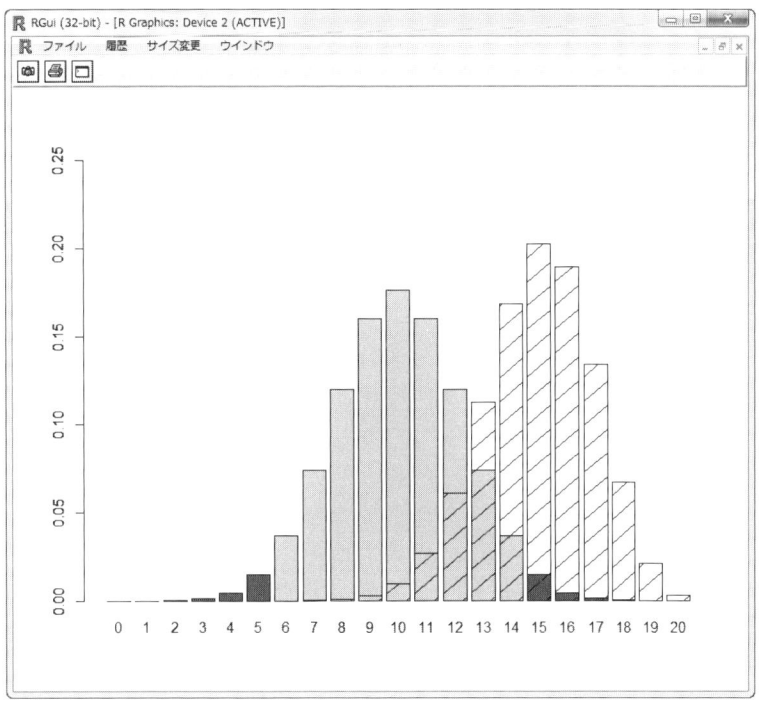

　上図の斜線のバーが，効果量 $g = 0.25$ の偶然標本分布である。二項分布の中心が母比率 [0.50 vs 0.50]（ヨコ軸 = 10）から，プラス側の $g = 0.25$（ヨコ軸 = 15）にズレた二項分布として描かれる。

　有意水準の領域に入ったバーに注目していただきたい。ヨコ軸 = 15 から右側の 6 本である。この 6 本のパターンを示した標本だけが「有意」と判定される。つまり検出可能となる。検出可能となる標本に，赤い陰影を付けてみよう（掲載図はカラー図版ではないがRグラフィックスの原画像では赤く区別されるので確認してください）。

```
# 有意水準の領域に入ったバーに赤い陰影を付ける
iro1 <- c(rep(1,15), rep(2,6))     # バーの色分け：黒1を15本，赤2を6本
par( new=T )                        # 重ね書き宣言
barplot( H1, yli=c(0,0.25),         # バープロット（棒グラフの作図）
         col=iro1, dens=10)         # バーの色を指定。斜線密度を指定
1-pbinom(14, 20, 0.50+g )           # 検出力 power を計算
```

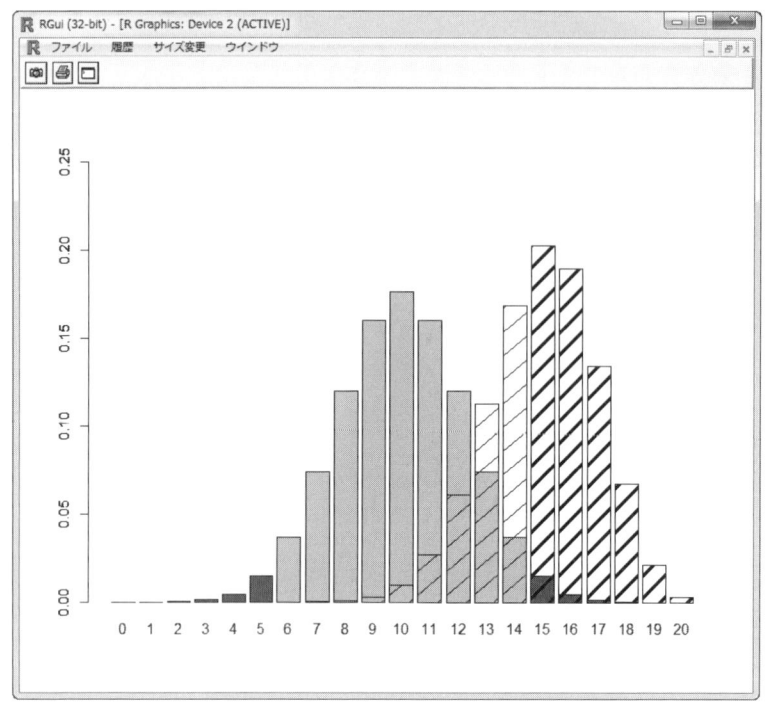

　赤い陰影（太い斜線）を付けた6本のバーが有意として検出される。それに対して，そこから左のバー（ヨコ軸＝14から左の薄い斜線のバー）も本当は効果量 g = 0.25 の母集団から出現した標本にちがいないのであるが，偶然に中心からズレて出現したため有意水準の領域に落ちることができず有意と判定されない（検出することができない）。

　結果として，太い斜線のバーは分布全体を1としたとき0.6172の面積を占める（R画面の出力参照）。

　これが今回の効果 g = 0.25 を検出できるパワー，すなわち power = 0.6172 である。これに対して，残り 0.3828（薄い斜線のバーの面積）は，効果量 g = 0.25 の標本であるにもかかわらず検出されない割合であり，いわば効果の"見逃し率"として β = 0.383 と表される。すなわち，**1 − power = β**（1 − 検出力＝見逃し率）という関係になる。慣例として β だけを単独で示すことはなく，検出力を重視し，**（1 − β）**という表記で示す。

　今回の統計的検定は，効果量 g = 0.25 のとき100回中62回くらいその効果を検出できる力をもっている（power = 0.6172）。しかし，残り38回程度はその効果を検出できないおそれがあった（β = 0.3828）。

　望ましい検出力は power ＝ 0.80 以上とされる。ただし，power を上げるには有意性の領域（画面では赤い領域）を広くしなければならず，すると有意水準 α が上昇し偶然性も上がる。逆に，有意水準 α を厳しくすると有意性の領域は狭くなり，真の効果を検出する power も下がってしまう。このように有意水準 α と検出力 power は綱引きのような関係にある。一方を厳しくすると他方が甘くなる。適度な設定は α = 0.05, power = 0.80 とされる。

　近年，p 値，効果量，検出力の3点セットは必須の記載事項となりつつある。少なくとも p 値のみの記載では不十分と心得たほうがよい。下はレポート等における結果の書き方の例である。

1.5 結果の書き方

> 新しいスイーツが売れるかの質問に「ハイ」または「イイエ」と回答した人数を表1（17ページ）に示した。
> 正確二項検定の結果，「ハイ」が「イイエ」の人数より有意に多かった（$p = 0.041$, *effect size* $g = 0.25$, *power* $= 0.617$，両側検定）。したがって，今回の新商品は有望であるといえる。ただし，検出力が低いので回答者数を増やした追試が必要である。

両側検定なので，正確には単に「有意差がある」（≠）と述べるところであるが，"ハイ"が"イイエ"より多いと有意差の向きを特定して記述するほうが分かりやすい。

検出力については，検出力が低いとその分だけ効果を取り出す力がなかったことになり，見いだされた有意差が果たして真の効果として取り出されたものなのかどうか疑われる。結果として *power* $= 0.617$ だったので，その点を心配したコメントとして追試の必要性を述べている。"追試の必要性"は常に今後の課題である。専門的な実験研究の9割以上は追試にほかならない。

結果の書き方の基本として，下の5点の事項が記載されていることを確認してください。

・度数集計表　※本文中で言及する。帯グラフ（図）の掲載は任意
・検定の手法　※正確二項検定と明記する
・検定の結論　※有意だったか，有意でなかったか
・各種統計量　※p値，効果量，検出力をカッコ書きする
・検定の方向　※両側検定か，片側検定かを付記する

1.6 統計的推定

R画面には，統計的検定以外の結果も出力する。必要に応じて適宜読み取る。

統計的検定が有意だったとき，現実に"ハイ"の回答者がどの程度あらわれるのかを予想するには**統計的推定**（statistical estimation）を行う。

統計的推定には**点推定**と**区間推定**がある。点推定の値は"ハイ"の標本比率0.75である。つまり，ピンポイントで推定するなら肯定回答は全体の75％になると予想される。これに対して，区間推定は下のR出力を読み取る。

```
> tr2 # 値1の比率の区間推定（F分布による）
            下限値    上限値
95％信頼水準  0.509   0.9134
>
```

見出しの「値1の比率」は"ハイ"の比率のことであり，その**レンジ**（範囲）が推定される。上の出力では**95％信頼区間**（confidence interval）として0.5090～0.9134と推定された。すな

わち，"ハイ"の真の比率は，点推定値 0.75 をはさんで，偶然に 100 回中 95 回は 0.509 〜 0.913 の区間に出現するということになる。

　一般に，信頼区間の解釈は，下限値または上限値のいずれかに注目する。ここでは帰無仮説の母比率 0.50 との距離が気になるので下限値が注目される。下限値 0.509 は母比率 0.50 の"すぐそば"である。したがって，今回の"ハイ"の真の比率は安定した大きさではないかもしれないことが示唆される。100 回中 95 回までは帰無仮説の母比率 0.50 に（かろうじて）かかっていないが，ぎりぎりである。もしかすると残り 5 回で 0.50 を下回るかもしれない。

　推定の**信頼水準**（confidence level）= 95％は，検定の有意水準 = 5％と表裏の関係にある。信頼水準 95％で偶然に 100 回中 95 回は母比率 0.50 にかからないということは，有意水準 5％で偶然に 100 回中 5 回未満しか母比率 0.50 で出現しないことを意味する。逆もまたいえる。95％信頼水準で区間推定が母比率 0.50 を含むと，5％水準の有意性検定も有意にならない。

　なお，現実的予想のためには 90％信頼区間や 80％信頼区間もよく用いられる。現実の世界では 100 回中 80 回くらいの有望な見込みがあればゴーサインを出せるからである。この点，証明の世界と現実の世界では判断基準が異なる。80％信頼区間推定を行うには，js-STAR 画面の［Ｒプログラム］の枠内で下の★印のところを 0.95 から 0.80 に書き換えてから R 画面にコピペすればよい。もし 0.99 に書き換えれば 99％信頼区間推定になり，有意水準 1％の検定に対応する結果が得られる。

```
## js-STAR からの入力
ds1=15              # 度数 1
ds2=5               # 度数 2

bo1=0.50            # 母比率 1

shinrai=0.95        # 信頼水準 ★ shinrai=0.80 と書き換える
## js-STAR から入力おわり
```

1.7 パワーアナリシス

今回の検定は，有意水準 $\alpha = 0.05$ で検出力 $power = 0.617$ に止まった。検出力が弱い。

望ましい検定は $\alpha = 0.05$, $power = 0.80$ とされる。このため必要とされる総度数 N が，下の出力から読み取れる。なお見出しの "$1 - \beta$" は "$power$" と同じである（$1 - \beta = power$）。

```
> tr3 # パワーアナリシス（対立仮説：両側）
              効果量w    α       1-β     N
   α の計算    0.5      0.163   0.8     20
   N の計算    0.5      0.050   0.8     30
> # ■ NULL, NA が表示されたら計算不能■
> # 効果量wの評価：大=0.5, 中=0.3, 小=0.1
> # αの計算はカイニ乗検定（df=1）を想定
>
```

「N の計算」の行をみると，$\alpha = 0.05$, $1 - \beta = 0.80$（$power$）を得るためには $N = 30$ を確保せよと示唆されている。今回は $N = 20$ だったので，次回は 1.5 倍見当で回答者を集めるようにすればよいことになる。

このように今回の効果量から適度な α と $power$ を得るための N を推測することを**パワーアナリシス**（検出力分析）という。効果量，α, $power$, N の四点は，そのうちの三点を決めると残り一点が決まる関係にある。たとえば，上の「α の計算」は，効果量 $g = 0.25$, $power = 0.80$, $N = 20$ と固定し α を計算した結果であり，有意水準 $\alpha = 0.163$ くらいに甘くすれば，$power = 0.80$ まで上がったことを示唆する。有意水準と検出力が背反的な関係にあることが分かるだろう。なお，上の出力では**「N の計算」は二項分布を用いているので正確であるが，「α の計算」はカイニ乗分布**（後述）**を用いているので近似値である**ことに留意していただきたい。

効果量はいろいろな種類があり，上の α の計算は今回の効果量 $g = 0.25$ を効果量 $w = 0.50$ に変換して出力している（効果量 w については後述）。効果量 g には一般的な評価基準はないが，効果量 w には出力中の注釈にある便宜的基準が用いられる（大 = 0.5, 中 = 0.3, 小 = 0.1）。今回の効果量 $w = 0.50$ は "大" であり，それだけに $power = 0.617$ と力不足だったことが惜しまれる。

コラム1　タイプⅠエラーとタイプⅡエラー

統計的検定の誤りには二種類ある。タイプⅠエラーとタイプⅡエラーである。

タイプⅠエラー（Type Ⅰ error）は，帰無仮説を誤って棄却するエラーである。p値＝5％未満で帰無仮説は棄却されるが，その際，p値＝ゼロというわけではない。$p<0.05$ということであり，ほんのわずかだが今回の差が**本当に帰無仮説のもとで偶然に出現する**確率が残っている。もしも今回の標本がそのワンケースだったら，帰無仮説の棄却は誤りとなる。この意味で，p値はエラーの確率そのものであり，誤りを犯す**危険率**ともいわれる。p値が小さいほどタイプⅠエラーが起こる危険性も小さくなる。

これに対して，**タイプⅡエラー**（Type Ⅱ error）は，対立仮説を誤って採択しないというエラーである。いわゆる真の効果の"見逃し率"である。このエラーの程度はβで示される（30ページ参照）。偶然を真と見誤る損失よりも，改善の兆候や開発のシーズ，災害の予兆などは"見逃し"による損失のほうが計り知れず，βはもっと重視されてよい。

統計的検定に不可避的に含まれるこれら二つのエラーの程度を評価するため，検定結果の記述にp値と *power* を付記することが求められる。近年，p値に加えて効果量と検出力に関する知識が普及すると同時に，それらの統計量を計算するソフトも簡単に利用できるようになった。パワーアナリシスには **G*Power** というソフトウェアが重宝であり，本書のパワーアナリシスに関する記述も G*Power に準拠している。G*Power もフリーウェアであり，次の Web サイトからダウンロードできる。

　　⇒　http://www.psycho.uni-duesseldorf.de/abteilungen/aap/gpower3

2章 1×2表の分析：母比率不等

例題2 死亡率は全国平均より高いか？

X県Z地区におけるアスベスト工場（現在閉鎖）の周辺地区に居住する男性234人を対象に肺がん死の人数を調べた（表2参照）。全国平均では肺がんによる死亡率は当該年度1.16％である。この地区の死亡者数は全国平均より多いといえるか。

表2　X県Z地区における
アスベスト工場周辺地区の男性死亡者数（人）

死亡者	生存者
8	226

解説

前例のスイーツの試食問題では，標本度数［15 vs 5］に対して帰無仮説は母比率［0.50 vs 0.50］を仮定した。つまり二項の母比率は同等だった。今回は同等ではなく不等である。

X県Z地区の"死亡者"，"生存者"の標本度数［8 vs 226］に対して，全国平均の死亡率1.16％（したがって生存率98.84％）が帰無仮説の母比率となる。すなわち［0.0116 vs 0.9884］，**母比率不等**である。

対立仮説は両側の仮説として"標本比率は母比率に従わない"とする。Z地区の死亡率は全国平均に比べて大きいとも小さいとも特定しない両側検定を行うことにする。js-STARのメニューの【1×2表：母比率不等】を選ぶ。

2.1 操作手順

操作手順は前の例題と同じく5ステップである。

① **手法を選ぶ**：js-STARの【1×2表：母比率不等】をクリック

② **セルにデータを入力する**（半角で入力する）

観測数1	観測数2
8	226

母比率1	母比率2
1.16	98.84

「観測数1」は"死亡者"，「観測数2」は"生存者"である。それぞれの度数を入力する。

これに対応する「母比率1」と「母比率2」は［0.0116, 0.9884］の比率値でなくても，1.16％と98.84％の百分率でも入力できる。上のイメージ図ではそうしている。自動的に比率に変換される。入力中，次のセルに移るには tab キーを使うと便利。

③ ［計算！］ボタンをクリックする
　　⇒［Rプログラム］の枠内にRプログラムが出力される。

④ **RプログラムをR画面にコピペする**（操作イメージは20ページ参照）
　　js-STAR画面で：［Rプログラム］の枠内を［右クリック］（すべて選択される）⇒［コピー］
　　R画面に移動し：［右クリック］⇒［ペースト］⇒自動的に分析開始……

⑤ **結果の出力を文書ファイルに保存する**
　　R画面の分析結果をドラッグ＆コピーし，文書ファイルに貼り付ける。必要に応じてRグラフィックスの図を保存する：［ファイル］⇒［別名で保存］⇒保存形式を選択……。

2.2 図を読む

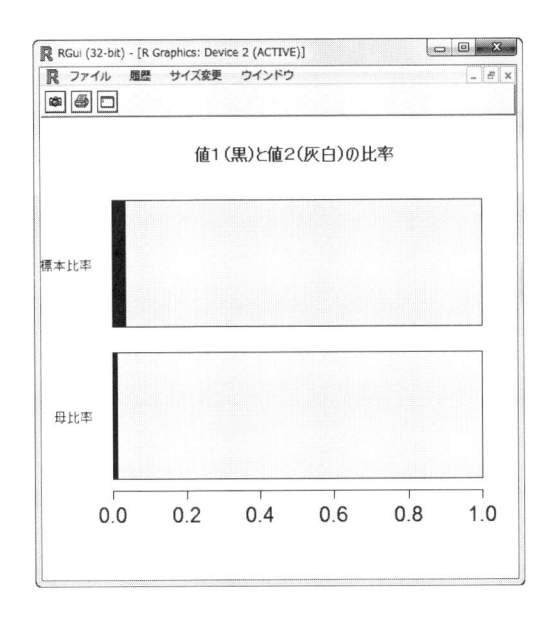

上段のグラフが標本比率，下段のグラフが母比率を表す。

黒い帯が「死亡者」の比率であり，標本比率のほうがやや長い。この標本比率と母比率とのズレが偶然に出現する程度なのかどうかを検定する。

2.3 検定結果を読む

両側検定を行うので，タイトルに「両側」と書かれた以下を読み取る（下の★印を確認）。

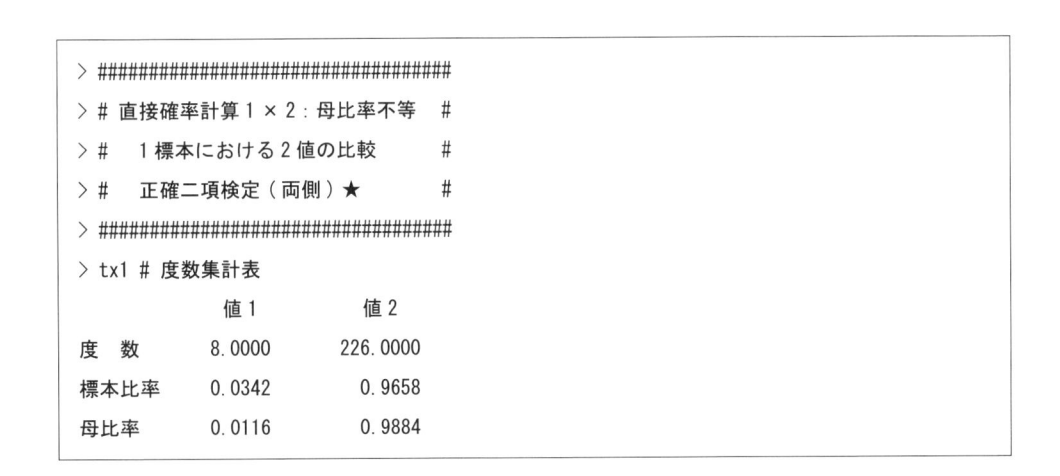

```
> ##################################
> # 直接確率計算1×2：母比率不等    #
> #   1標本における2値の比較       #
> #    正確二項検定（両側）★      #
> ##################################
> tx1 # 度数集計表
            値1         値2
度  数    8.0000    226.0000
標本比率   0.0342      0.9658
母比率    0.0116      0.9884
```

「値1」は死亡者，「値2」は生存者である。

母比率不等の検定は，母比率を明示する必要がある。本文中で述べるか，上の出力のような度数集計表をつくる。死亡者の標本比率 0.0342 と，その母比率 0.0116 のズレが焦点である。

検定結果は，下の出力を見る。

```
> tr1 # 正確二項検定
               p値      効果量g    検出力
正確二項検定   0.0065   0.0226   0.6909
>      # p＜α なら「値1の真の比率≠母比率」
>      # 効果量g = 標本比率−母比率
>
```

両側検定の結果，$p = 0.0065$ は $α = 0.05$ を下回り有意である（$p < α$）。したがって標本比率は母比率からは偶然に出現しないと判定する。そこで「標本比率は母比率に従う」という帰無仮説を棄却し，真の死亡率は母比率0.0116ではない，Z地区の男性の肺がん死亡率は全国平均より有意に高いと結論づける。

検出力 $power = 0.6909$ は十分とはいえない。今回の統計的検定は，タイプⅡエラー（対立仮説を誤って採択しないエラー）に対して防御が弱かった。すなわち，100回に30回近く有意性を見逃すおそれがあった（$β = 0.3091$）。逆にいえば，今回検出された有意性が真の結果ではない危険性が30%あることを意味する。

2.4 区間推定の結果を読む

死亡率の現実的予想のため，信頼区間推定を行ってみよう。下の出力がそれである。

```
> tr2 # 値1の比率の区間推定（F分布による）
              下限値    上限値
95%信頼水準   0.01487  0.06625
>
```

死亡率の95%信頼区間は，0.01487～0.06625である。標本死亡率0.0342を中心に真の比率をもつ母集団を想定すると，100回中95回は真の死亡率は上の区間内に入る。全国平均の0.0116を区間内に含まないことからも検定の有意性が裏付けられる。

なお，95%信頼水準は真の比率の見逃し率も大きくなるので，危機管理上は70%～80%信頼区間を推定することも有用である。その場合，js-STAR画面でRプログラムのshinrai=0.95の部分（次ページ出力の★印の行）をshinrai=0.70やshinrai=0.80に書き換えてから，R画面に［コピペ］する。

```
## js-STAR から入力
ds1=8            # 度数 1
ds2=226          # 度数 2

bo1=0.0116       # 母比率 1

shinrai=0.95     # 信頼水準★
## js-STAR から入力おわり
```

2.5 結果の書き方

> X県Z地区におけるアスベスト工場の周辺地区に居住する男性234人を対象に肺がん死の人数を調べた(表2)。全国平均では肺がんによる死亡率は当該年度1.16%である。そこで、全国平均の肺がん死亡率を母比率とした正確二項検定を行った結果、有意だった($p = 0.007$, effect size $g = 0.023$, power $= 0.691$, 両側検定)。
> 当該周辺地域は全国平均より2ポイント以上の死亡率の増加が見られ (effect size $g = 0.023$)、これは小さいとはいえない。F分布による80%信頼区間推定は0.020〜0.055であり、下限値が全国平均1.16%を上回り2.00%に達しており、危機管理上は無視できないといえよう。

効果量 $g = 0.023$ はそのまま2.3%の死亡率の増加と読むことができる。ただし、それが大きいかどうかについて一般的な評価基準はない。信頼区間推定の結果と併せて考察する。80%水準の信頼区間推定では下限値2.00%になり、現実に1000人の周辺居住者を想定すれば、低く見積もって全国平均1.16%より8人以上多い死亡者が示唆される (2.00 − 1.16 = 0.84)。この1000人の住民において全国平均より8人、死亡者が多くなるという事態を評価する。

結果の記述に必要な事項を確認しておこう。次の6点である。

・度数集計表 ※表2参照
・検定の手法 ※「全国平均を母比率とした正確二項検定」と書く
・検定の結論 ※有意だった
・各種統計量 ※p値、効果量、検出力を書く
・検定の方向 ※「両側検定」を付記する
・信頼区間推定 ※80%信頼水準の推定を行った(算出は前ページ参照)

2.6 パワーアナリシス

下はパワーアナリシスの出力部分である。

```
> tr3 # パワーアナリシス（対立仮説：両側）
            効果量w      α       1-β      N
  α の計算    0.211    0.0171    0.8     234
  N の計算    0.211    0.0500    0.8     298
> # ■ NULL, NA が表示されたら計算不能■
> # 効果量wの評価：大 =0.5, 中 =0.3, 小 =0.1
> # αの計算はカイ二乗検定 (df=1) を想定
>
```

今回の検出力は $power < 0.80$ だったが，上の「Nの計算」を参照すると，$power$ $(1-\beta)$ = 0.80 に上げるには今回の $N = 234$ を，次回は $N = 298$ に増やすことが示唆されている。

3章　1 × j 表の分析：カイ二乗検定

例題3 小学生はどんなほめられ方が好きか？

小学生69人を対象に，先生にほめられるとしたら，どんなほめられ方を好むかを調べた。下の表は，児童が選択した各ほめられ方の人数である。小学生において，ほめられ方の好みに実質的な差があるといえるか。

表3　小学生における各ほめられ方の選択者数（人）

名前発表	能力賞賛	努力賞賛	賞状授与
10	12	19	28

解説

これは1行×4列の度数集計表である。

いままでの1×2表は，観測値が2つだけなので二項検定を用いた。1×3表以上は**カイ二乗検定**（chi-square test）を用いる。

前例の正確二項検定は結果の偶然出現確率（p値）を直接に計算したが，カイ二乗検定は χ^2 **値**（カイにじょうち）という統計量を介して間接的に p 値を計算する。js-STARのメニューでは，1×j表とi×j表の2つのカイ二乗検定のメニューが用意されている。ここでは，度数集計表の形に合わせて【1×j表（カイ二乗検定）】を用いる。

3.1 操作手順

次ページのイメージ図にしたがって操作しよう。

① **手法を選ぶ**：js-STARのメニュー【1×j表（カイ二乗検定）】をクリック

② **セルにデータを入力する**（半角で入力する）

　セル数を設定してから，各セルに度数を入力する。セル数の設定は，ドロップダウンリストから［横（列）：4］を選ぶ。入力中，次のセルに移るには tab キーを使うと便利。

度数	10	12	19	28
期待比率	0.2500	0.2500	0.2500	0.2500

横(列)：4

N = 69

◉ 期待比率同等　　◯ 期待比率不等

［計算！］　□結果を追加

期待比率とNは自動計算されるので，度数だけを入力すればよい。

期待比率は，帰無仮説「各ほめられ方の選択者数は等しい」（差がない）に従った母集団比率である。全セルの期待比率が等しいときは，期待比率＝（1／セル数）となる。上のようにデフォルト（無指定）では［期待比率同等］にチェックが入っている。

期待比率が等しくない場合は【期待比率不等】のほうにチェックを入れる。そしてユーザ自身が期待比率を入力する。小数値でなく％として［10, 20, 30, 40］（合計100％）と入力してもよいし，たとえば4群の発言数を比べるときの各群の人数をそのまま［1, 2, 3, 4］と入力してもよい。

③ **［計算！］ボタンをクリックする**
　→［Rプログラム］の枠内にプログラムが出力される。

④ **［Rプログラム］をR画面にコピペする**
　js-STAR画面で：［Rプログラム］の枠内を［右クリック］（すべて選択される）⇒［コピー］
　R画面に移動し：［右クリック］⇒［ペースト］⇒自動的に分析開始…

⑤ **結果の出力を文書ファイルに保存する**
　R画面の分析結果をドラッグ＆コピーし，文書ファイルに貼り付け，必要に応じて**Rグラフィックス**の図を保存する：［ファイル］⇒［別名で保存］⇒保存形式を選択…と操作する。

3.2 図を読む

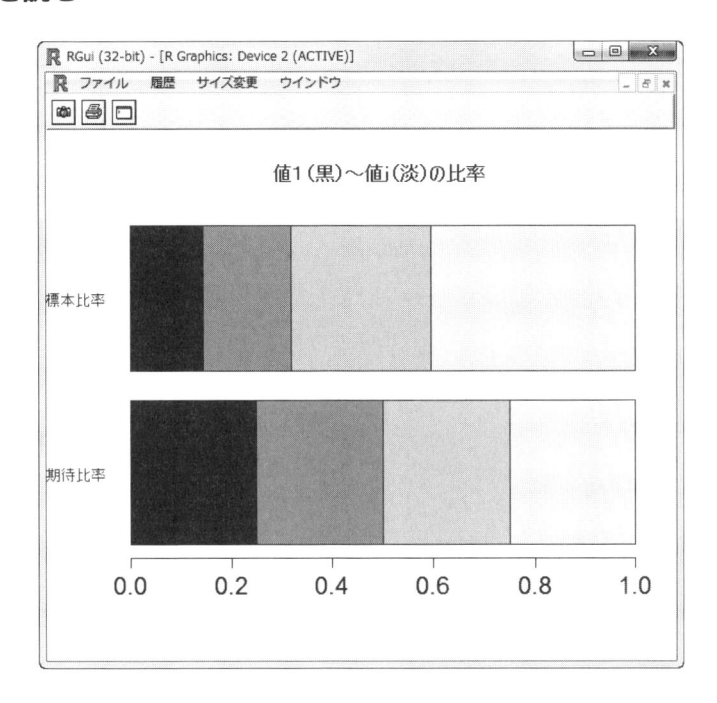

[R Graphics ウィンドウの図: 「値1(黒)〜値j(淡)の比率」と題した横棒グラフ。上段が「標本比率」、下段が「期待比率」で、横軸は0.0〜1.0。]

　上段のグラフは標本比率であり，4セルに色分けされる。右端のセルの比率が大きい。下段のグラフは期待比率である。期待比率は同等としたので，幅はみな等しく1／4（＝0.25）ずつになっている。

　この上下のズレが偶然以上かどうかを検定する。

3.3 検定結果を読む

　1×j表のカイ二乗検定は，1標本におけるj個の観測値の標本比率が，帰無仮説の期待比率に合致するかどうかを見ることから**適合度の検定**（goodness-of-fit test）といわれる。タイトルの★印にもそのように表記される。

```
> ########################
> #   カイ二乗検定1×j：  #
> #    1群×j値の分析    #
> #   （適合度の検定）★ #
> ########################
```

```
> tx1 # 度数集計表
         度数      期待値     標本比率    期待比率      差
値 1      10      17.25    0.1449    0.25    − 0.1051
値 2      12      17.25    0.1739    0.25    − 0.0761
値 3      19      17.25    0.2754    0.25      0.0254
値 4      28      17.25    0.4058    0.25      0.1558
>
```

見出しの「値1」は"名前発表"，「値2」は"能力賞賛"，以下"努力賞賛"，"賞状授与"と4つの値はカテゴリであり，各値のカウントされた度数が [10, 12, 19, 28] と表示される。これが各ほめられ方を好む者の人数である。

総度数は N = 69 なので，帰無仮説に従う期待値は，**期待値** ＝（N × 期待比率）＝（69 × 0.25）= 17.25 と計算されている。各観測度数とこの期待値 17.25 との差が，帰無仮説からの標本のズレを表す。

1 × 3 表以上では対立仮説はすべて両側仮説になる。上の見出しの「差」から分かるように，ズレはプラス・マイナス両側に生じ，いずれかに特定できない。結果の記述に「両側検定」であることを注記する必要はない。1 × 3 表以上では常に両側検定である。

```
> tx2 # カイ二乗検定
    χ2値     df     p値      効果量w     検出力
    11.52     3    0.0092    0.4086    0.8236
> # p＜α なら「真の比率≠期待比率」
> # 効果量wの評価：大 =0.5，中 =0.3，小 =0.1 ★
>
```

カイ二乗検定の結果は，χ^2 = 11.52 であり，有意である（p = 0.0092 ＜ α = 0.05）。

χ^2値はズレの大きさを表す。今回の標本度数が完全に帰無仮説に従うなら，ズレ＝ゼロ，つまり χ^2 = 0 となる。偶然に多少のズレが生じることはあるが，今回の χ^2 = 11.52 のような大きな χ^2 値は偶然に 100 回中 1 回も出現しないことが，p = 0.0092 から分かる。

カイ二乗検定の**効果量w** = 0.4086 も便宜的基準に照らすと，中程度を超えた大きさと判断できる。出力中の注釈「効果量wの評価」を参照していただきたい（上の出力の★印のところ）。

検出力 $power$ = 0.8236 も，望ましいとされる $power$ = 0.80 を上回り十分である。

カイ二乗検定の効果量wは下式で計算される。自分でも計算してみよう。

```
## 効果量をχ2値から計算する
x2=11.52          # カイ二乗値＝11.52
N                 # 総度数Nを確認：N＝69
sqrt( x2/N )      # w＝√x2／N＝0.4086
```

上のように，度数1個あたりで生じたズレの大きさを効果量としている。

効果量wは別名，**連関係数**（association coefficient）といわれる。$1×j$表と$2×2$表の連関係数はϕ（ファイ）で表す。効果量w＝連関係数ϕである。

3.4 カイ二乗検定を実習する

R画面でカイ二乗検定を操作的に体験してみよう。カイ二乗検定の出力が終わったあとで，R画面に以下の(1)～(4)を打ちこんでみよう。プログラム入力の注意点として，半角英数字を用いること，大文字・小文字を区別すること，カンマを打ち忘れないこと，[↑]キーを押すと前の入力を呼び戻せるので同じような入力をするときはそれを加工すること，などを覚えておこう。

(1) χ^2値を計算する

```
## カイ二乗値を計算する
N              # 総度数を確認：N＝69
kitaihir       # 期待比率を確認：各セル0.25
kitaichi       # 期待値を確認：各セル17.25
N*kitaihir     # 検算：期待値＝N×期待比率
dosu           # 標本度数を確認
               # 以下，同じような入力には[↑]キーで前入力を呼び出すのがコツ
    zure <- (dosu-kitaichi)   # ズレを計算：（度数−期待値）
    zure                      # そのまま合計するとゼロになる：sum(zure)で確かめ可
    zure^2                    # ズレの二乗：方向性のない大きさだけの数量になる
    zure^2/kitaichi           # ズレの二乗を期待値1個分にする ★
sum( zure^2/kitaichi )        # ズレの二乗の期待値1個分を合計＝χ2値
chisq.test(dosu)              # 確かめ：χ2値＝11.52
```

χ^2値の計算は，度数と期待値との差（ズレ）をとり，このズレの±を消すため二乗する。それを期待値1個分に調整する（上の★印の行）。これはNの大小の影響を受けないようにするためである（たとえば$N＝10$のときのズレ＝5と$N＝100$のときのズレ＝5は同等に扱えない）。この期待値1個当たりのズレを全セル合計すると，それがχ^2値になる。

（2）帰無仮説のカイ二乗分布を描く

帰無仮説に従えばχ^2値＝0になるはずである。しかし，有限個数$N = 69$の標本抽出を繰り返すと偶然に大小のズレが生じるので，χ^2値はゼロから多少離れた値も示す。そのような帰無仮説に従ったχ^2値の偶然出現分布を描いてみよう。

```
## df=3 のカイ二乗分布を描く
df= 3                      # 自由度＝（セル数−1）＝（4−1）＝3
yoko=18                    # ヨコ軸の上限（χ2分布の右端の値），一応 Max.18 としておく
chi2 <- seq(0, yoko, 0.01) # χ2値のヨコ座標：0〜右端18まで0.01刻みとする
dens <- dchisq(chi2, df)   # χ2値0〜18の偶然出現度数（確率密度density）。自由度df=3
plot(chi2, dens,           # χ2分布の作図：ヨコ軸にχ2値，タテ軸に確率密度をとる
    xli=c(0, 18),          # ヨコ軸（x軸）リミット：下限0〜上限18
    yli=c(0, 0.3),         # タテ軸（y軸）リミット：下限0〜上限0.3
    ty="h", col=8)         # 描線のタイプ type=h（高さ）。色＝8（灰）
```

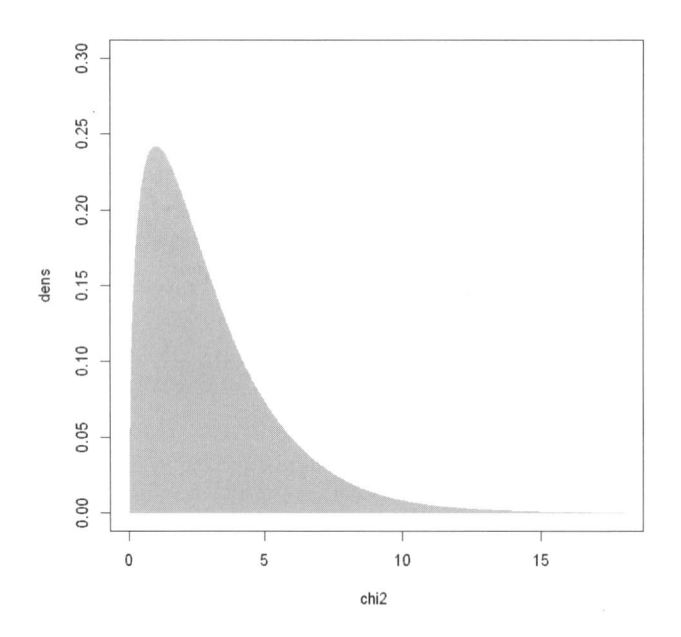

これは**自由度$df = 3$のカイ二乗分布**という。自由度dfは degree of freedom の略である。$df =$（セル数−1）＝（4−1）＝3と計算される。χ^2値は各セルのズレの合計なので，セル数が多くなるとχ^2値も必然的に大きくなり，分布形が異なってくる。そこで，χ^2値の算出可能な最少2セルを"始まり"（$df = 1$）として分布形を特定している。それで2セルを超えて3セル以降すべて$df =$（セル数−1）となる。

上のカイ二乗分布はヨコ軸がχ^2値，タテ軸が個々のχ^2値の偶然出現確率（確率密度）である。帰無仮説（ズレ＝ゼロ）に従った分布なので，やはりゼロ近くにχ^2値が集中している。

ただしセル数が 4 なので，$df = 1$ や $df = 2$ より，$df = 3$ の χ^2 値は偶然に左右されやすくなり，ゼロから少し離れたところにピークがきている。文学的にいえば，自由度 df が大きくなると χ^2 値も自由な出方をする傾向が強くなる。

さて，今回のデータから計算された $\chi^2 = 11.52$ は，上の分布ではかなり右側に落ちることになる。すなわち，偶然にはなかなか出現しにくい値であるといえる。どの辺に落ちるか，描いてみよう。

```
## 今回のχ2=11.52 を▲で示す
x2 = 11.52                # χ2値＝11.52
points(                   # ポイント打ち（点描）
  chi2[x2*100], -0.008,   # 水平線より 0.008 だけ下に点描する
  pch=24, bg=3, cex=2 )   # ポイントキャラ24，バックグラウンド色3（緑），キャラ倍率2を指定
```

（3）有意性を判定する

今回の $\chi^2 = 11.52$ が有意かどうかを判定するために，有意水準 $\alpha = 0.05$ の領域を設ける。なお，以下の図はカラー表示されないが，原画像は鮮やかに彩色されるので，ぜひ自分自身で作図してみてください。

```
## 有意水準の領域α＝0.05 を赤く塗る
iroz <- 18*100                   # 色用のヨコ座標：χ2値＝0～18を1/100精度で色付けする
alpz <- ceiling(                 # 有意水準αの座標
  qchisq(0.05, df, low=F)*100 )  # α=0.05に相当するχ2分位点quantileを計算
iro <- c(                        # 色番号の指定
  rep(8, alpz-1),                # α直前まで灰=8
  rep(2, (iroz+1)-(alpz-1) )     # αの領域は赤=2
  )                              # 右カッコを忘れないように！
par( new=T )                     # 重ね書きの宣言
plot(chi2, dens,                 # χ2分布
    xli=c(0, 18),                # ヨコ軸のリミット：0～18
    yli=c(0, 0.3),               # タテ軸のリミット：0～0.3
    ty="h",
    col=iro )                    # 色番号を指定した重ね書き
```

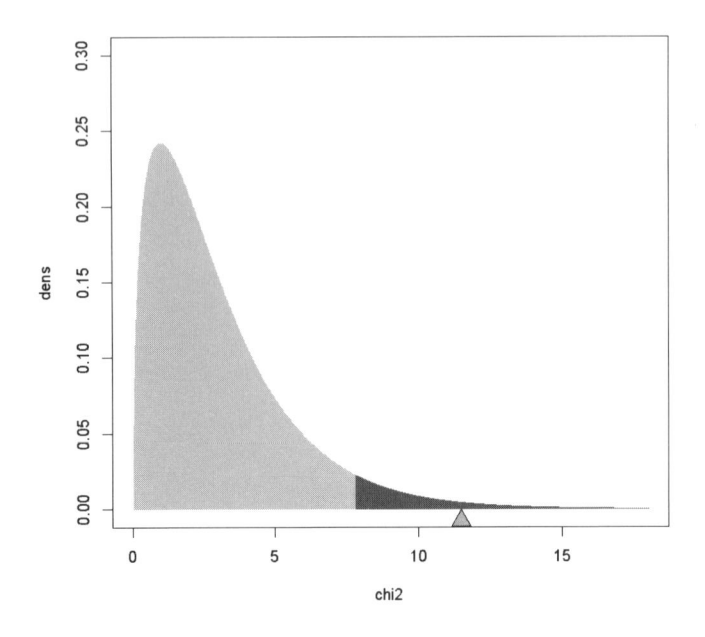

上図で赤く塗られた部分（濃い灰色）が，分布全体の5%に相当する。これが有意水準 $\alpha = 0.05$ の領域である。今回の $\chi^2 = 11.52$ はこの赤い領域の奥のほうへ落ちており（緑の▲），そこから右の出現確率は $p = 0.0092$ しかない。ゆえに有意であると判定される。

（4）検出力を求める

今回の統計的検定のパワーはどれくらいだろうか。検出力を求めてみよう。

帰無仮説に従った $\chi^2 = 0$（ズレ＝0）のカイ二乗分布を上で描いたが，これとは別に，分布の中心がゼロから今回の $\chi^2 = 11.52$ だけズレたカイ二乗分布を描いてみよう。分布の中心がゼロから離れる程度を**非心度**（non-centrality）という。非心度（χ^2）＝ 11.52 のカイ二乗分布は下のように描ける。

```
## 非心度=11.52 のカイニ乗分布を描く
x2                      # χ2値を確認：11.52
hishin <- dchisq(       # 非心分布の確率密度を求める
    chi2, df, ncp=x2 )  # non-centrality parameter (ncp) = χ2値
par( new=T )
plot(chi2, hishin,      # 非心カイニ乗分布
    xli=c(0, 18),       # ヨコ軸リミット：0～18
    yli=c(0, 0.3),      # タテ軸リミット：0～0.3
    col=4, cex=0.5,     # 青い線 color=4 で描く。作図倍率 0.5
    yla="" )            # y軸の見出し label を表示しない
```

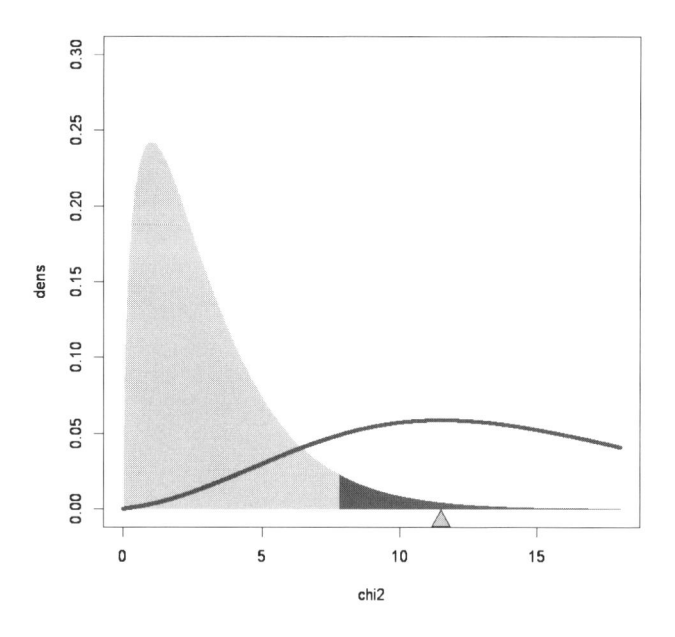

上の青い丘のような分布が，今回のズレ $\chi^2 = 11.52$ を中心とした（非心）カイ二乗分布である。しかし，このうち有意と判定される標本は，有意水準の赤い領域（濃い灰色部分）に落ちる標本に限られる。有意として検出可能となる部分を，黄色く塗りつぶしてみよう。

```
## 検出可能部分の塗りつぶし
for(i in alpz:(iroz+1)){           # α点から右端までを黄色く塗る
  sa <- max(hishin[i]-dens[i], 0)  # 赤い領域から上の部分だけを塗る
  arrows(chi2[i], hishin[i],
         chi2[i], hishin[i]-sa,
         col=7*sign(sa), len=0 )
}
```

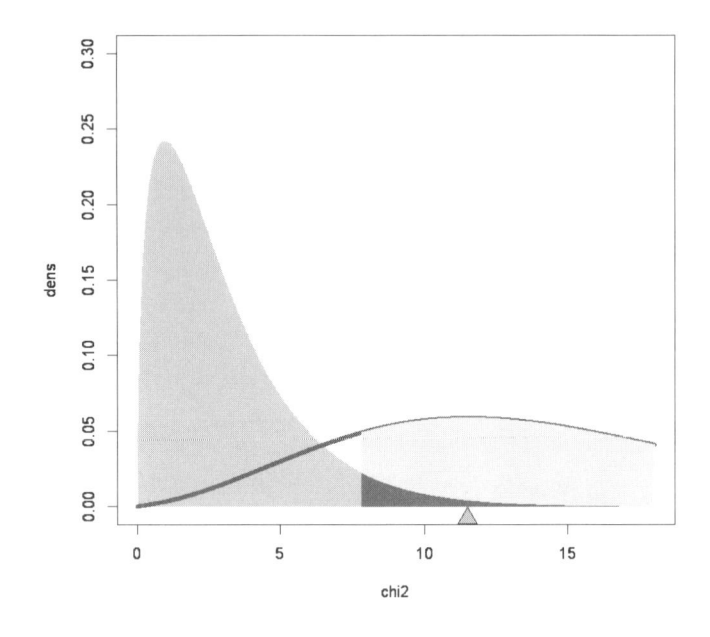

上図で黄色く塗られた標本（濃い灰色を含む塗りつぶし部分）が有意水準の領域に入り，検出可能となる。その面積が検出力を意味する。この非心カイ二乗分布の全体を1とすると，その面積は 0.824 となる。これが今回の効果を取り出すパワーである（検出力 power = 0.824）。

　残り 0.176（黄色と赤から外れた塗りつぶしていない部分）が，タイプⅡエラーの程度を表す。いわゆる"見逃し率" β = 0.176 である。その部分は，確かに χ^2 = 11.52 を中心に出現した標本であるにもかかわらず，偶然に小さな χ^2 値になったため有意と判定されない。

　しかし，今回の検出力は power =（1 − β）> 0.80 であり，十分に望ましい。今回の効果は偶然の影響を受けたとしても 100 回に 80 回以上は有意として取り出すことができた。

3.5　多重比較の結果を読む

　カイ二乗検定の結果，各ほめられ方の選択者数は有意差を示すことが分かった。

　ただし，ほめられ方は4つあり，1対1で比較すればそんなに差のないものもある。どのセル間に実質的な差があるかを探り出さなければならない。これを**対検定**（pairwise tests）または**多重比較**（multiple comparisons）という。4セルの場合，多重比較は全部で6回になる。

　この多重比較には前出の正確二項検定を用いる。つまり，1×2表の検定を6回繰り返す。次がその結果である。

```
> tx3 # 多重比較（正確二項検定，両側）
             p値      調整後p値
値1 vs 値2   0.8318    0.8318
値1 vs 値3   0.1360    0.2720
値1 vs 値4   0.0051    0.0306
値2 vs 値3   0.2810    0.3372
値2 vs 値4   0.0166    0.0498
値3 vs 値4   0.2430    0.3372
> # p値の調整は Benjamini & Hochberg(1995) による
>
```

「値1 vs 値2」は［名前発表10人 vs 能力賞賛12人］を表す。同様に，「値1 vs 値3」は［名前発表10人 vs 努力賞賛19人］を表す。それぞれ正確二項検定の結果としてp値が表示される。ここでp値はそのままではなく，**調整後p値**（adjusted p-value）に変換される。

これは**多重検定問題**（multiple testing problem）への対策である。すなわち，検定を多数回繰り返すと最初の有意水準を維持できなくなる。いわばクジを1回引くときの当選確率が，クジを何回も引くと既定の当選確率以上にだんだん当たりやすくなるという問題である。

この対策として，p値を検定回数に応じて調整する方法がとられる。それにはいくつかの方法があり，js-STARが提供するRプログラムではBenjamini & Hochberg（1995）の方法を採用している（以下，**ＢＨ法**という）。これはp値に下のような調整係数を掛けるやり方である。

表4　Benjamini & Hochberg（1995）の方法によるp値の調整

	p値	×	調整係数	=	調整後p値
値1 vs 値2	0.8318	×	6／6	=	0.8318
値1 vs 値3	0.1360	×	6／3	=	0.2720
値1 vs 値4	0.0051	×	6／1	=	0.0306
値2 vs 値3	0.2810	×	6／5	=	0.3372
値2 vs 値4	0.0166	×	6／2	=	0.0498　★
値3 vs 値4	0.2430	×	6／4	=	0.3372

（注）調整係数＝（検定回数／p値の小ささの順位）

調整係数は，表注の式で求められる。検定回数は全6回なので，**p値の小ささの順位**が第一位のp値は，（検定回数／順位）＝（6／1）＝6倍される。小ささ第二位のp値は，（検定回数／順位）＝（6／2）＝3倍される（表4の★印のところ）。最も大きなp値は第六位なので，（6／6）＝1倍となる。

なお，調整前と調整後の順位が入れ替わってしまう場合は，便宜的に後ろの順位と同値にする。上表で第四位のp値は 0.2430 ×（6／4）＝ 0.364 となるところだが，第五位の調整値 0.3372 を上回ってしまうので，0.3372と同値とする（★印の下の行）。

BH法のほかに，**ボンフェローニ法**は単に全てのp値に検定回数を掛ける（全て6倍）。これはタイプIエラーを重視し過ぎるのであまり使われない。

ホルム法は，p値の大きさの順位をp値に掛ける。つまり，最大のp値に1を掛け（そのまま），第二位のp値に2を掛け，第三位のp値に3を掛け，そして最小のp値に総検定回数6を掛ける。

相対的に，BH法はタイプIIエラーへの防御を重視し，ホルム法はタイプIエラーへの防御を重視した方法である。もしホルム法を使いたいときは，下のRプログラム中の★印の行を"BH"から"holm"に書き直す。また，ボンフェローニ法を使いたいときは"b"（小文字のビー）に書き直す。ただし，「BH法を用いた」という注釈はそのまま出力されてしまうので注意してください。

〈別の調整法を使いたいときの書き直し部分〉　※ 場所はBHを検索語として検索すると速い

```
padj <- p.adjust(pchi, "BH")    ★ここの"BH"を"holm"または"b"に書き直す
```

なお，調整前・調整後p値とも全て両側確率である。片側検定を行うときは値を1/2にする。ここではそのまま両側確率を$\alpha = 0.05$で判定する（両側検定）。

有意な結果だけを拾うと，［値1 vs 値4］と［値2 vs 値4］が有意である。つまり，値4"賞状授与"の選択者数（28人）が，値1"名前発表"（10人）や値2"能力賞賛"（12人）より有意に多かったことが分かる。"努力賞賛"（19人）は中間的な位置づけである。

ここまでが一通りの結果である。

3.6　結果の書き方

> 表3は，小学4年生における各ほめられ方の選択者数を示したものである。カイ二乗検定の結果，有意だった（$\chi^2(3) = 11.52$, $p = 0.009$, *effect size* $w = 0.409$, *power* = 0.824）。
> 　正確二項検定を用いた多重比較（両側検定）によると，賞状授与の選択者数が名前発表の選択者数より有意に多く（*adjusted p* = 0.0306），また能力賞賛の選択者数よりも有意に多かった（*adjusted p* = 0.0498）。これ以外のセル間に有意差は見られなかった。なお，p値の調整にはBenjamini & Hochberg（1995）の方法を用いた。
> Benjamini, Y., & Hochberg, Y. (1995). Controlling the false discovery rate: a practical and powerful approach to multiple testing. *Journal of the Royal Statistical Society Series B,* **57**, 289-300.

カッコ内の"$\chi^2(3) = 11.52$"のところは，"$\chi^2 = 11.52$, $df = 3$"と書いてもよい。研究領域により書式の慣例があるのでそれに従ってください。本書が多重比較に用いているBH法の出典については上の文献を掲載する。

3.7 パワーアナリシス

次回の研究企画のため，パワーアナリシスの結果を参考にする。

```
> tx4 # パワーアナリシス
            効果量w      α        1-β      df       N
  α の計算   0.4086    0.0405    0.8      3       69
  N の計算   0.4086    0.0500    0.8      3       66
> # ■ NULL，NA が表示されたら計算不能■
> # Nは総度数 (total sample size) を示す
>
```

「Nの計算」のところを見ると，$α = 0.05, 1 − β$ ($power$) $= 0.80$ の望ましい検定には$N = 66$が必要と示唆されている。今回の$N = 69$ はほぼ適当だったといえる。

統計的検定は，Nを増やせばよいというものではない。必要以上に増やしてもコスト（労力や時間）が掛かるだけで無駄である。今回の効果量 $w = 0.4086$ をきちんと検出するには，100人も200人もいらないことが分かるだろう。

逆に，きわめて大きなNを用いないと得られない有意性は，きわめて小さな効果である。「千人とれば何でも有意になる（怪しい方法だ）」と統計的検定を批判していた人がいたが，その通りである。その際の効果量は極小であり，現実には無いも同然であるかもしれない。しかし，そうでないかもしれない。単に無駄にNを増やしただけなのかもしれない。効果の大きさは，有意性とは独立に評価されるべきものである。パワーアナリシスはそのことを教えてくれる。統計的検定の結果として効果量の記載が欠かせない理由もまたそこにある。

練習問題［2］

新しい胃薬のキャッチフレーズを考えるためブレインストーミングを行った。一般に"６６法"といわれ，6人で6分間を1セットとして実施するのがよいとされる。そこで，2人，4人，6人，8人のグループで6分間に幾つ作れたかを比較してみた。「胃にやさしい」「胃が軽くなる」「胃がほほ笑む」など，各グループが作ったキャッチフレーズの数はそれぞれ［27, 23, 47, 33］個となった。6人のグループの47個が最多といえるだろうか。

人数が多ければ作成個数も多くなるだろうと仮定し（帰無仮説），各グループの人数を期待比率として，1×jのカイ二乗検定を行ってみよう。各グループの人数が異なるので，もちろん期待比率は不等となる。js-STARの画面で［期待比率不等］にチェックを入れる。ダイアログが開くので，期待比率のセルに，各グループの人数を直接入力すればよい。下のイメージ図のマル数字の順で操作してください。

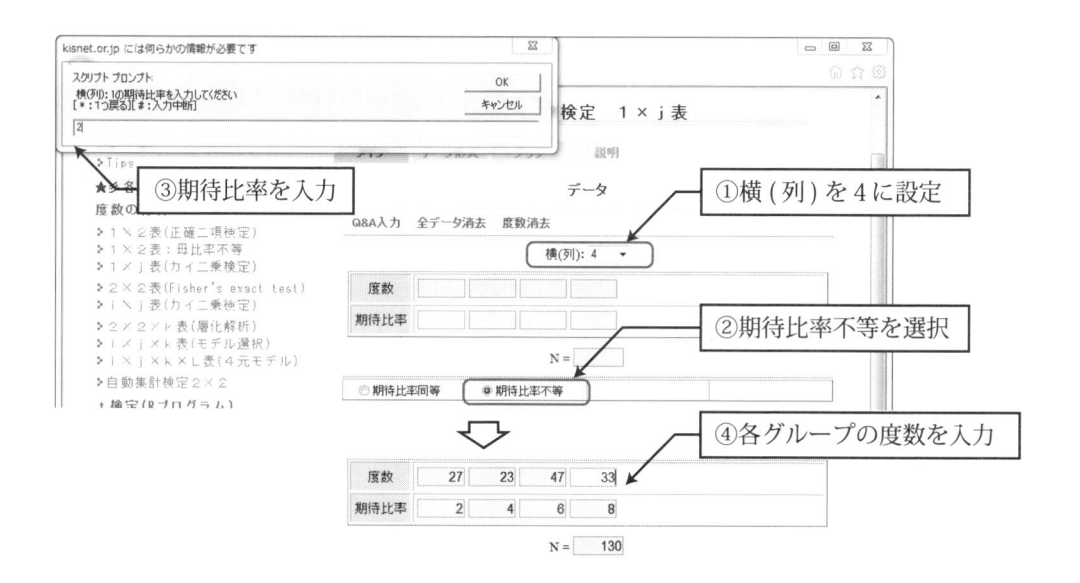

カイ二乗検定の結果が有意なら，帰無仮説を棄却できる。その際は，人数が多ければアイディアも多く出るというわけではないことになる。

各グループの標本比率と期待比率の差に注目して解釈してみよう。特に第3グループの結果が焦点になる。

4章　2×2表の分析：フィッシャーの正確検定

例題 4　仮設住宅は健康を害するか？

大震災の影響でF県S市当該地区の仮設住宅に避難した住民298人と，被災を免れた自宅で生活する住民184人を対象に実施された健康診断の結果，高血圧の疑いがある者の人数は表5のとおりだった。仮設住宅生活者と自宅生活者に実質的な差があるといえるか。

表5　仮設住宅生活者と自宅生活者における健康診断の結果（人）

高血圧の疑い	疑いあり	疑いなし
仮設住宅生活者	79	219
自宅生活者	29	155

解　説

これは2群×2値の表である。**クロス集計表**（cross table）または**分割表**（contingency table，共起表）といわれる。2群のそれぞれで2値（疑いあり，疑いなし）がいくつ見られたかをカウントした結果である。

問題はこの2値の差ではない。両群とも「疑いなし」が圧倒的に多いことは明らかである。問題はその両群で2値の出方が異なっているかどうかである。2×2表の検定には，**フィッシャーの正確検定**（Fisher's exact test）を用いる。

4.1　操作手順

① 手法を選ぶ：【2×2表（Fisher's exact test）】をクリック

② セルにデータを下のように入力する（総度数Nは自動計算される）

	観測値1	観測値2
群1	79	219
群2	29	155

N = 482

以下，③［計算！］ボタン⇒④ Rプログラムを R画面に［コピペ］⇒⑤ 結果や図の保存，と進む。

4.2 図を読む

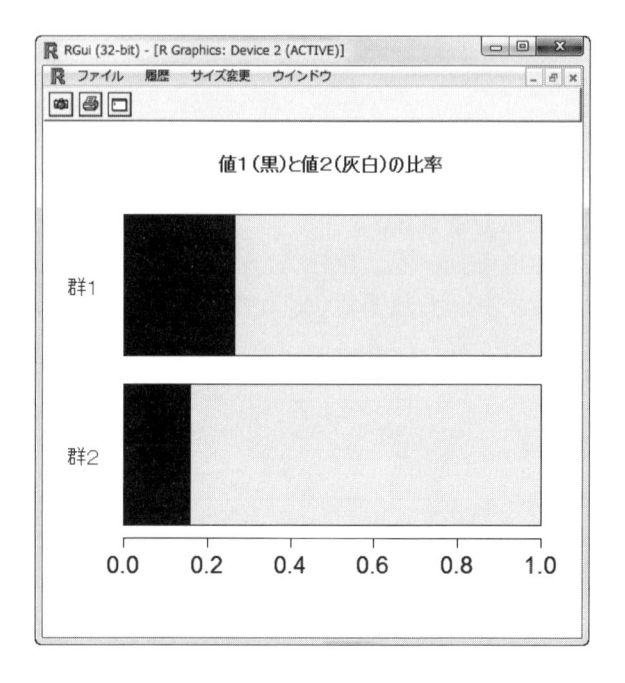

[図: 値1（黒）と値2（灰白）の比率　群1・群2の横帯グラフ]

いままでの標本比率と母比率のグラフに似ているが，全く違う。2本のグラフはいずれも標本比率である。

上段は群1（仮設住宅生活者），下段は群2（自宅生活者）のグラフであり，黒い帯が高血圧の"疑いあり"，灰色の帯が"疑いなし"の比率を示す。上段の黒い帯が下段より広い。この上下の差が偶然に出現する以上の有意差であるかどうかを検定する。

4.3 検定結果を読む

片側検定と両側検定の結果が出力されるが，通常は両側検定のほうを見る。タイトルの中に「両側」とあることを確認する（下の★印）。

```
> ################################
> # 直接確率計算 2 × 2：
> #   2群×2値の分析
> # ・Fisher の正確検定（両側）★
> # ・独立比率の差の検定（両側）
> ################################
```

タイトルには「Fisher の正確検定」と「独立比率の差の検定」が併記されている。Fisher's test が計算不能になったときに「独立比率の差の検定」を参照する。Fisher's test は計算量が膨大であり，だいたい $N > 1000$，または $df > 4$ で $N > 500$ くらいになると，一般的なパソコ

ンはオーバーフローを起こし計算不能になる。そのときのためである。

度数集計表の次に，Fisher's exact test の結果が出力される。

```
> tx1 # 度数集計表
         値1     値2    値1の比率
群1      79     219     0.2651
群2      29     155     0.1576
>
> tr1 # フィッシャーの正確検定
                 p値
両側検定        0.0068
>
```

フィッシャーの正確検定は，上のように直接にp値を算出する。結果は$p = 0.0068$であり，有意水準$\alpha = 0.05$に照合し，0.2651 と 0.1576 の差が有意である（$p < \alpha$）。

この例題は$N = 482$であり，Fisher's test はオーバーフローしなかったが，一応，独立比率の差の検定（test of difference between independent proportions）の結果も見ておこう。

```
> tr2 # 独立比率の差の検定（連続性修正）
            χ2値      df      p値     効果量h    検出力
両側検定    6.955      1     0.0084   0.2652    0.8076
> # p<α なら「値1の比率の差≠0」
> #    〃    「値1のオッズ比≠1」
> # 効果量hの評価：大=0.8, 中=0.5, 小=0.2  ★
>
```

独立比率の差の検定は，実質，カイ二乗検定である。結果として$\chi^2 = 6.955$は自由度$df = 1$のカイ二乗分布で$p = 0.0084$を示し，有意と判定される。カイ二乗検定のp値はフィッシャーの正確検定（$p = 0.0068$）よりやや甘く出るので，オーバーフローしない限りは Fisher's test の結果を採用したほうがよい。

出力の見出しにある**連続性修正**（Yates' continuity correction：イェーツの連続性修正）は常に推奨される。理論上のカイ二乗分布は連続的であるのに対して，有限度数Nのχ^2値は間欠的に分布する。つまり非連続である。このため近似補正を施している。修正後の$\chi^2 = 6.955$は，修正なしでは$\chi^2 = 7.5603$になり不当に大きくなる。

並んで出力されている**効果量h**は，Cohen's hといわれる効果量である。出力の注釈に示した評価基準（Cohen, 1992，文献は 191 ページ参照）によると，$h = 0.265$はまだ小さいほうである。仮設住宅生活者の高血圧の"疑いあり"は自宅生活者より有意に多いと判定されたが，今のう

ちに手を打てばこれ以上の悪化は防げると考えられる。検出力 power = 0.8076 は，望ましい 0.80 に達しており，今回の検出力に問題はない。真の効果が検出されたと考えられる。

ここまでの結果をまとめてみよう。

4.4 結果の書き方

> 表5は，F県S市当該地区における仮設住宅生活者と，自宅生活者の健康診断の結果，高血圧の疑いがあると診断された者の人数である。
> フィッシャーの正確検定の結果，表5は有意である（$p = 0.007$, *odds ratio* = 1.93, *effect size* $h = 0.265$, *power* = 0.808, 両側検定）。
> 仮設住宅生活者の「疑いあり」の人数が自宅生活者より有意に多く，**オッズ比**で 1.93，**比率の差**で 10％以上あることが分かった。ただ，効果量 $h = 0.265$ はまだ小さいと評価される。時機を逸することなく仮設住宅生活者の生活環境の改善，ストレスの軽減などに積極的に取り組む必要があるだろう。

カッコ内の**オッズ比**，及び本文中の**比率の差**は，いずれも効果量の一種であり，度数集計表（前ページの出力 tx1 の部分）から下式で計算される。

オッズ比：$(79 / 219) / (29 / 155) = 1.93$ → 群1の群2に対するオッズ比は 1.93 である

比率の差：$0.2651 - 0.1576 = 0.1075$ → 仮設住宅生活者のほうが 10.75％「疑いあり」が多い

比率の比：$0.2651 / 0.1576 = 1.6821$ → 仮設住宅生活者のほうが 1.68 倍「疑いあり」が多い

最後の**比率の比**（rate ratio）は医学統計では**リスク比**といわれる。仮設住宅生活者が自宅生活者より「疑いあり」となるリスクが何倍あるかを示す。

最初のオッズ比（odds ratio）はかなり特殊な指標であり，下の二者と違って現実的解釈はできない。このままオッズ比 = 1.93 として扱う。オッズは「賭け率」のことであり，「疑いあり」「疑いなし」のどちらに賭けた人が多いかに例えている。そのオッズ比というのは，上の計算式のように群1のオッズ = $(79 / 219) = 0.3607$ が，群2のオッズ = $(29 / 155) = 0.1871$ に対して何倍あるかを示す。オッズ比 = 1 なら両群のオッズに差はない。オッズ比＞1 なら，群1の「疑いあり」に賭けた人が群2より多い（オッズ比は∞に向かう）。オッズ比＜1 なら，群1の「疑いあり」に賭けた人は群2より少ない（オッズ比は 0 に向かう）。2群の分母（219, 155）が十分に大きくなるとオッズ比は "比率の比"（リスク比）に近似するといわれる。大規模な特定集団の追跡調査（いわゆるコホート研究）によって推定されるリスク比の代用指標とされる。

結果の記述にどの効果量を用いるかは研究目的による。上の「結果の書き方」では，カイ二乗分布による効果量 h を取り上げている。効果量 h については便宜的な評価基準がある（57ペー

ジの出力の★印参照)。それによれば,効果の大きさ $h = 0.265$ は"小"とされる。つまり,仮設住宅生活者と自宅生活者の"疑いあり"の比率の差は有意であっても(!)まだ小さいと見られる。

　もっと現実的なリスク評価を行いたいときは,下の信頼区間推定を利用する。

4.5　点推定と信頼区間推定

区間推定は,比率の差とオッズ比について95%信頼水準で行われる。

```
> tr3 # 点推定と信頼区間推定
              点推定      95%信頼下限値    上限値
比率の差      0.1075      0.0304          0.1846
オッズ比      1.9280      1.2018          3.0931
>
```

　比率の差の推定区間 0.0304 〜 0.1846 はゼロ(比率の差 = 0)を含んでいない。また,オッズ比の推定区間 1.2018 〜 3.0931 もオッズ比 = 1(オッズが等しい)を含んでいない。それが検定による有意性を裏付ける。

　信頼水準を変えたいときは,js-STAR画面において下のRプログラムの★印の行を書き換えてから,[すべて選択]⇒R画面に[コピペ]する。現実のリスク管理上は信頼水準80%くらいが適当である。

```
## js-STARからの入力
ds11=79       # 群1の値1
ds12=219      # 群1の値2
ds21=29       # 群2
ds22=155

shinrai=0.95  ★← 0.95 を 0.80 や 0.99 などと書き換える
## js-STARからの入力おわり
```

4.6 パワーアナリシス

パワーアナリシスはカイ二乗分布を用いて，下のように計算される。

```
> tr4  # パワーアナリシス（対立仮説：両側）
          効果量h      α       1-β      N
  α の計算  0.2652   0.0469   0.8    482
  N の計算  0.2652   0.0500   0.8    501
> # ■ NULL, NA が表示されたら計算不能■
> # Nは合計度数 (total sample size) を示す
>
```

今回の効果量 $h = 0.2652$ を検出力 $(1 - \beta) = 0.80$ で取り出すためには，$N = 501$ が示唆されている。これは2群の度数を等しいとしたときの総度数である。

本例の $N = 482$ でも，ほとんど $\alpha = 0.05$，$1 - \beta = 0.80$ に近い良好なパワーが得られていたが，今回の2群は同数ではない（298人 vs 184人）。追試は，$N = 501$（2群同数として $N = 502$）をデータ収集の目標とする。

5章　i×j表の分析：カイ二乗検定

例題5 コンビニの利用頻度に差があるか？

独身者と既婚者に一週間のコンビニエンス・ストアの利用頻度をたずねた結果，表6のとおりになった。対象者は二十代に限定し，独身男性，独身女性，既婚男女の3群に分けた。3群においてコンビニの利用頻度に違いがあるといえるか。

表6　二十代の対象者のコンビニ利用頻度（人）

	ほぼ毎日	週の半分以上	週の半分未満
独身男性	18	12	6
独身女性	9	11	9
既婚男女	10	8	21

解説

これは3群×3値の度数集計表である。2×2表を超えた集計表の分析には【i×j表（カイ二乗検定）】を用いる。

5.1　操作手順

① **手法を選ぶ**：【i×j表（カイ二乗検定）】をクリック

② **セル数を設定し，セルにデータを入力する**

度数集計表の形の通りに［縦（行）：3 × 横（列）：3］を設定する。そして各セルに度数を入力する。次のセルに移るには tab キーを使うと便利。

```
縦(行): 3  × 横(列): 3
  18  12   6
   9  11   9
  10   8  21
```

以下，［計算！］ボタン⇒RプログラムをR画面に［コピペ］⇒結果や図の保存，と進む。

5.2 図を読む

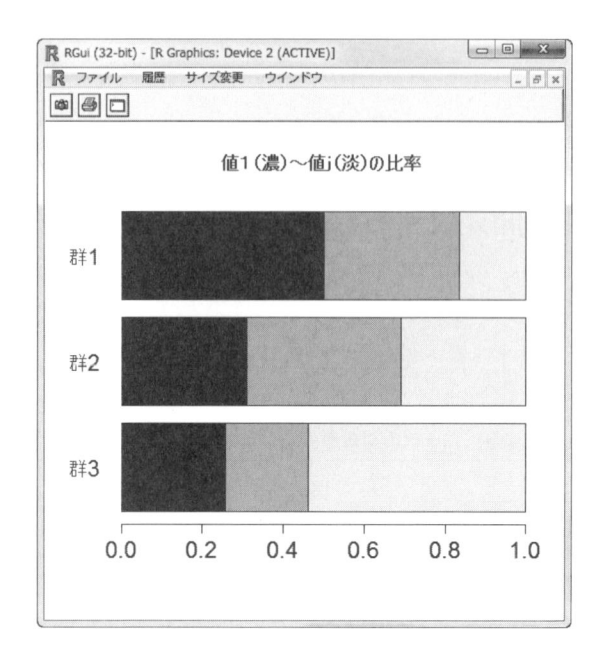

上段から群1，群2，群3のグラフである。グラフ内は3色に分けられ，3値の利用頻度（ほぼ毎日 vs 週の半分以上 vs 週の半分未満）の人数比率が表される。これを見ると，群1では「ほぼ毎日」の比率が他の群より大きく，群3では「週の半分未満」の比率が他の群より大きい。

こうした各群の違いが，偶然に出現する以上の差なのかどうかを検定する。

5.3 標本比率と期待度数を理解する

帰無仮説は"3群の（コンビニ）利用頻度は差がない"，対立仮説は"3群の利用頻度は差がある"となる。3群以上では対立仮説は両側のみである。

一般に，i群×j値のカイ二乗検定は，i群間の差を見いだし，各群が異質であることを証明しようとするので**独立性の検定**（test of independence）という。すなわち，群と値が独立である（群と値が関連しない）ことを帰無仮説とし，これを棄却することを目指す。群と値が独立でなく関連するなら，特定の群で特定の値が数多く見られることになる。次のR出力のタイトル中の★印に書き込まれている。

```
> ####################
> #   カイ二乗検定 i×j:
> #    i群 × j値の分析
> #     （独立性の検定）★
> ####################
> tx0 # 度数集計表
        値1   値2   値3   合計
群1     18    12    6     36
群2      9    11    9     29
群3     10     8   21     39
>
```

上の3群は，帰無仮説に従った"差がない"等質の母集団（要するに同一の母集団）から n = 36, 29, 39 で抽出された3標本とみなされる。この同一の母集団の中には3値"ほぼ毎日"，"週の半分以上"，"週の半分未満"が特定の比率で入っているので，そこから抽出された各群の3値もそれと同じ比率になるはずである。各群の3値の比率が異なっていても，それはたまたまであり，偶然のズレにすぎないと仮定される。一応，下のような比率のズレが見られる。

```
> tx1 # 各群の値の比率
        値1      値2      値3      合計
群1    0.5000   0.3333   0.1667    1
群2    0.3103   0.3793   0.3103    1
群3    0.2564   0.2051   0.5385    1
>
```

同一の母集団から抽出されたにしては，各群の3値の比率は違い過ぎるように思われる。仮に同一の母集団から抽出されたとすると，下のような度数になると予想される。これを**期待値**または**期待度数**という。

```
> tx9 # 各セルの期待度数
       値1     値2     値3
群1   12.81  10.731  12.46
群2   10.32   8.644  10.04
群3   13.88  11.625  13.50
> # 期待度数5未満のセルがあるときは注意！
>
```

期待度数は，期待度数＝（各群の合計度数×各値の合計比率）として計算される。たとえば，上の［群1・値1］の期待度数 12.81 ＝（群1の合計度数×値1の合計比率）＝（36 × 0.3558）＝ 12.81 と計算される。下表に必要な数値を示したので，36 と 0.3558 がどこにあるか確かめてください。

[各値の合計比率と各群の合計度数]

	値1	値2	値3	合計	
群1	18	12	6	㊱	←母比率★で各値に分かれる※
群2	9	11	9	㉙	←　　〃
群3	10	8	21	㊴	←　　〃
各値の合計度数	37	31	36	104	
各値の合計比率★	0.3558	0.2981	0.3462	1	

上の★印が各値の合計比率 [0.3558, 0.2981, 0.3462] であり，これが母集団比率とされる。この母比率で3値を無限個数保有する母集団から，$n = 36, 29, 39$ で標本抽出したと考える。したがって，（n ×母比率）で各群の各値の出現度数が予想される（上の※印参照）。それが期待度数である。

なお出力の注釈にあるように，**期待度数5未満のセルがあるときは要注意**である。χ^2 値が正しく推定されないおそれがある。特に，期待度数5未満のセル数が全セル数の2割を超えると（本例では全セル数9個中2個以上あると），カイ二乗分布への近似が著しく悪化するといわれる。このほかのカイ二乗検定の制約については，後述「5.9 カイ二乗検定の制約と対策」を参照していただきたい。

一応，本例では期待度数5未満のセルはない。したがって χ^2 値を用いることに問題はない。

5.4 検定結果を読む

標本度数と期待度数のズレから χ^2 値を計算し，検定を行った結果が下の出力である。

```
> tc2 # カイ二乗検定
    χ2値   df    p値    効果量w   検出力
   12.90    4   0.0118  0.3522   0.8338
> #  p＜α なら群間に有意差あり！
> # 効果量wの評価：大=0.5, 中=0.3, 小=0.1 ★
> # （注）2×2表のときχ2値は連続性修正値
>
```

$\chi^2 = 12.90$ は，帰無仮説のカイ二乗分布（$df = 4$）において $p = 0.0118$ を示し，有意である。カイ二乗分布の自由度（df）は，i×j表では $df = (i-1) \times (j-1) = (3-1) \times (3-1) = 4$ となる。

効果量 $w = 0.3522$ は中程度の大きさと評価できる（出力中の★印参照）。また，検出力 $power = 0.8338$ も望ましい。今回の検定は申し分ない。

5.5 残差分析の結果を読む

χ^2 値の有意性は，各群の3値の比率が等しくなく有意差があることを意味する。そこで次に，どの群のどの値の度数が，期待度数より有意に多かったのか（少なかったのか）をチェックする。それが下の**残差分析**である。

```
> tc4 # 残差分析（調整された残差）
        値1       値2       値3
群1    2.2355   0.5719   -2.7995
群2   -0.6017   1.1262   -0.4773
群3   -1.6394  -1.6052    3.1931
>
```

残差は，下のように**残差の符号**と**残差の絶対値**を読み取る。

残差の符号がプラスなら期待度数より多い　　　残差の符号がマイナスなら期待度数より少ない
　　　　　　↓　　　　　　　　　　　　　　　　　　　　↓
　　　　　+2.2355　　　　　　　　　　　　　　　　　-2.7995
　　　　　　↑　　　　　　　　　　　　　　　　　　　　↑
　　　残差の絶対値が1.96より大きいなら5%水準で有意である（両側検定）

残差は「**調整された残差**」として，標準正規分布（平均＝0，標準偏差＝1）に従うように変換されている（**z 得点**という）。標準正規分布では絶対値1.96以上の値は5%未満の出現確率しかないので，調整された残差（z）＝｜1.96｜（**ひと苦労**）より大きければ有意と判定できる。

ただし，多数回検定となるので，下の「**残差の調整後有意確率**」の出力を採用することを推奨する。

```
> tc5 # 残差の調整後有意確率（片側確率）
          値1      値2      値3
群1     0.0381   0.3166   0.0115
群2     0.3166   0.1951   0.3166
群3     0.0976   0.0976   0.0063
> # p値の調整は Benjamini & Hochberg(1995) による
>
```

掲載された p 値は，両側確率ではなく片側確率であることに注意していただきたい。これは 3×3 表全体のカイ二乗検定が有意だったので，個別のセルの有意性を積極的に拾うためである。全9個の p 値のうち $\alpha = 0.05$ 未満のものは3個拾える（下記の「拾い出し」参照）。もし両側検定を行いたいときは，上の p 値を2倍にして $\alpha = 0.05$ で判定する。

[**有意な残差の拾い出し**]（片側5％水準）

残　差	調整後 p 値	有意性の解釈
2.2355	0.0381	群1（独身男性）の値1（ほぼ毎日利用）の度数が有意に多い
−2.7995	0.0115	群1（独身男性）の値3（週の半分未満）の度数が有意に少ない
3.1931	0.0063	群3（既婚男女）の値3（週の半分未満）の度数が有意に多い

なお，調整された残差（たとえば 3.1931）は次の式により計算される（期待度数，タテ計，ヨコ計の数値は 64 ページ参照）。

$$3.1931 = \frac{\dfrac{観測度数 - 期待度数}{\sqrt{期待度数}}}{\sqrt{\left(1 - \dfrac{タテ計}{総度数}\right) \times \left(1 - \dfrac{ヨコ計}{総度数}\right)}} = \frac{\dfrac{21 - 13.50}{\sqrt{13.50}}}{\sqrt{\left(1 - \dfrac{36}{104}\right) \times \left(1 - \dfrac{39}{104}\right)}}$$

5.6　多重比較の結果を読む

残差分析は，どの群のどの値が（他の群より）多かったか・少なかったかを明らかにする。しかし，群が3つ以上あると，全ての群間に差があるとは限らない。そこで，全群の1対1の多重比較を下のように行う。これは 2×j のカイ二乗検定を用いている。

```
> tc3 # 群の多重比較（カイ二乗検定）
             χ2値    df    p値     調整後p値
群1 vs 群2   2.924   2    0.2318   0.2318
群1 vs 群3  11.317   2    0.0035   0.0105
群2 vs 群3   3.941   2    0.1394   0.2091
> # p値の調整は Benjamini & Hochberg(1995) による
>
```

検定は3回になるので，調整後 p 値で判定する。群1と群3，すなわち独身男性群と既婚男女群の間に有意差が見られた（$p = 0.0105$）。

5.7 結果の書き方

> 　二十代の独身男性，独身女性，既婚男女を対象に一週間のコンビニの利用頻度をたずねた結果，表6のようになった。
> 　カイ二乗検定の結果は有意だった（$\chi^2(4) = 12.900$, $p = 0.012$, *effect size w* = 0.352, *power* = 0.834）。調整された残差の検定（5%水準，片側検定）によると，独身男性の「ほぼ毎日」の人数が期待度数より有意に多く（$z = 2.236$, *adjusted p* = 0.038），また既婚男女の「週の半分未満」の人数も期待度数より有意に多かった（$z = 3.193$, *adjusted p* = 0.006）。これに対して，独身男性の「週の半分未満」の人数が期待度数より有意に少ないことが見いだされた（$z = -2.800$, *adjusted p* = 0.012）。
> 　また，カイ二乗検定を用いた3群の多重比較の結果も，独身男性群と既婚男女群との間に有意差を見いだした（$\chi^2(2) = 11.317$, *adjusted p* = 0.011）。なお，独身女性群はこれら2群と有意差を示さず（*adjusted p* s > 0.20），中間的な利用頻度であるといえる。
> 　なお，多重検定時の p 値の調整は全て Benjamini & Hochberg（1995）の方法を用いた。

効果量 w は特に言及していないが，便宜的基準では中程度である。効果量は先行研究の効果量が参照できれば，それと比較する。検出力は0.80を大きく下回るときは問題になる。

各種統計量は小数点3ケタくらいに丸めるようにする。"*adjusted p* s"の表記は，p 値が複数あることを意味する書き方である。

最後のBH法の使用についての記述は欠かせない。文献を挙げる必要があるときは，52ページを参照してください。もしBH法でなくホルム法を用いるなら，「多重検定時の p 値の調整は全て Holm 法を用いた」と書く必要がある。Holm 法は文献引用の必要はないと思われるが，参考までにオリジナルソースは下記である。Holm 法の実行については，52ページを参照してください。

　　Holm, S.（1979）. A simple sequentially rejective multiple test procedure. *Scandinavian Journal of Statistics*, **6**, 65-70.

5.8 パワーアナリシス

パワーアナリシスにより，次回の研究のための情報を得ることにしよう。

```
> tx4 # パワーアナリシス
          効果量w      α       1-β    df     N
  αの計算   0.3522   0.0366    0.8     4    104
  Nの計算   0.3522   0.0500    0.8     4     97
> # ■ NULL, NA が表示されたら計算不能■
> # Nは総度数 (total sample size) を示す
>
```

「Nの計算」の行を見ると，$N = 97$ は今回の$N = 104$ と大差ない。今回の統計的検定が望ましいものだったことが分かる。次回の追試も$N = 100$ 程度をデータ収集の目標にすればよいだろう。

5.9 カイ二乗検定の制約と対策

カイ二乗検定には使用上の制約がいくつかある。下にまとめておこう。

・標本サイズ（総度数N）が十分に大きいこと　※$N > 50$ なら一応十分
・期待度数5未満のセル数が全セル数の2割未満であること
・度数ゼロのセルがないこと

この制約をクリアできなかったときの対策として，2×2表のカイ二乗検定ではイェーツの連続性修正が有効であるとされる。i×j表のカイ二乗検定でも方策はあるが便宜的に過ぎるきらいがあり，一般には総度数Nを増やしたり，小度数のセルを併合したりすることにより制約を回避するほうが推奨される。

本例のR出力では，上の制約に抵触したときのために，Fisher's exact test によるp値を「参考」として下のように提供する。

```
> tx2 # ［参考］
                       p値
フィッシャーの正確検定   0.0124
> # ■ NULL は計算不能■
> tx3 # 多重比較 (Fisher's exact test, 両側)
            p値     調整後p値
群1 vs 群2  0.2409   0.2409
群1 vs 群3  0.0037   0.0111
群2 vs 群3  0.1443   0.2165
> # p値の調整は Benjamini & Hochberg(1995) による
```

ただし，上の注釈にあるように"NULL"が表示されることがあり，そのときは残念ながら計算不能である。総度数Nまたはセル数が多すぎて作業メモリがオーバーフローしたことによる。

上の出力はオーバーフローしていないので，もしその結果を使うなら下のような「結果の書き方」が可能であり，該当箇所と差し替える。

・フィッシャーの正確検定の結果は有意だった（$p = 0.0124$）。カイ二乗検定による効果量と検出力は，$\chi^2(4) = 12.90$, *effect size w* = 0.352, *power* = 0.834 である。

・フィッシャーの正確検定を用いた3群の多重比較の結果も，独身男性群と既婚男女群との間に有意差を見いだした（*adjusted p* = 0.011，両側検定）。

コラム2　χ^2値をR画面で計算する

　χ^2値の計算式を覚える代わりに，プログラムで実際に計算してみよう。

　R出力が終わったところから，次のように入力して計算する。#から右の入力は(#も含めて)入力する必要はない。前の入力を再現するときは，上向き矢印の［↑］キーを押すと，呼び戻すことができる。

```
## χ2値の計算
hyo                        # 度数集計表を確認
tx9                        # 期待度数を確認
       hyo-tx9             # ズレを計算：(度数−期待度数)
       (hyo-tx9)^2         # ズレを二乗（ズレの±を消す）
       (hyo-tx9)^2/tx9     # 期待度数1個分に調整＝χ2値
sum(   (hyo-tx9)^2/tx9 )   # 各セルのχ2値を全セル合計＝ 12.90
```

　プログラムで実体験した求め方から計算式を考えてみよう。自分でχ^2値の定義式を作り出したらもう忘れないだろう。

6章　2×2×k表の分析：層化解析

例題6　特進クラスの創設は失敗だったか？

ある大手予備校で理工系の特進クラスを新たに設けた。その評価のため、理工系難関大学への合格者数を一般クラスと比較してみた。下の表がその結果である。特進クラス創設の成果が見られたといってよいだろうか。

表7　現役生における合格・不合格者数

［現役生］	合　格	不合格
特進クラス	630	270
一般クラス	60	40

（$p = 0.0280$，片側検定）

表8　浪人生における合格・不合格者数

［浪人生］	合　格	不合格
特進クラス	90	10
一般クラス	720	180

（$p = 0.0080$，片側検定）

解　説

対象者を現役生と浪人生に分けて集計していることに注意しよう。すなわち、2群（特進クラス・一般クラス）×2値（合格・不合格）の比較を**現役生と浪人生**において**繰り返す**実験計画である。

上ではすでに検定後のp値が付記されている。2×2のFisher's testの結果である。特進クラスが悪いはずはないと考えられるので、片側検定は適当といえる。結果として現役生・浪人生とも有意である。現役生においては特進クラスの合格率70％（630／900）が、一般クラスの60％（60／100）を有意に上回っている。また、浪人生においても特進クラスの合格率90％（90／100）が、一般クラスの80％（720／900）より有意に高い。

予備校としては、現役生・浪人生に関係なく共通に特進クラスの効果を主張したい。そこで、さらに両方の表を合算した「現役生プラス浪人生」の2×2表を作ってみた。次ページのようになった。

表9　現役生と浪人生をあわせた合格・不合格者数

	合　格	不合格	計
特進クラス	720	280	1000
一般クラス	780	220	1000

さて，合格率を見てみると，特進クラス72％，一般クラス78％になっている。なんと特進クラスのほうが悪い。先の結果を逆転してしまった！

これは**シンプソンのパラドクス**といわれる現象である。併合する各群の度数が違い過ぎると起こることがある。もちろん，そのときは現役生と浪人生を別々に分析するのも一つの方法である。しかし，予備校としては現役生・浪人生に関係なく"共通の効果"というものを直接に取り出したいと望んでいる（別々の分析結果から推論するのではなくて）。

この望みは予備校に限らず研究者も同じである。2群間の有意差が，特定の対象者や参加者に限定されることは意図するところではない（知見の普遍性を欠くので）。どんな年齢層でも，どんな地域層でも，どんな参加者層でも共通に当てはまる法則性が見いだされることを願っている。そうした複数の層（異なる属性をもつ集団）に共通する効果を直接に検出する手法として，js-STARのメニュー【2×2×k表（層化解析）】を用いる。

2×2×kの最後のkは層（参加者層）の数である。**2群×2値の計画をk層で繰り返す**というデザインである。

6.1　操作手順

①**手法を選ぶ**：【2×2×k表（層化解析）】をクリック

②**層の数（k）を設定し，セルにデータを入力する**

　ドロップダウンリストから，［層：k=2］を選ぶ。k=1（第1層）が現役生，k=2（第2層）が浪人生となる。そして各セルに度数を入力する。次のセルに移るには tab キーを使うと便利。

層：k= 2

k=1	観測値1	観測値2
群1	630	270
群2	60	40

k=2	観測値1	観測値2
群1	90	10
群2	720	180

以下，［計算！］ボタン⇒Rプログラムを**R**画面に［コピペ］⇒結果や図の保存，と進む。

6.2 図を読む

出力される図は，2×2表がkセット描かれる。

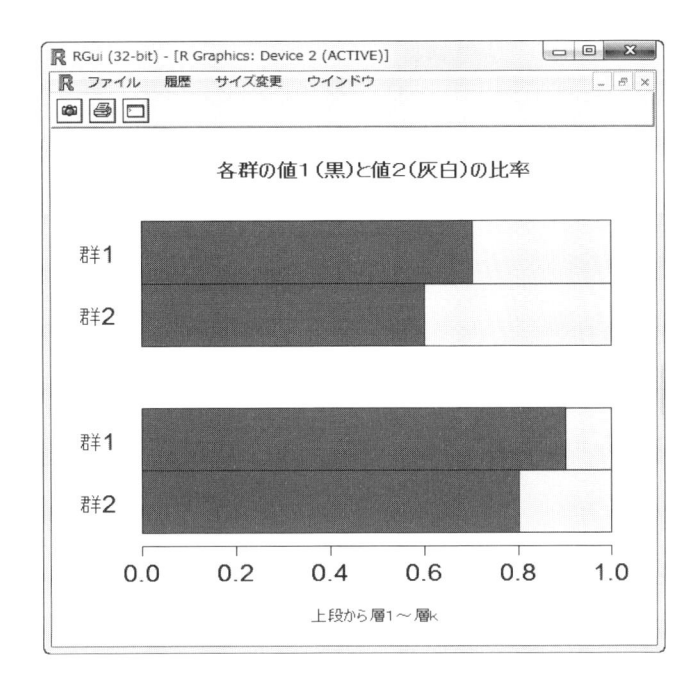

各群の値1（黒）と値2（灰白）の比率

上段から層1〜層k

上の2×2のグラフが層1（現役生）であり，下の2×2のグラフが層2（浪人生）である。

どちらの層も，群1（特進クラス）の黒い帯が，群2（一般クラス）のそれより大きい。この両方の層に共通する特進クラスの効果を，このまま取り出そうというのが分析の目標である（合算すると逆転する！）。

6.3 統計的モデリングを理解する

2×2×k層の分析には，古典的に**マンテル・ヘンツェル検定**が用いられてきた。これは各層・各群の度数のアンバランスを調整した検定である。

しかし今日では**統計的モデリング**（statistic modeling）を用いる。モデリングとはデータに特定の確率分布（モデル）を当てはめ，当てはまりの良いモデルを選択する方法である。意味的には，モデリング（モデル構成）というより**モデルセレクション**（モデル選択）というほうが分かりやすい。

一般に，度数データにはポアソン分布（Poisson distribution）を当てはめる。それで当てはまりが良くなければ他の分布を用いる。というように，単発的でない多様で持続的な分析が持ち味である。js-STAR の R プログラムは，古典的なマンテル・ヘンツェル検定と統計的モデリングの両方を実行するが，モデリングの結果のほうを推奨する。前者の結果はこれまでの伝統的方法として参考までに表示する。

下のタイトルには，モデリングの重要な設定が書かれている。「結果の書き方」で詳述する。

```
> ###########################################
> # モデル解析 2 × 2 × k :                  #
> # 2群×2値×k層の分析（層化2×2検定）       #
> #                                         #
> # ポアソン回帰モデリング                  #
> # （ステップワイズ増減法，選択基準 BIC）  #
> ###########################################
> tx9 # 度数集計表
           値1    値2   合計
層1_群1    630    270   900
層1_群2     60     40   100
----        NA     NA    NA
層2_群1     90     10   100
層2_群2    720    180   900
>
```

見出しの頭に付いている「層1」が現役生，「層2」が浪人生である。

各層において，〔特進・一般クラス〕×〔合格・不合格者〕の2×2表の分析を繰り返す。これを**層化解析**という。本例の層化解析はシンプソンの逆説を生じる。しかしながら，その矛盾を統計的モデリングは難なく解決する。というよりも，そうした矛盾が起こっても起こらなくても構わない。統計的モデリングは影響を受けない。

モデリングは初期モデルからスタートする。初期モデルはデータに最初に当てはめるモデルである。次ページのような式の形をとる。

```
> tx0 # 初期モデル（主効果・交互作用を含む）
  dosu  ~  gun  *  atai  *  sou
   ↓       ↓       ↓      ↓
  度数＝   群  *   値  *  層 ★
  --------------------------------------------------------
   630      1       1      1     ここから層1（現役）のデータ
   270      1       2      1
    60      2       1      1
    40      2       2      1
    90      1       1      2     ここから層2（浪人）のデータ
    10      1       2      2
   720      2       1      2
   180      2       2      2
  --------------------------------------------------------
```

　Rプログラムの～（ティルデ）はイコール（＝）を表す。上記の初期モデル"dosu~gun * atai * sou"は"度数＝群＊値＊層"を表している。

　左辺の**度数**には集計表の度数［630，270，60，…］が入る。これに対して右辺の**群**には1＝特進クラス，2＝一般クラスとして，数量［1，2］が入る。このようにカテゴリを数量化することを**ダミー変数化**という。同様に，右辺の**値**にも1＝合格者，2＝不合格者を代入し，**層**にも1＝現役生，2＝浪人生を代入し，ダミー変数化する（上の★印以下の数字がダミー変数化したときの数量になる）。

　こうして8個の**度数**と，**群・値・層**のダミー変数を対応させると，左辺の度数の違いを右辺のダミー変数から計算できる形になる。そこで，式の右辺に**群・値・層**を組み合わせた説明項を立てる。初期モデルとされる"度数＝群＊値＊層"は，**群・値・層**の全ての組み合わせから説明項を立てることを意味する。すなわち下のようなモデルを表す。

　　度数＝ 群 ＋ 値 ＋ 層 ＋（群：値）＋（値：層）＋（群：層）＋（群：値：層）

　このように，初期モデルは全ての**単独項**と全ての**掛け合わせ項**（：は掛け合わせを意味する）を加算的に並べる。これを"加法モデル"という。

6.4　モデリングの結果を読む

　初期モデルを計算式とみなし計算を始めるが，もちろん単純な四則演算ではなく，確率分布（ポアソン分布）のパラメータ推定という計算になる。結果として，左辺の**度数**を説明するために，右辺のより良い項を選択する。次ページがその出力であり，1行1ステップとして**1ステップ1項ずつ項の選択**を行う。これをステップワイズ法という。次がその分析結果である。

```
> tx1  # モデル選択ステップの要約（選択基準 BIC）
     項の増減        df      残差増分      df     残差逸脱度       BIC
1                    NA        NA         0    -1.5543e-13    113.94
2   - gun:atai:sou    1      0.86317      1     8.6317e-01    107.20
>                                                  ★
```

上の見出し「項の増減」に注目しよう。

第1ステップは空欄である。すなわち項の増減なしで，全項を用いたフルモデル（完全モデル）で計算が行われたことを意味する。**残差逸脱度**（residual deviance）－1.5543e-13 は，モデルとデータとのズレを表す。なお，末尾に付いた e-13 は，－1.5543 が 10^{-13} 倍であることを示す（小数点を左側へ13ケタ移す）。つまり残差逸脱度は極小ということであり，実質ゼロである。

残差逸脱度がゼロということは，モデルがデータに"ピッタリ"当てはまった状態を示す。ただ，フルモデルの選出は意味がない。8セルの異なる度数が8セルの異なる事情により説明されるということであり（何も効果がないよりはマシかもしれないが），"共通の効果"は見られないということである。

しかし，上の結果では第2ステップが出力されている。

第2ステップにおける項の増減は－ gun：atai：sou である。マイナスが付いているのは"項の減"を意味する。つまり，フルモデルから**群：値：層**の掛け合わせ項を差し引いたことを示す。その結果，モデルとデータとのズレ，すなわち残差逸脱度は 0.86317 とゼロではなくなった（出力中の★印）。第1ステップのズレ＝ゼロから多少のズレを生じた（見出しの**残差増分** 0.86317）。つまり，データへの当てはまりが"ピッタリ"でなくなった。しかしながら，このほうが"良いモデル"として選択された。

この選択は，**情報量基準**（information criterion）といわれる *BIC*（ベイズ情報量基準）によっている。*BIC* は略称"バイク"と呼ぶ。***BIC* の数値の小さいほうが良いモデル**とされる。出力中の *BIC* の数値を見ると，第1ステップ（フルモデル）では *BIC* = 113.94 であるが，**gun：atai：sou** を減じた第2ステップでは *BIC* = 107.20 と小さくなり，より良いモデルと判定されている。

第3ステップは出力されない。これ以上，他のどの項を減らしても，*BIC* が今の 68.552 より小さくならないからである。そこでモデリングは停止する。最良のモデルが選出されたことになる。それは**群：値：層**の掛け合わせ項を差し引いた下のようなモデルである。

度数 ＝ 群 ＋ 値 ＋ 層 ＋（群：値）＋（値：層）＋（群：層）

6.5 過分散を判定する

モデル選択を決定した**情報量基準 BIC** は"小さいほうが良い"という相対的基準でしかないことに注意しよう。有意水準 $\alpha = 0.05$ のように固定した区切り値（臨界値）をもつ絶対的基準ではない。このため，当てはまりの悪いモデルしか存在しないときでも"最良のモデル"を選出することがある。

そこで，選出されたモデルに対する（一種の）絶対的評価として下のような**過分散判定**を行う。

```
> tx3 # 過分散判定（残差逸脱度≫df なら過分散）
            初期逸脱度    df    残差逸脱度    df
Deviance    2044.9        7     0.86317       1   ★
>
```

過分散とは，モデルとデータとのズレが大き過ぎることを意味する。つまり，当てはまりが悪いということである。過分散の判定は，上の残差逸脱度と自由度（df）を比べる（★印のところ）。そして残差逸脱度が df よりかなり大きいとき過分散と判定する。今回，残差逸脱度 = 0.86317 は $df = 1$ より小さく，過分散の疑いはない。

もし過分散の疑いがあるときは，ポアソン分布以外の確率分布を用いるべきことが示唆される（詳細は上級書にゆずる）。

6.6 選出モデルを解釈する

今回は過分散ではないので，「選出されたモデル」をそのまま最良のモデルとみなしてよい。**過分散の判定を経た上でモデル選択が決定する**。以下，選出されたモデルの解釈となる。R出力には下のような注釈が付くので，モデルの解釈にはそれを参考にする（■印以下の5行）。

```
> tx2 # 選出されたモデル
dosu ~ gun + atai + sou + gun:atai + gun:sou + atai:sou
> # ■出力が煩雑化したときは初期モデルが選出された■
> # 初期モデルの選出→全層共通の分析は不可（層別分析：以下参考へ）
> #  gun:atai の選出→共通オッズ比の算出へ（tx6 へ）
> #  gun:atai 不選出→群の効果は見られない（分析終了）
> #  dosu ~ 1 の表示→モデルは成り立たない（分析終了）
>
```

第一行（■印の行）に書いてあるように，R画面の「出力が煩雑化したときは初期モデルが選出された」ことを意味する。初期モデルの選出は"層に共通する効果は見られない"ということである。したがって層別に分析することになる。層別の分析結果は，出力下段のほうに [以

下参考］として表示されるのでそれらを読みにゆく（81ページ，「6.10　層別に分析する」へ）。

　本命とする結果は，**選出されたモデルの中に"群：値"の項が存在することである**（記号では　gun：atai）。選出されたモデルの中に gun：atai が存在しなかったら，群の効果は見られないと解釈する（**gun：atai 不選出 → 分析終了**）。

　"**群：値**"が存在すれば，観測された8セルの度数は，**群と値の掛け合わせでより良く説明される**ことが示されたことになる。すなわち，"**群の違いにより値の度数が違う**"と説明するモデルが，8セルの度数の差によく当てはまる。そこに，層の違いを入れないほうがよいことを意味する。こうして層の違いとは関係なく，群の効果を確定することができる。

　どの**群**でどの**値**が多くなるか（少なくなるか）は73ページの図から判断する。明らかに現役生・浪人生の層に関係なく，特進クラスの"合格者"が一般クラスより多くなるという共通した傾向が見いだされる。

　ちなみに，選出されたモデルの中に"群：値"以外に，"群：層"や"値：層"のような"層がらみの項"が存在するときは，シンプソンの逆説が生じている可能性が強い。今回の選出モデルはその兆候を予想させるが，その影響は受けないので心配ない。結果として"**群：値**"という，この一項だけの有無に注目すればよい。

6.7　結果の書き方

> 　現役生と浪人生を対象者（層）として，特進クラスと一般クラスにおいて合格者・不合格者（観測値）の人数を調べた結果，表7，表8のようになった。
> 　ポアソン回帰によるステップワイズ増減法（情報量基準 BIC）を用いたモデル選択を行った結果，"クラス＋観測値＋層＋（クラス×観測値）＋（クラス×層）＋（観測値×層）"が選出された。表10に，モデル選択のステップを要約する。結果として残差逸脱度は過分散とはいえない。
>
> 表10　モデル選択ステップの要約
>
> | Step | 項の増減 | df | 残差増分 | df | 残差逸脱度 | BIC |
> |---|---|---|---|---|---|---|
> | 1 | - | - | - | 0 | $-1.554e-13$ | 113.94 |
> | 2 | −クラス×観測値×層 | 1 | 0.8632 | 1 | 8.632e-01 | 107.20 |
>
> 　選出されたモデル中に「クラス×観測値」が含まれていることから，（73ページの）図に見られるように，現役生・浪人生に共通して特進クラスの合格率が一般クラスより実質的に高いことが示された。

　統計的モデリングの結果の書き方は，あまり定式化されていないが，表10のようなモデル選択ステップの要約を掲載することで，ほとんどの情報を伝えることができるだろう。過分散の判定の情報も含まれている。作表のときはR出力の記号（gun, ataiなど）を具体名に変更すること。

　【**重要**】R言語では変数や項同士の掛け合わせ記号にコロン（：）を用いるが，統計分析の慣用では掛け合わせ記号は"×"を使うので特に注意する必要がある。結果の書き方では，掛

け合わせ記号は"："ではなく"×"を用いること。そのほうが慣行の表記である。ちなみに，R言語で"a＊b"は"a＋b＋(a：b)"を表すので，これも注意しなければならない。

また，R出力で"NA"は数値がないこと（Not Available）を意味するので，結果の記述ではハイフン（-）などを当てるとよい。

統計的モデリングは，これで終了する。

統計的検定に比べると，判定が明確でないように感じられるかもしれない。しかし，ここでは従来の統計的検定と有意水準に代わる，統計的モデリングと情報量基準という新しいスマートな方法を実行しているのである。この交代劇は今後確実に加速してゆくだろう。

6.8　情報量基準を理解する：良いモデルとは何か

統計的モデリングにおける"良いモデル"について理解しておこう。

良いモデルとは，第一に**データへの当てはまりがよい**ことである。すなわち，モデルとデータとのズレ（残差逸脱度）が小さいモデルが良い。しかし，当てはまりがよいだけでは"良いモデル"とはいえない。単純にモデルの説明項（変数項）を増やしてゆけば，必然的に当てはまりは良くなる一方である。

そこで第二に，良いモデルの条件として，**モデルそのものがシンプルである**ことが挙げられる。すなわちモデル内の説明項が少ないことである。説明項の数を増やせば確実に当てはまりは良くなるが，多くの説明項を用いなければならないということは，逆にいえば有力な説明項がないということである。

この二つの条件を満たすモデルが良いモデルである。しかしながら，データへの当てはまりがよいこととモデル自体がシンプルであることは，実は背反的であり，データへの当てはまりを良くしようとすると説明項の数を増やさざるをえない。逆に，説明項を減らしシンプルにしようとすると説明力が落ちてしまい，データとのズレが大きくなってしまう。

そこで，両条件を適度に判定する基準として考え出されたのが**情報量基準**といわれる指標である。赤池弘次氏の考案した AIC（Akaike's Information Criterion，アイク）をオリジナルとして，それ以降，BIC（Bayesian Information Criterion，バイク），$CAIC$（corrected AIC，カイク）などのバリエーションが提案されている。

本書のRプログラムでは，AIC よりモデルのシンプルさを重視した BIC を用いているが，AIC の分析結果もオプションとして参照できる。次の「出力オプション」の★印の行を実行すると表示される。

```
> # ○出力オプション
> # (表示手順：上向矢印→先頭の#消去→Enter)
> # summary( Msel )    # 回帰係数のワルド検定
> # confint( Msel )    # 回帰係数の信頼区間推定
> # tx4                # 選出モデルの尤度比検定
> # summary(step(Mful)) # AICによるモデル選択   ★
>
```

このほかにも，上のオプションでは各種の統計量を参照できる。しかし，AICによる分析結果以外は推奨するものではない。モデリングによる結論はすでに決している。本書の以下の記述も，効果量の「共通オッズ比」を見る以外は，全て参考に止めることをむしろ推奨する。

6.9 共通オッズ比を読む

データ分析はモデリングにより完了した。それをさらに検定する意味はない。しかし，本例のような2×2×k層のデータについては，k層に共通した効果量として**共通オッズ比**(common odds ratio) という指標を算出してきた歴史がある。オッズ比は一種の効果量であり，ある研究結果の効果の大きさを他の研究結果と比べるときに有用である。

そうした共通オッズ比の計算と検定の方法として，かつ，シンプソンの逆説への対策の一案として**マンテル・ヘンツェル検定**（Mantel-Haenszel test）がある。検定を行うというより共通オッズ比を読み取るという意味で，下の★印の数値を参照する。

```
> tx6 # 共通オッズ比の95%信頼区間推定
              点推定    下限値    上限値
共通オッズ比 ★  1.7692   1.2400   2.5243
> tx5 # マンテル・ヘンツェル検定
              χ2値      df        p値
連続性修正値   9.2425    1        0.0024
>      # p<α なら「真の共通オッズ比≠1」
>
> tod # 各層の群間の差（値1の比率差）と層別オッズ比
         群1_値1   群2_値1   群間の差    層別オッズ比
層1      0.7       0.6       0.1         1.5556
層2      0.9       0.8       0.1         2.2500
>
```

上の「層1」は"特進クラス"，「層2」は"一般クラス"を表す。

層1・層2のオッズ比（**層別オッズ比**）はそれぞれ1.5556, 2.2500であり，それをならした**共通オッズ比**は1.7692（上の★印）である。層別のオッズ比と同じく，共通オッズ比が1以上

の値を保っていることに注目されたい（シンプソンの逆説が影響すると1未満になる）。この共通オッズ比1.7692を効果量として結果の記述に含めるとよい。

検定の結果としてχ^2値は有意であるが，これを結果に記載するなら，モデリングの結果は不要である。逆に，モデリングの結果を書いたなら，さらに統計的検定の結果を書いても冗長である。というより合理性を欠くから避けたほうがよい。野球のマウンドに2人の投手を上げるようなものである。

6.10 層別に分析する

R出力が煩雑化する場合，それは初期モデルにおける"**群：値：層**"の掛け合わせによる説明力が大きいことを意味している。すなわち，観測された度数は，どの**群**の，どの**値**で，どの**層**に属しているかによって説明されるということである。したがって層に共通の効果を取り出すわけにはいかない。

その場合，度数の分析は層別に行うことになる。R出力の「以下参考」という見出しのところに，そのような分析結果が提供される。

```
> # [以下参考]
> # ■ tx2 が gun:sou, atai:sou を含むなら参照注意■
> # 層併合・層別の検定（2群×2値）
> tx7:tx8
              p値       調整後p値
層併合       0.0023      NA
              —          —
層別_1      0.0521     0.0521
層別_2      0.0151     0.0302
> # p値はフィッシャーの正確検定（両側）による
> # p値の調整は Benjamini & Hochberg(1995) による
>
```

上の「層併合」は，全層の度数を合算した2群×2値のFisher's testの結果である。これは併合による矛盾を生じることがあるので基本的に見ないようにする。その下の「層別_1」「層別_2」を見る。

「層別_1」は"特進クラス"，「層別_2」は"一般クラス"を表し，それぞれの層で2群×2値のFisher's testを行った結果である（本例では不要であるが）。層の数だけ検定を繰り返すことになるので，有意性の判定には調整後p値（0.0521，0.0302）のほうを用いる。

コラム3　効果の方向を回帰係数から読む

"群：値"の項が選出されたとき，どの群の，どの値が多いかを図から目視で判断するのではなく，統計量から確実に判断する方法がある。それには，下の「出力オプション」における「回帰係数のワルド検定」(★印の行)を表示する。

表示手順はキーボード操作となる：上向き矢印の［↑］キーを何度か押す ⇒ ★印の行が出たら行頭の#を消す ⇒［Enter］キーを押す。

```
> # ○出力オプション
> # (表示手順：上向矢印→先頭の#消去→ Enter)
> # summary( Msel )      # 回帰係数のワルド検定　★
> # confint( Msel )      # 回帰係数の信頼区間推定
> # tx4                  # 選出モデルの尤度比検定
> # summary(step(Mful))  # AICによるモデル選択
```

下のように偏回帰係数が画面に出力される。

```
Coefficients:
              Estimate  Std. Error  z value  Pr(>|z|)
(Intercept)    6.4495     0.0395    163.08   < 2e-16  ***
gun2          -2.3958     0.1283    -18.67   < 2e-16  ***
atai2         -0.8600     0.0716    -12.01   < 2e-16  ***
sou2          -1.9766     0.1088    -18.17   < 2e-16  ***
gun2:atai2 ★   0.5531     0.1776      3.11    0.0018  **
gun2:sou2      4.5054     0.1575     28.60   < 2e-16  ***
atai2:sou2    -1.0961     0.1793     -6.11   9.7e-10  ***
---
```

上の見出しでEstimate（推定値）の欄を見る。"**群：値**"に関連するgun2：atai2（上の★印）の**推定値0.5531の符号**を読み取る。これは偏回帰係数という。偏回帰係数の符号は説明の方向を表す。gun2：atai2 = 0.5531 は"プラス"なので，gun = 2（一般クラス）で atai = 2（不合格者）の度数が"プラス"すなわち"増加"することを意味する。相対的に，特進クラスで合格者が多くなると読み取ることができる。

第2部　平均の分析：実験計画法

　ここまで，カテゴリカルデータを扱い，その度数を分析してきた。

　ここからは数量データを分析する。数量データは四則演算が可能なので，平均を計算し比較する。この比較には t 検定と分散分析を用いる。

7章　t検定：参加者間

例題7　どっちのラーメン店が「うまい」か？

うわさのラーメン店SとTを評価することにした。参加者10人を5人ずつS店とT店に無作為に割り当て，その店の定番ラーメンを食べて10点満点で評定してもらった結果，表11のようになった。S店の評定に大きな得点が多いようだ。S店のラーメンのほうが「うまい」といってよいか。

表11　各参加者の定番ラーメンの評定値

店	参加者	評定値
S店	1	4
	2	6
	3	4
	4	8
	5	8
T店	6	1
	7	3
	8	2
	9	2
	10	5

解説

人間の意識や判断を数量化することを**評定**（rating）という。その点数を**評定値**または**評定得点**という。値はカテゴリではなく連続量なので，平均を計算することができる。

ここでは10人の参加者を2グループに分け，「うまい」の評定値についてその平均をグループ間で比較する。これを**参加者間計画**（between-subjects design）という。js-STARのメニュー【t検定（**参加者間**）】あるいは【**分散分析Ａｓ**（1要因参加者間）】で分析する。今回はt検定を使ってみる。

7.1 操作手順

下のイメージ図にしたがって操作しよう。

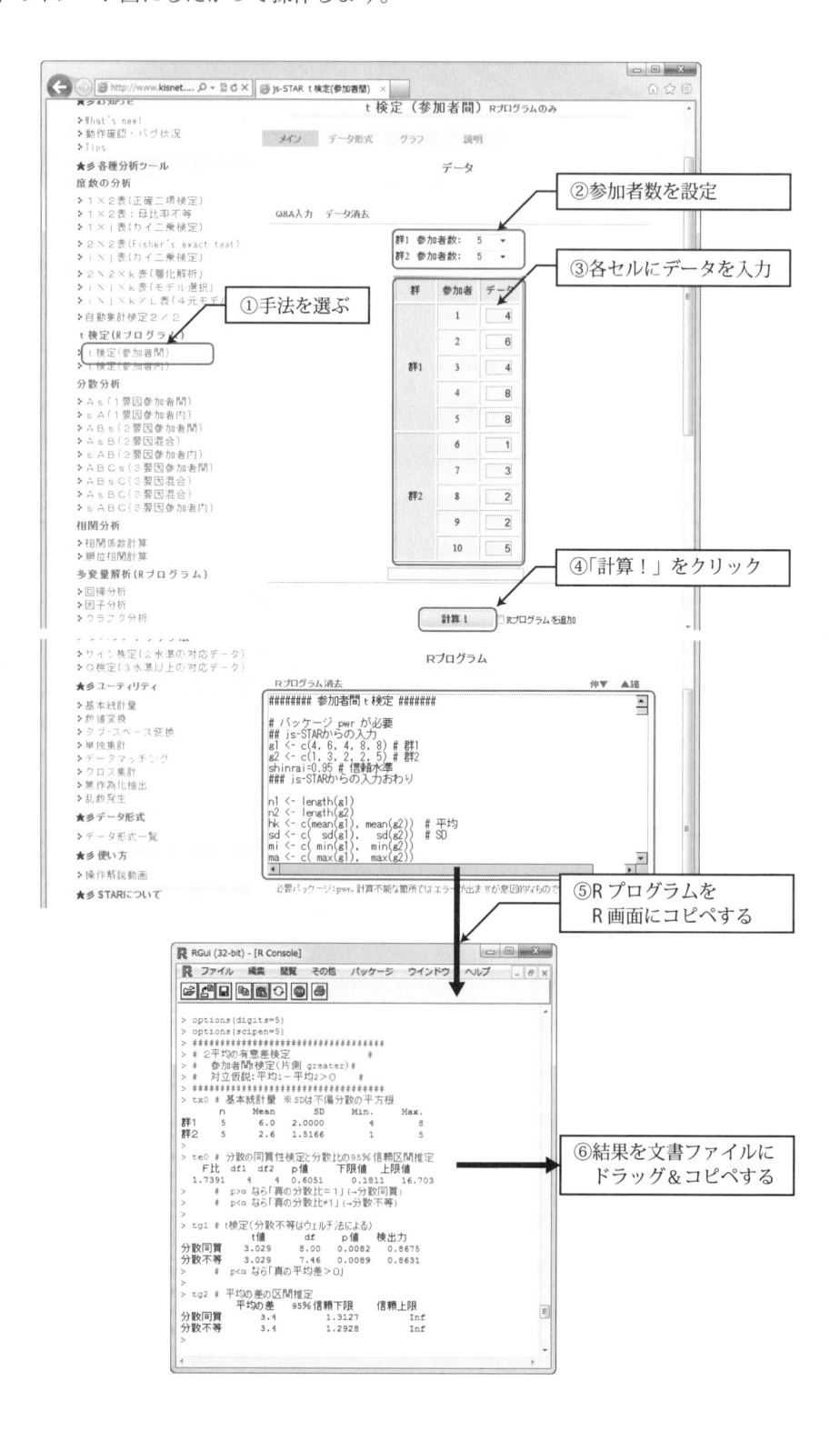

7.2 図を読む

各店5人の評定値の平均が**ヒストグラム**（棒グラフ）で描かれる。

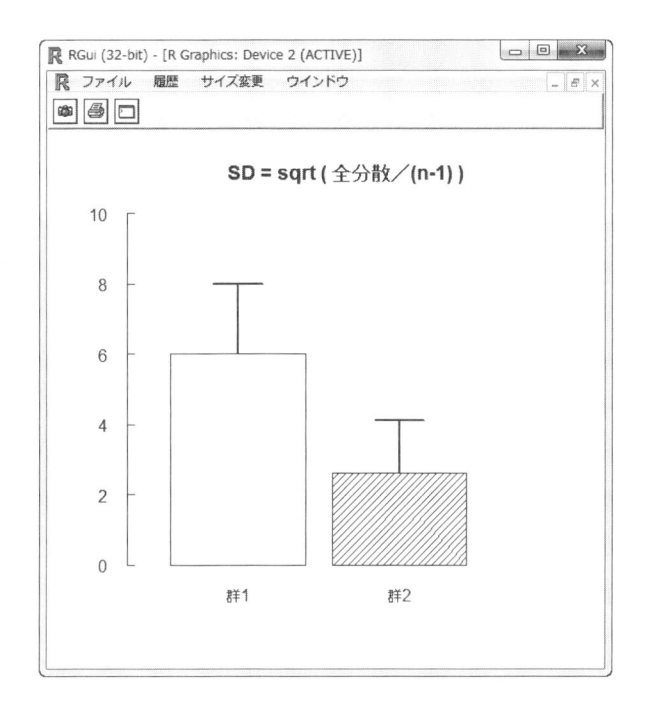

群1のバーがS店の平均，群2のバーがT店の平均である。これを見ると，群1すなわちS店のほうが「うまい」ように見える。

バーの上に立てられた"アンテナ"は，**標準偏差**といわれる統計量である。「偏差」は"平均からの偏り"を意味し，その群の標準的なデータが，群の中心（平均）からどれくらい離れて現れるか（バラつくか）を示している。

"アンテナ"が長ければ，その群のデータは平均から遠く離れて現れる（バラつきが大きい）。アンテナが短ければその群のデータは平均の近くに密集して現れる（バラつきが小さい）。

標準偏差は両群でだいたい同じであることが，チェックポイントである。この図はだいたい同じに見える。

7.3 検定結果を読む

ここで用いる t 検定（t-test）も，前述のカイ二乗検定と同じく統計的検定の一手法である。カイ二乗検定は度数の差を検定したが，**t 検定は平均の差を検定する**。以前の復習も兼ねて統計的検定の手順をたどってみよう。

（1）帰無仮説（H_0）を立てる

主張したいこととは反対の仮説，帰無仮説を立てる。"S店とT店の評定値の平均は差がない"

（2群の平均の差はゼロである）とする。模式的に帰無仮説は"H_0：S店の平均＝T店の平均"と表せる。

(2) 対立仮説（H_1）を立てる

帰無仮説を棄却したとき採択する対立仮説は，"2群の平均の差はゼロでない"（差がある）とする。これは両側の対立仮説であり，2平均のどちらが大きいかを特定しない。先入見なしで評価するという慎重な態度をとる。したがって両側検定を行うことになる。対立仮説は"H_1：S店の平均≠T店の平均"と表せる。

(3) 基本統計量を読む

Rプログラムは片側検定と両側検定の両方を出力してくれるが，両側検定のほうを読む。タイトル中に「両側」または「対立仮説：平均1－平均2≠0」と書かれた出力を選ぶ（下の★印）。

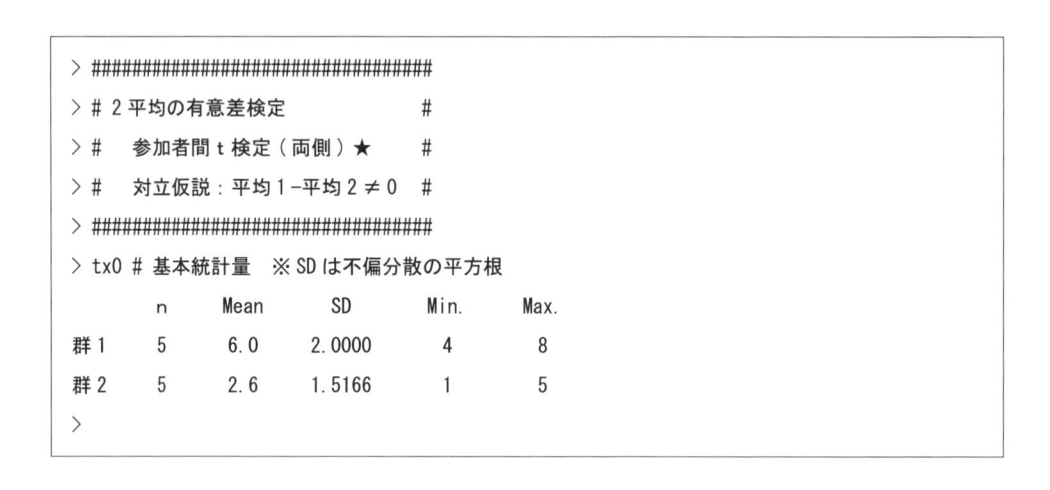

```
> ###################################
> # 2平均の有意差検定              #
> #   参加者間 t 検定（両側）★    #
> #   対立仮説：平均1－平均2 ≠ 0  #
> ###################################
> tx0 # 基本統計量  ※ SD は不偏分散の平方根
        n    Mean    SD      Min.   Max.
群 1    5    6.0     2.0000   4      8
群 2    5    2.6     1.5166   1      5
>
```

上の**基本統計量**の呼び方として，ほかに**記述統計量**，**要約統計量**，**単純統計量**などがある。分析結果の記述の最初に必ず掲載しなくてはならない。特に，各群のデータ数 n，平均 **Mean**，標準偏差 **SD** の三点セットは一点も欠かせない。87ページのような図で表示するときは n の情報が欠けるので，本文中に n を記載する必要がある。

基本統計量のうちでも特に標準偏差は重要である。後述のコラムにおいて十分に理解するようにしよう（97ページ，コラム5『分散と標準偏差』参照）。

(4) 分散の同質性を検定する

t 検定の前に，各群の分散の同質性を確認する。

分散（variance）はデータの"バラつき"を意味する。**分散の同質性**とは，各群のデータのバラつきが同じ程度ということである。**分散の平方根は標準偏差に一致する**（$\sqrt{分散} = SD$）。つまり標準偏差の値がだいたいそろっていれば分散もだいたい同じとみなされる。87ページのヒストグラムを見たとき，各群の"アンテナ"がだいたい同じ長さかどうかを確かめたのはそのためである。

見た目ではなく統計的に検定するなら，下の出力を参照する。

```
> te0 # 分散の同質性検定と分散比の95%信頼区間推定
    F比    df1   df2    p値    下限値   上限値
   1.7391   4    4    0.6051   0.1811   16.703
>    # p＞α なら「真の分散比＝1」（→分散同質）
>    # p＜α なら「真の分散比≠1」（→分散不等）
>
```

出力下2行の注釈に従って，検定結果により「→ 分散同質」と「→ 分散不等」の別コースに分かれる。p値が有意なときではなく，**p値が有意でないときに「分散同質」**とされることに注意しよう。

しかしながら今日，分散の同質性を検定することなく（各群の分散が同質であってもなくても関係なく）**常にt検定は「分散不等」のコースをとるべき**ことが多くの研究者により推奨されている。したがって，分散の同質性検定は参考に止める。ここはスキップして，これより以下，「分散不等」の結果だけを読み取ることにしよう。

(5) t検定の結果を読む

下段の「分散不等」の結果を読み取る（下の★印の行）。

```
> tr1 # t検定（分散不等はウェルチ法による）
          t値     df    p値    検出力
分散同質   3.029   8.00  0.0163  0.7559
分散不等★ 3.029   7.46  0.0177  0.7472
>    # p＜α なら「真の平均差≠0」
>
```

上下の段で何が違うかに注目してみよう。

本例では t 値は同じ 3.029 だが，自由度 df が違う。通常は自由度＝（全データ数−群の数）であり，「分散同質」の行のように $df = (N-2) = (10-2) = 8$ になる。これが「分散不等」では $df = 7.46$ と減らされる。そのため p 値が上昇し，有意性の判定は厳しくなる。これを**ウェルチ（Welch）の法**という。各群の分散の同質性が満たされないときの対策である。しかし，前述したように分散の同質・不等にかかわらず常にこのウェルチの t 検定を用いることが推奨される。

結果として，t 値 = 3.029 は自由度 $df = 7.46$ でも有意と判定される（$p = 0.0177 < 0.05$）。検出力 $power = 0.7472$ は望ましい 0.80 に届かないが，心配されるほど低くはない。

基本的に，t 検定による分析はここで完了する。下は結果の書き方の例である。

7.4 結果の書き方

> 表11は，近頃うわさのS店とT店の定番ラーメンを10点満点で評定した結果である。評定値が大きいほど「うまい」ことを表す。
> 　ウェルチの法による t 検定の結果，両群の平均の差は有意だった（t = 3.029, df = 7.46, p = 0.018, *effect size d* = 1.916, *power* = 0.747，両側検定）。S店のラーメンのほうがT店よりも有意に評定値の平均が大きく，うまいと判定された。

カッコ内に書かれた t = 3.029, df = 7.46 は，t (7.46) = 3.029 と表記してもよい。

t 検定の効果量は "d" で表す。これはCohen's d といわれる。下の「パワーアナリシス」の結果から拾ってくる（下の★印のところ）。見出しには「分散同質」と書かれているが，効果量は分散同質・分散不等に関係なく同一である。

```
> rd3 # パワーアナリシス（分散同質）
           効果量d★    α       1-β     n1   n2
  αの計算   1.9157    0.0643   0.8     5    5
  nの計算   1.9157    0.0500   0.8     6    5
> # 効果量dの評価：大=0.80，中=0.50，小=0.20
> # ■ NULL, NA が表示されたときは計算不能■
>
```

効果量 Cohen's d の便宜的な評価基準は，上の注釈「効果量 d の評価」を参照する。それによると，効果量 d = 1.9157 はひじょうに大きいといえる。t 検定の効果量には，ほかにも Hedges' g，Glass's Δ（デルタ）などがある。研究領域の慣行に従っていずれかを用いる。

検出力は *power* = 0.7472 だったが，「n の計算」を見ると，*power*$(1-\beta)$ = 0.80 に上げるためには，今回の各群のデータ数（$n1$, $n2$）を，$n1$ = 6, $n2$ = 5 に増やすべきことが示唆される。実際上は，多いほうにあわせて同数の $n1$ = 6, $n2$ = 6 を目指す。

なお，この「パワーアナリシス」は，ウェルチの法による修正された自由度ではなく，通常の自由度 df = 8 により計算されている。つまり分散同質を想定している。

7.5 t 検定を実習する

t 検定をR画面で実体験してみよう。t 検定のプログラム出力が終わったあとに入力すること。

（1） t 値を計算する

```
## t値の計算
g1; g2                    # 群1・群2のデータを確認
n1; n2                    # 同データ数を確認
hk1 <- mean(g1)           # 群1の平均：6.0
hk2 <- mean(g2)           # 群2の平均：2.6
hk1; hk2
var1 <- var(g1)           # 群1の分散（不偏分散）：4.0
var2 <- var(g2)           # 群2の分散（不偏分散）：2.3
var1; var2

sa   <- ( hk1-hk2 )       # 平均の差＝ 3.4 ★
sa
bara <- sqrt( (var1+var2)/n1 )  # 差の標準的バラつき：両分散を加えデータ数（同数）割る
sa/bara                   # t値＝（差／差のバラつき）＝ 3.029
t.test(g1,g2)$stat        # 検算：t統計量statistic
```

　上のように，**平均の差**を**差のバラつき**で割った値が t 値である。平均の差は帰無仮説に従えば当然ゼロになる。しかし1群当たり $n = 5$ の有限個数の標本抽出を繰り返すと，2群の平均は偶然に多少の差を生じる。それが平均の差のバラつきである。 t 値＝ 3.029 は，今回の平均の差（＝ 3.4，上の★印）が，偶然の差のバラつきより約3倍の開きがあったことを示す。

　帰無仮説に従えば t 値もゼロになるはずなので，偶然に生じる値の3倍という $t = 3.029$ は偶然ではなかなか出現しない。どれくらい出現しにくいか，実際に $t = 3.029$ のような大きな t 値が偶然に出現する確率を求めてみよう（ $t = 3.029$ 以上の大きな t 値の偶然出現確率を求める）。

（2） 帰無仮説の t 分布を描く

```
## 帰無仮説のt分布を描く
df= 7.46                  # ウェルチによる修正された自由度。通常はdf=8
tchi <- seq(-5, +5, 0.01) # t値：-5～+5の範囲で0.01刻み
dens <- dt(tchi, df)      # t値の偶然出現確率（確率密度density）
plot(tchi, dens,          # df=7.46のt分布
 ty="h", col=8)           # 線種h(高さの線分)。色8(灰)
```

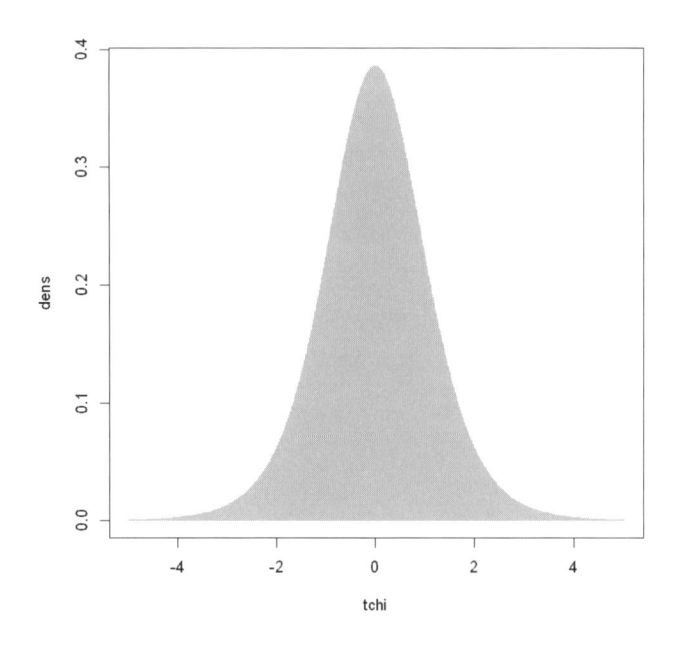

上図が帰無仮説の **t 分布**である。帰無仮説に従い t 値＝ゼロを中心とした左右対称の分布となる。正規分布とよく似ている。事実，df ＝無限大の t 分布は標準正規分布（平均＝ 0，SD ＝ 1）と一致する。両側検定を行うので，この t 分布の両側に有意水準 α ＝ 0.05 の領域を設ける（片側 0.025 ずつになる）。入力は大文字・小文字の区別に注意。

```
## 有意水準の領域を赤く色分けする
iroza  <- length( tchi )      # 色座標：ヨコ座標 1 ～ 1001 に t 値 -5 ～ 5 を割り当てる
alphaH <- qt(0.025, df)       # 有意水準αの左側 0.025 の t 分位点 quantile-t
alphaM <- qt(0.975, df)       # 有意水準αの右側 0.025（全体の 0.975）の t 分位点

iro <- c(
  rep(2, (5+alphaH)*100 ),                        # 赤 2 を左側 2.5%に塗る
  rep(8, (5+alphaM)*100-(5+alphaH)*100 ),         # 灰 8 を中央 95%に塗る
  rep(2, iroza-(5+alphaM)*100 )                   # 赤 2 を右側 2.5%に塗る
  )
plot( tchi, dens,
  col=iro,
  ty="h" )
```

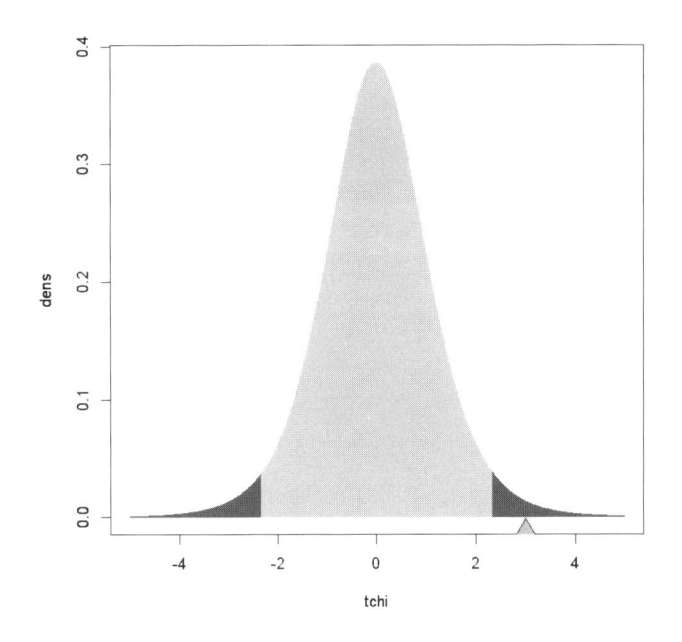

(3) 有意性を判定する

分布の両端の赤い面積（上図では黒っぽい部分）が t 分布全体の 5% に相当する。この有意水準の領域に今回の t 値が落ちれば，帰無仮説に従った偶然の出現ではないと判定する（→有意）。図ではすでに t = 3.029 を▲印で表示している。下のプログラムを入力すると表示できる。

```
## 今回の t 値＝3.029 を▲で表示する
kont=3.029                      # 今回 konkai の t 値＝3.029
points(tchi[500+kont*100],      # 今回の t 値の点描：ヨコ座標＝分布中央 500 ＋今回 t 値×縮尺
  -0.015,                       # タテ座標（ゼロ線より少し下に表示）
    pch=24, bg=3, cex=3 )       # ポイントキャラ 24 ＝▲。バックグラウンド色 3（緑）。倍率＝3
```

t 値 = 3.029 はプラス側の有意水準の領域に落ちた。その t = 3.029 から分布の末端まで残った面積は p = 0.0089 しかない。両側検定なのでマイナス側も含めて 2 倍するが，それでも p = 0.0089 × 2 = 0.0178 しかない。有意水準 α =0.05 を十分に下回っている。

7.6　平均の差の信頼区間推定

現実的解釈のため，S店とT店の平均の差がどの程度の大きさで出現するかを下の「平均の差の区間推定」から読み取る。

```
> tr2 # 平均の差の区間推定
          平均の差    95%信頼下限        信頼上限
分散同質    3.4       0.8115          5.9885
分散不等    3.4       0.7783          6.0217
>
```

ウェルチの t 検定を採用しているので，ここでも「分散不等」の推定結果を読む。推定の信頼水準は 95% である。したがって，今回の平均の差 3.40 を中心に，100 回に 95 回は 0.7783 〜 6.0217 の範囲に真の差が出現すると分かる。信頼下限 0.7783 は，評定値（満点 10）の現実の最小差（1 ポイント）に近いので，2 店のラーメンの「うまさ」に実質的な差がありそうだと解釈できるだろう。

このように信頼区間推定により，統計的検定に現実的解釈を加えることは重要である。統計的に有意な差であっても，現実的に起こり得ない差であれば"統計的に描けるだけ"という絵にすぎない。この意味で，現実的に 100 回に 90 回，または 100 回に 80 回くらい「うまい」と思えたら"満足できる"とするなら，90% 信頼水準または 80% 信頼水準の推定も有用である。実際に 90% 信頼区間推定を行うと信頼下限は 1.29 となり，100 回に 90 回は確実に 1 ポイント差以上の「うまい」の差が得られると予想できる。

信頼水準を変更するには，js-STAR 画面の［R プログラム］の下の★印の行を 0.90 または 0.80 に書き換える。それから，プログラム全体を R にコピペする。

```
######## 参加者間 t 検定 #######
## js-STAR からの入力
g1 <- c(4, 6, 4, 8, 8)      # 群 1
g2 <- c(1, 3, 2, 2, 5)      # 群 2
shinrai=0.95                # 信頼水準★← 0.95 を，0.90 や 0.80 に書き換える
### js-STAR からの入力おわり
```

7.7　ボックスプロット（箱ひげ図）を見る

ボックスプロットは**箱ひげ図**（box-and-whisker plot）といわれる。下の「出力オプション」の★印の行を実行すると表示される。

```
# 出力オプション（上向矢印→先頭の#消去→Enter）
# windows();boxplot(dset,las=1) # 箱ひげ図　★
```

本例の 1 群 n = 5 程度のデータ数では見てもしようがないが，理解のため簡単なボックスプロットを作図してみよう。データ［1, 2, 3, 4, 5, 6, 7, 8, 9］の箱ひげ図を描いてみる。

```
## 箱ひげ図を描く
data <- 1:9              # data に整数 1 ～ 9 を代入
boxplot( data, las=1 )   # ラベルスタイル las = 1（正立）
```

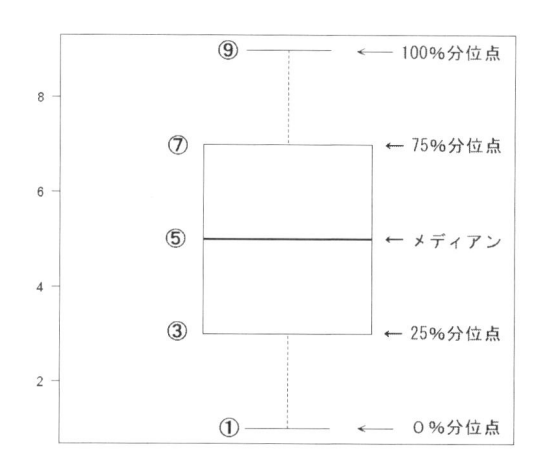

箱ひげ図は，データ分布を上から見下ろしたイメージである。タテ軸はデータの値を示す。マル数字はそれぞれの位置にあるデータである（実際には表示されない）。

ボックス内の中央線はメディアンである。**メディアン**（*median*）はデータの値の小さいほうから並べて真ん中の順位（データ数9個なので第五位）にくるデータを示す。**中央値**と訳される。この例では *median* = 5 であり，平均値と一致する。メディアンや平均をデータの**代表値**という。なお，[1, 2, 3, 6] のような偶数個のデータの場合，メディアンは中央となる2値の平均をとり，*median* = (2 + 3)／2 = 2.5 になる。

データが正規分布しない場合，平均は代表値としての意味をもたない。そのため平均の代わりにメディアンを代表値とする。たとえば，データ [1, 2, 9] では平均 = 4 であるが，その付近に値が集中するとはいえない。そのようなとき *median* = 2 を代表値とする。それは確かに"真ん中"のデータである。

箱ひげ図のボックスの下限は25％分位点，上限は75％分位点を示す。**分位点**（quantiles）とは，データ分布を切り分ける位置のことであり，全データの小さいほうから25％と75％に位置する値になる（上例では3と7）。つまりボックスは全データの**50％範囲**（**50％レンジ**）を表している。ちなみに，50％分位点はメディアンであり，0％分位点は最小値，100％分位点は最大値となる。

そして，ボックスから上下に伸びた「ひげ」は，その50％レンジのさらに1.5倍の範囲にあるデータを示している。50％レンジは，（箱の上限－箱の下限）＝（7－3）＝4 なので，上方の「ひげ」は（7＋4×1.5）＝13 まで伸び，下方の「ひげ」は（3－4×1.5）＝－3 まで伸びる。したがって，この例では全データが「ひげ」の内側に入り，「ひげ」は1～9まで引かれている。

もし「ひげ」の内側に入らないデータがあると，それは**極端値**または**外れ値**として"孤立した○"で表示される。下のプログラムで試していただきたい。「ひげ」は下限2と上限8までしか伸びず，－4，14が孤立して表示される。

```
## 外れ値の例（メディアンと50%レンジは前例と同じ）
data <- c(-4, 2, 3, 4, 5, 6, 7, 8, 14)
boxplot(data, las=1)
```

ボックスプロットを見ながら，**分布が左右対称か**，**極端な偏りがないか**，**外れ値がないか**をチェックする。すなわちデータの分布がゆがんでいないか，正規分布から逸脱していないかを視覚的にチェックする（平均は正規分布を前提にする）。

コラム4　代表値と散布度

データ（標本）の分布特性を表す統計量には，**代表値**と**散布度**の二種類がある。代表値はデータが集中・収束する一点を示す。散布度はデータがその代表値からズレる程度，いわゆるバラつきの大きさを示す。

代表値には，上述した平均（算術平均），メディアン（中央値）のほかに，モード（最頻値）がある。下は計算例である。

```
data <- c(1, 2, 2, 2, 2, 3, 4, 7, 8, 9)  # データ数10個
mean(data)       # 平均
median(data)     # メディアン：データ数が偶数なので中央2値の平均
table(data)      # 度数集計表を作成：一番度数が多い値 2 がモード（最頻値）とする
```

散布度には，前述した標準偏差，分散，レンジ（範囲）または最小値・最大値，分位点などがある。下は計算例である。

```
sd(data)         # 標準偏差
sd(data)^2       # 標準偏差の二乗＝分散
var(data)        # （不偏）分散

range(data)      # レンジ（範囲）：ふつう100%レンジ
min(data)        # 最小値
max(data)        # 最大値
quantile(data)   # 各種分位点
```

特に重要な統計量は，次のコラムの分散である。

コラム5　分散と標準偏差

数量データの分析では，分散が最重要の概念である。ここで一通り理解しておこう。

分散は"バラつき"である。意味は標準偏差と同じであるが，数値は標準偏差の二乗になる。二乗するのは，偏差のプラス・マイナスの方向性を消し，純粋に大きさだけの数量にするためである。簡単な例として，データ［1, 2, 6］の分散と標準偏差を計算してみよう。

同じような入力が続くときは，キーボードの上向き矢印［↑］を押し，前の入力を呼び出して加工すると速い。

```
## 分散を計算する
data  <- c(1, 2, 6)     # データ
hk    <- mean(data)     # 平均を計算
hk                      # 平均を確認
hensa <- data-hk        # 偏差＝データ−平均
hensa
hensa^2 -> bunsan       # 偏差の二乗⇒分散
bunsan
  # 全分散をデータ1個当たり・自由度1個当たりに換算
zenb <- sum(bunsan)     # 全分散を求める
n=3                     # データ数＝3
df=n-1                  # 自由度＝n−1
hyohonb <- zenb/n       # 標本分散＝4.6667 ★
hyohonb
fuhenb  <- zenb/df      # 不偏分散＝7.0000 ★
fuhenb
var( data )             # 検算：不偏分散
```

上のように分散は二種類ある（二つの★印）。データ1個当たりの分散を**標本分散**，自由度1個当たりの分散を**不偏分散**(unbiased variance)という。標本分散4.6667に比べて不偏分散7.0000は大き目になる。不偏分散は，標本が抽出された母集団の分散（**母分散**）の推定値として適当であり，偏りがないとされる。

分散は二乗値なので，これを $\sqrt{\ }$ して元の寸法に戻した値が**標準偏差**（standard deviation, *SD*）である。分散が二種類あるので標準偏差も二種類ある。計算してみよう。

```
# 標準偏差を計算する
sqrt(hyohonb)      # 標本分散の平方根＝2.1602 ※標本標準偏差という
sqrt(fuhenb)       # 不偏分散の平方根＝2.6458 ※不偏標準偏差・・とは言わない！
sd( data )         # 検算：不偏分散の平方根
```

js-STARは標本分散の平方根（標本標準偏差）を出力する。Rプログラムは不偏分散の平方根を出力する。一方を一貫して用いるなら，いずれを用いても問題ない。一般に論文・レポート等で特に注釈がない場合，*SD* は不偏分散の平方根であることが多い。

二種類の標準偏差の呼び方について，標本分散の平方根は"標本標準偏差"というが，**不偏分散の平方根は"不偏標準偏差"とはいえない**ので注意しよう（母標準偏差の推定値として不偏ではない）。計算式のまま"不偏分散の平方根"と言うようにする。

　標準偏差が分かると，平均と併せてデータ分布を描くことができる。たとえばS店の平均＝6.0，標準偏差＝2.0（不偏分散の平方根）からは下のようなデータ分布が描ける。

```
## 平均とSDのデータ分布（正規分布）を描く
hk= 6.0                              # 平均
sd= 2.0                              # 標準偏差（不偏分散の平方根）
buni  <- seq(-4, 4, 0.01)            # 分位点を-4～4まで0.01刻みで発生
hyotei <- buni*sd+hk                 # 分位点を評定値分布(hk=6.0, SD=2.0)に変換
mitsdo <- dnorm(hyotei,m=hk,s=sd)    # 確率密度（各評定値の出現頻度）を求める
plot(hyotei, mitsdo,                 # 作図：評定値×確率密度
    ty="l", lwd=3,                   # 作図線のタイプ ty = "l"（エル）。線幅＝3倍
    xla="S店の評定値",                # x軸（ヨコ軸）のラベル
    yla="確率密度"                    # y軸（タテ軸）のラベル
    )                                # 締めの右カッコを忘れずに！

## 理解のための補助線を引く
abline(h=0, col=1)         # ホリゾンタル（水平線）を引く
abline(v=c(                # バーティカル（垂直線）を3本引く
    hk-sd, hk, hk+sd),     # 平均－1SD，平均，平均＋1SD
    col=c( 3, 2, 3 ),      # 色＝緑，赤，緑
    lwd=c( 2, 5, 2 ) )     # 線幅＝2倍，5倍，2倍
```

　データ分布は**正規分布**（normal distribution）を仮定している。今回，データ数は5個だったが，S店の評定値を無限に収集すれば，このように平均＝6.0に集中した左右対称の分布になるだろう。逆にいえば，データが正規分布しなければ，平均や SD を計算しても意味がない。このことは，しばしば無視されることがあるので注意しよう。

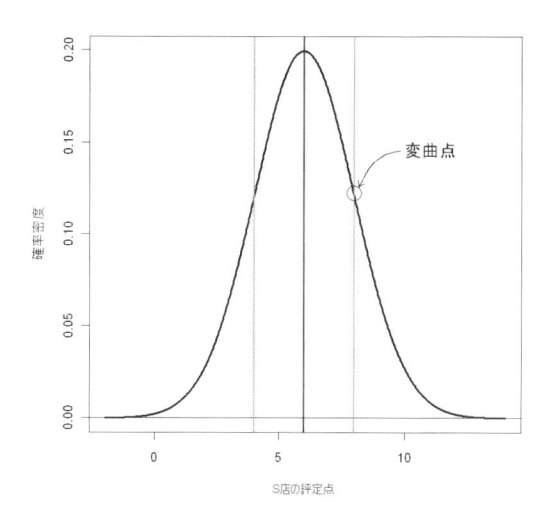

上図の緑のタテ線は，平均 ± *SD*（6.0 ± 2.0）の位置を示す。この範囲 4.0 〜 8.0 に全データの約 7 割（理論的には 68.27％）が入る。また，緑のタテ線と正規分布の外形線との交点は，外形線の曲がり方が"落ち込み"から"浮き上がり"に変わる**変曲点**に一致する。

練習問題 [3]

同一の母集団から2群のデータを抽出し，両群の平均の差が有意になるケースを探してみよう。有意水準5%なら偶然に100回中5回くらいのケースが有意になる。すなわち20回に1回くらい p 値は0.05をかすめるだろう。シミュレーションで確かめてみよう。

文書ファイルに下のプログラム全部を書いてから，全体をコピーし，R画面に貼り付ける。それで1回目のデータ抽出になる。2回目以降のデータ抽出はキーボードで Ctrl ＋ [V] を押す（Macでは command ＋ [V]）。

```
n=28                              # 1群 28 人とする（任意）
g1=trunc( rnorm(n, 50, 10) )      # 正規乱数を発生
g2=trunc( rnorm(n, 50, 10) )      # 平均 =50，SD=10 の整数値
hk1=mean(g1); hk2=mean(g2)        # 平均 hk1, hk2 を計算
sd1= sd(g1); sd2= sd(g2)          # 標準偏差 sd1, sd2 を計算

## 各群のデータ分布の作図
buni <- seq(-4, 4, 0.01)          # 標準正規分布の分位点
x1   <- buni*sd1+hk1              # 群1のデータ分布に変換
x2   <- buni*sd2+hk2              # 群2のデータ分布に変換
y1   <- dnorm(x1, hk1, sd1)       # 群1の確率密度を計算
y2   <- dnorm(x2, hk2, sd2)       # 群2の確率密度を計算
xjik <- c(25, 75)                 # x軸 25～75 点
yjik <- c(0, max(y1,y2))          # y軸 0～最大値
plot(x1, y1, col=2,               # 群1は赤色 =2
   xli=xjik, yli=yjik, ty="l", lwd=3,
   xla=c("テスト得点"), yla=c("確率密度"), cex=2 )
par(new=1)
plot(x2, y2, col=3,               # 群2は緑色 =3
   xli=xjik, yli=yjik, ty="l", lwd=3,
   xla=c(""), yla=c("") )

hk1-hk2                           # 平均の差
t.test(g1,g2,v=1)                 # t検定の結果：p-value を見る
```

R画面に出力される p-value（p 値）の値を一回一回記録しよう。20回繰り返すと1回くらいは有意になるケース（$p < 0.05$）が出現するだろうか。早々に有意なケースが出現すると，それ以降はなかなか有意にならないということも確かめよう。

8章　t検定：参加者内

例題8　新設コースの名称，どちらがアピールするか？

参加者7人を対象に，大学の新設コースに付ける名称として『教育科学コース』と『現代教育コース』のどちらがアピールするかを10点満点で評定してもらった。結果は表12のようになった。どちらの名称を用いたらよいか決定できるか。

表12　新設コースの名称のアピール度（満点10）

参加者 (s)	コース名称（A）	
	教育科学コース	現代教育コース
1	2	4
2	4	4
3	2	4
4	3	4
5	1	1
6	1	3
7	6	9

解説

　この例は，参加者を2グループに分けた比較ではない。参加者は1グループのままで個々の参加者から複数個のデータをとっている。すなわち個々の参加者が反復測定される。反復測定されたデータは，データ同士を対応づけることができる。上の表では，対応づけられた7対の"ペア"ができあがる（参加者7人なので）。

　このペアにされたデータ同士に差があるかどうかを検定する。これには【 **t検定（参加者内）**】を用いる。別名「**対応のあるt検定**」といわれる。

8.1 操作手順

下のイメージ図のように操作する。

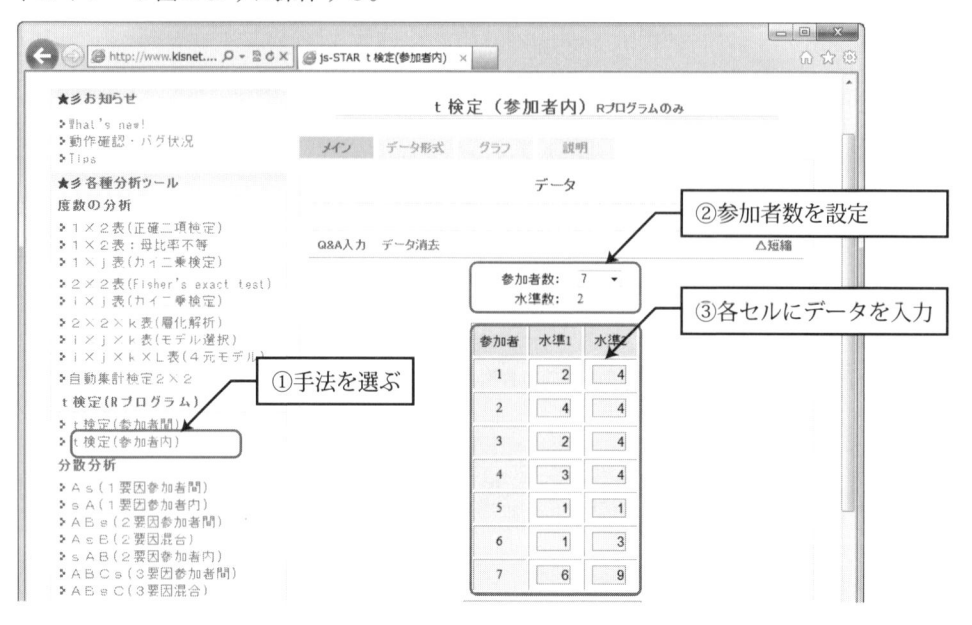

以下，［計算！］をクリック⇒RプログラムをR画面に［コピペ］⇒結果や図の保存，と進む。

8.2 図を読む

データに対応があるときは，ヒストグラムでなく，下のように線グラフが描かれる。

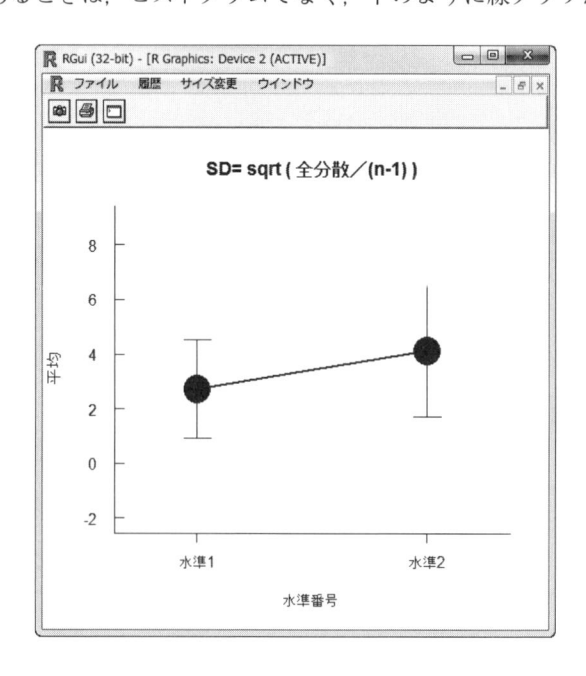

タテ軸はアピール度の平均，ヨコ軸は新設コースの名称2水準である。コンピュータは機械的に水準1，水準2と表示する。ここでは水準1が『教育科学コース』，水準2が『現代教育コース』である。

線グラフを見ると，水準1より水準2のほうが高くなっている。各参加者は両名称を比べて，水準2の方を高く評定しているようだ。この差が偶然に生じる以上の高低差かどうかを検定する。

平均の描点（●）から上下に伸びた"アンテナ"が，標準偏差の大きさを示す。参加者間 t 検定のときと違って，アンテナの長さがだいたい同じかはチェックする必要がない。参加者内 t 検定の SD には二種類の偶然誤差が含まれていて，見た目では分離不可能である。

なお，水準間の高低差をもっと強調して描きたいときは，タテ軸の目盛りを拡大するとよい。そのためには下の R プログラム中の★印の bai=2 を，bai=1.5 または bai=1.2 などと小さく書き換えてから R 画面にコピペする。平均の落差が大きくなる。

```
## 作図
levA <- 2                    # 水準数
suij <- rep( 1:2 )           # 水準番号
xjik <- c(1-0.3, levA+0.3)   # x軸の範囲
bai=2                        # y軸の目盛り幅の倍率★
```

8.3 検定結果を読む

タイトルに「両側」と書かれた出力を読む（下の★印）。

```
> ################################
> # 2平均の有意差検定              #
> # 参加者内 t 検定（両側）★      #
> # 対立仮説：平均1-平均2 ≠ 0     #
> ################################
> tx0 # 基本統計量   ※ SD は不偏分散の平方根
         N      Mean     SD      Min.    Max.
水準1    7      2.7143   1.7995    1       6
水準2    7      4.1429   2.4103    1       9
  差     7     -1.4286   1.1339   -3       0
>
```

両水準の平均の差は，機械的に（水準1 − 水準2）で計算されるので，マイナスの差になる（2.7143 − 4.1429 = − 1.4286）。絶対値 1.4286 として読み取って差し支えない。

帰無仮説は"2平均の差は0である"，対立仮説は両側とし"2平均の差は0でない"（差が

ある）と差の方向を特定しない。

t 値にも下のようにマイナスが付くが無視してよい。

```
> tr1 # t 検定 (paired t-test)
            t値       df      p値      検出力
対応あり   -3.3333    6     0.0157    0.792
>     # p＜α なら「真の平均差≠0」
>
```

$t = 3.3333$ は，帰無仮説に従った t 分布で $p = 0.0157$ を示し，$\alpha = 0.05$ に対照して有意である（$p < \alpha$）。検出力 power $= 0.792$ も望ましいとされる 0.80 にほぼ達している。

効果量 dz は「パワーアナリシス」の出力中から拾ってくる（下の★印）。

```
> tr3 # パワーアナリシス
            ★効果量 dz    α      1-β     N
 α の計算     -1.2599    0.0521   0.8     7
 N の計算     -1.2599    0.0500   0.8     8
> # 効果量 dz ＝ 平均の差／差の SD
> # ■ NULL, NA が表示されたときは計算不能■
>
```

上の効果量 dz もマイナスが付いているが絶対値 1.2599 として読み取る。

「N の計算」を見ると，今回の効果量 $dz = 1.2599$ を $\alpha = 0.05$，検出力 $1 - \beta = 0.80$ で検出するには $N = 8$ が必要であると示唆されている。今回の $N = 7$ はほぼ望ましい参加者数だったことが分かる。繰り返すが，効果量，有意水準，検出力，N の四者は三者が決まれば残り一者が決まる関係にある。

8.4 結果の書き方

> t 検定の結果，『教育科学コース』より『現代教育コース』の評定値の平均のほうが有意に大きかった（$t = 3.333$, $df = 6$, $p = 0.016$, *effect size dz* $= 1.260$, *power* $= 0.792$, 両側検定）。平均の差の 80％信頼区間推定は 0.812 〜 2.046 であり★，下限値は 1 ポイントに近く，実質的な差を生じることが予想される。したがって，新設コースの名称として『現代教育コース』のほうがアピール度が高く，より多くの入学希望者を呼べると考えられる。

両側検定であっても，「水準 1 より水準 2 のほうが大きい」と差の方向を特定した書き方が分かりやすい。t 値や効果量 dz は，出力中のマイナス符号を外してあるがそれで構わない。

現実的解釈として"差の区間推定"を 80％信頼水準で行った結果を付記している（文中の★印）。出力は省略したが，実行手順は前例のとおりである（94 ページ参照）。R プログラムの"shinrai=0.95"を"shinrai=0.80"と書き換えて R 画面にコピペする。

※例題のデータは架空のものですが，信州大学教育学部で平成 24 年度に新設された『現代教育コース』は実際にこうした有意差を見いだした結果として名称決定されました。

コラム 6　参加者内 t 値を計算してみよう

参加者内 t 検定の t 値と効果量 dz を R 画面で計算してみよう。入力の際，キーボードの［↑］キーを押すと，前の入力を呼び出せる。

最初の $N = 7$ は対応づけられたデータの数，いわゆるペア（組）の数であり，参加者数に一致する。

```
## 参加者内 t 値を計算する
N=7                              # ペアの数：参加者数に一致
g1                               # 水準１のデータを確認
g2                               # 水準２のデータを確認
sa <- g1-g2                      # 差を計算
sa
mean(sa)                         # 差の平均
var(sa)                          # 差の分散（不偏分散）
mean(sa)/sqrt( var(sa)/N )       # t 値 = -3.3333 =（差の平均／差の母標準偏差）
mean(sa)/sqrt( var(sa)    )      # 効果量 dz = -1.2599：[↑] キーを押し，N を消すと速い
mean(sa)/sd(        sa    )      # 検算：効果量 dz =（差の平均／差の標準偏差）
```

t 値も効果量 dz も，"平均の差"を"差のバラつき"（差の標準偏差）で割って求める。その際，t 値の分母は，今回の $N = 7$ の 2 標本で生じる**差の母集団**を想定した母集団標準偏差である。これに対して，効果量 dz の分母は，母集団に関係なく，今回の標本における"差の標準偏差"である。

コラム 7　代入によるデータの一括入力機能

　js-STAR には，エクセルなどの表計算ソフトから，データを簡単にコピー&ペーストできる**一括入力機能**がある。これを使うと，データ・グリッド（格子）に一個ずつ数値を打ち込む手間が省ける。データ・グリッドの下部にある"小さな"横長のテキストボックスがそれである。ここをクリックすると，たちどころに広がり，データ貼り付けの空間が現れる。

　以下，本例の【t 検定（参加者内）】を例にとって操作手順を示す。他の手法でも，データ・グリッドの下部にテキストボックスがのぞいていれば，データの一括入力が可能である。特に，本書の第 3 部の多変量解析では必須の手順となるので使いなれておいてください。

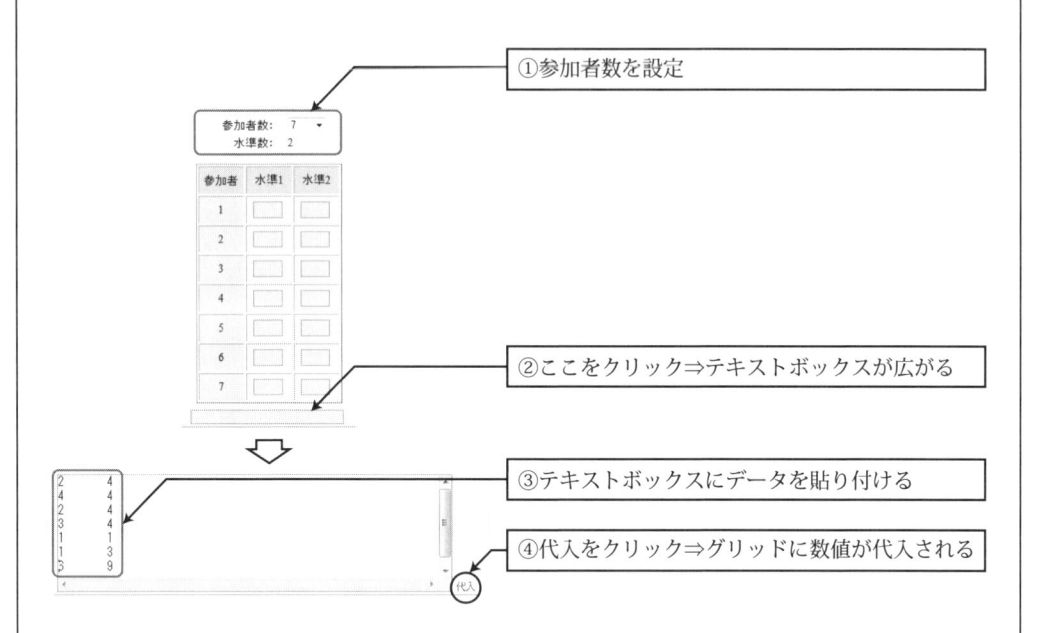

①参加者数を設定
②ここをクリック⇒テキストボックスが広がる
③テキストボックスにデータを貼り付ける
④代入をクリック⇒グリッドに数値が代入される

　なお，テキストボックスに貼り付けできるデータは，エクセルのデータに限らない。エクセルのデータは数値をタブ区切りにしているが，ほかの区切り方（半角スペース区切り，カンマ区切り，改行区切りなど）のデータも貼り付け可能であり，一括入力することができる。

9章　分散分析のしくみ

例題9 平均を分析するのに，なぜ"分散分析"なのか？

下の群Ⅰと群Ⅱの平均を計算し，両群の平均の差が有意かどうかを分散分析により検定しなさい（マル数字がデータを表す）。

　　　　群Ⅰ＝［①，③］　　VS　　群Ⅱ＝［⑥，⑩］

t 検定（参加者間）を用いることもできるが，ここは**分散分析**を用いて分散分析のしくみを理解しよう。まず，基本原理をイメージで理解し，次に，実際に R 画面で分散分析を実行してみる。

9.1　四コマ漫画：データ ① の値はなぜ 1 になったのか

いつも一緒だったデータが，ある日，2 群に分けられて離れ離れになってゆく物語が，分散分析の基本原理である。上の 4 個のデータ ①③⑥⑩ も，かつてはみんな　総平均 =（1 + 3 + 6 + 10）／4 = 5　という一カ所に一緒にいたのである。そこから物語は始まる。

［1 コマ目］

**何もされなければデータは動かない
みな同じ総平均 5 の値をとっている**

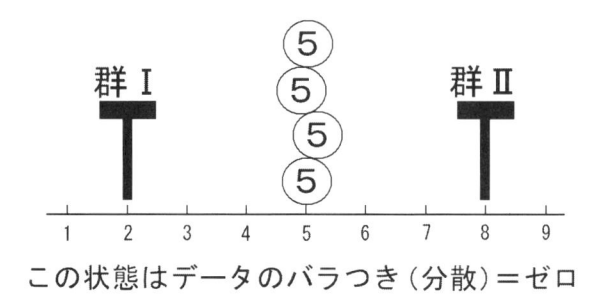

群Ⅰ　　⑤⑤⑤⑤　　群Ⅱ
1　2　3　4　5　6　7　8　9
この状態はデータのバラつき（分散）＝ゼロ

[2コマ目]

あるデータは群Ⅰに入ることになり
群Ⅰの平均2まで連れていかれた‥

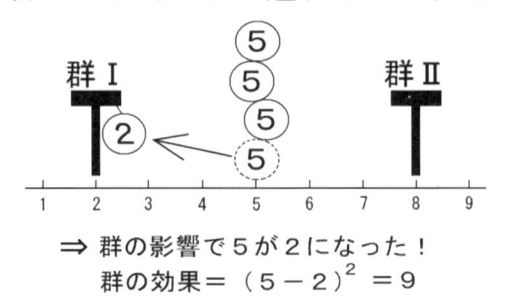

⇒ 群の影響で5が2になった！
　 群の効果＝$(5-2)^2=9$

[3コマ目]

そこからまた何かの影響で1ズレた

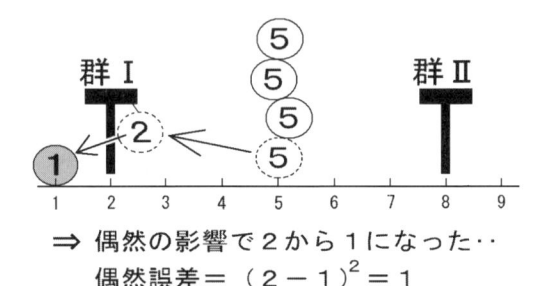

⇒ 偶然の影響で2から1になった‥
　 偶然誤差＝$(2-1)^2=1$

こうして 群の効果と偶然誤差で
データ①が誕生したのだった！

[4コマ目]

データ⑥はどうして6になったのか？
データ⑥の動きも分解してみよう！

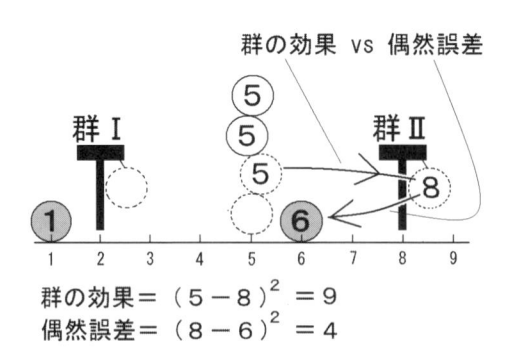

群の効果 vs 偶然誤差

群の効果＝$(5-8)^2=9$
偶然誤差＝$(8-6)^2=4$

　データ⑥は，群Ⅱに入れられることになったので，群Ⅱの平均8まで連れてこられて，そこから何か偶然の影響でマイナス側に2だけ揺れ戻り，データ⑥になった。そう考える。
　こうして，他のデータ③とデータ⑩も，そのデータがその値になったプロセスを群の効果

と偶然誤差の影響に分解することができる。その影響は分散値として下のように計算される。

		群の効果	偶然誤差
データ①	:	9	1
データ③	:	9	1
データ⑥	:	9	4
データ⑩	:	9	4
合　計 ★		36	10

このように，各データの動きを**群の効果と偶然誤差に分散として分解する**ので，この方法を分散の分解，すなわち**分散分析**（analysis of variance, ANOVA）と呼ぶ。こうした分散の分解により，群の効果と偶然誤差を数量的に比較することが可能になる。すなわち群の効果36 vs 偶然誤差10である（上の★印）。この比較は下のような**分散分析表（アノヴァテーブル）**にまとめられ評価される。

9.2 アノヴァテーブルの作成

表13　例題9の分散分析表

	SS		df		MS	F	p
要因A	36.0000	÷	1	=	36.0000	7.2000 ★	0.1153
s	10.0000	÷	2	=	5.0000		

注）統計量の略号は以下のとおり。
　　SS：Sum of Square（平方和，つまり二乗した分散値の合計）
　　df：degree of freedom（自由度）
　　MS：Mean Square（平均平方，自由度1個分の分散）

アノヴァテーブルの見出し"**要因A**"が群の効果を表す。
　その下の見出し"**s**"は偶然誤差を表す。"**s**"は参加者（sanka-sha）または被験者（subjects）を示す固定記号である。今回，偶然誤差は個々の参加者の個別事情に起因すると考えられるので参加者を示す"**s**"を用いている。"error"と表記されることもある。
　表中で，分散SSは自由度1個分のMSに換算される（$SS \div df = MS$）。MSは平均平方という。分散SSは自由度が大きくなるにつれて大きくなるので，公平な比較のためそのように自由度1個分の値に調整される。最終的に，要因Aの平均平方$MS = 36.00$を分子にとり，偶然誤差**s**の平均平方$MS = 5.00$を分母にとり，分散比 = 36.00／5.00 = 7.20を計算する（表中の★印）。
　この分散比をF比（F-ratio）という。$F = 7.20$は，データに加わった要因Aの影響が偶然誤差の影響の7.20倍あったことを示している。$F = 1.0$なら，要因Aの影響力（すなわち群の効果）は偶然誤差と同程度であり，2群の差はまさに"偶然の差"にすぎない。しかし，F比が1.0より大きくなると，2群の差はだんだん"偶然の差"とはいえなくなるだろう。
　そこで，F比の偶然出現確率を求めれば，2群の平均差を検定することができる。本例は理

解用であり，$F = 7.20$ は群の効果が偶然誤差の 7.20 倍あるにもかかわらず，その p 値は有意ではない（$p = 0.1153$）。通常は，だいたい $F = 3.00$ を超えてくると，$p < 0.05$ という結果が得られる。

なお，今回のデータは 2 群比較なので参加者間 t 検定でも分析できる。すると，$t = 2.6833$, $df = 2$, $p = 0.1153$ になり p 値が一致する。すなわち（$t^2 = F$）という関係にある（t 値の自由度 $df = N - 2$，F 比の自由度 $df1 = 1$, $df2 = N - 2$ とする）。

この例題では，分散分析からアノヴァテーブルを作成し，F 比を計算するところまでを理解した。F 比の検定のしかたは次章の例題 10 で学んでみよう。

10章　分散分析As：1要因参加者間

例題10　笑いは創造力を高めるか？

　創造性検査の一つとして回文を作る課題を実施することにした。回文とは，たとえば「遠い音」「ウドンどう」「サルうるさ！」「田舎行かない？」などのように逆さに読んでも同じになる文や句のことである。この回文課題に取り組む前に，お笑い番組を視聴してもらうグループと，コンピュータゲームをやってもらうグループと，ポップソングを視聴してもらう3グループを設けた。それぞれの処遇（条件設定や場面操作などを**処遇** treatment という）の直後に，制限時間内で多くの回文を作るよう教示した。結果は表14のようになった。事前の3つの処遇が回文の作成に及ぼす効果に違いは見られるだろうか。

表14　各群の参加者の回文の作成数（個）

群 A ☆	参加者 s ★	作成した 回文の数
お笑い	1	5
	2	5
	3	8
ゲーム	4	2
	5	3
	6	4
ポップソング	7	1
	8	2
	9	2
	10	3

解　説

　各群の回文作成数の平均を計算して比較する。3つの平均が算出されるので，t 検定では分析不可能である。そこで**分散分析**（analysis of variance）を用いる。

　分散分析はメニューの選択が命である。分散分析のメニューを適切に選択するには，**実験デザイン**（experimental design）を特定しなければならない。上のように，**1人1行のデータリストをつくる**と簡単に特定できる。下の手順に従ってください。

（1）**1人1行**，すなわち参加者1人のデータを1行で入力する
（2）群の見出しをアルファベットに置き換える（表中の☆印の**A**）
（3）参加者（sanka-sha）の見出しを固定記号 s に置き換える（表中の★印の **s**）
（4）見出しの記号を左から右へ読む（自然に"**A s**"と読める）

これで，**分散分析Ａｓ-design**と分かる。そこで，js-STARのメニュー【**Ａｓ（1要因参加者間）**】を選ぶ。

　このように，分散分析のメニューは，データリストの構造と一致する。js-STARのメニューをながめると，分散分析のメニューは全て**ＡＢＣ**と**ｓ**の組み合わせからなっている。すなわち，**分散分析は実験計画法に組み込まれた分析手法である**。したがって，正しくいえば，データを取ってから実験デザインを特定するのは邪道に近い。実験デザインを決めてから，データの収集にかかるのが正当である。それなら分散分析のメニュー選択に迷うことはない。

　ちなみに，3要因までのjs-STARの分散分析メニューは下のとおりであり，カッコ内が実験計画法の呼び方である。

[js-STARの分散分析メニュー]

　As（1要因参加者間）
　sA（1要因参加者内）

　ABs（2要因参加者間）
　AsB（2要因混合）
　sAB（2要因参加者内）

　ABCs（3要因参加者間）
　ABsC（3要因混合）
　AsBC（3要因混合）
　sABC（3要因参加者内）

10.1 操作手順

手法の選択は，js-STAR の分散分析メニュー【Ａｓ（1要因参加者間）】をクリックする。下のイメージ図にしたがって操作してください。

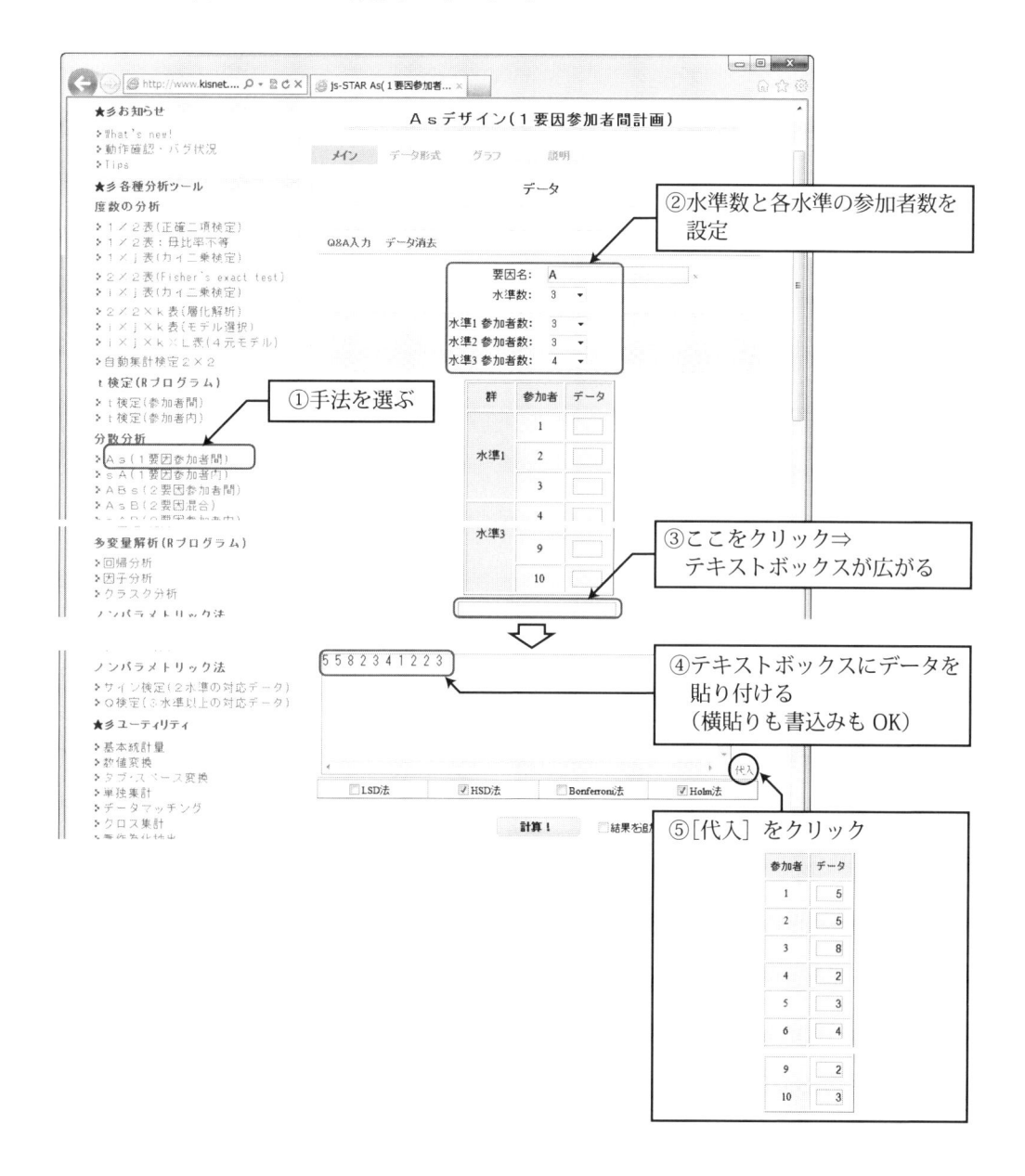

以下，［計算！］をクリック⇒Rプログラムを R 画面に［コピペ］⇒……，と操作する。

上のイメージ図中の④に示したように，一括入力のデータは，データ・グリッドと同じ形に縦に並べる必要はない。テキストボックスにデータを横に打ち込み，［代入］ボタンで縦並びのセルに入れることもできる。

10.2 図を読む

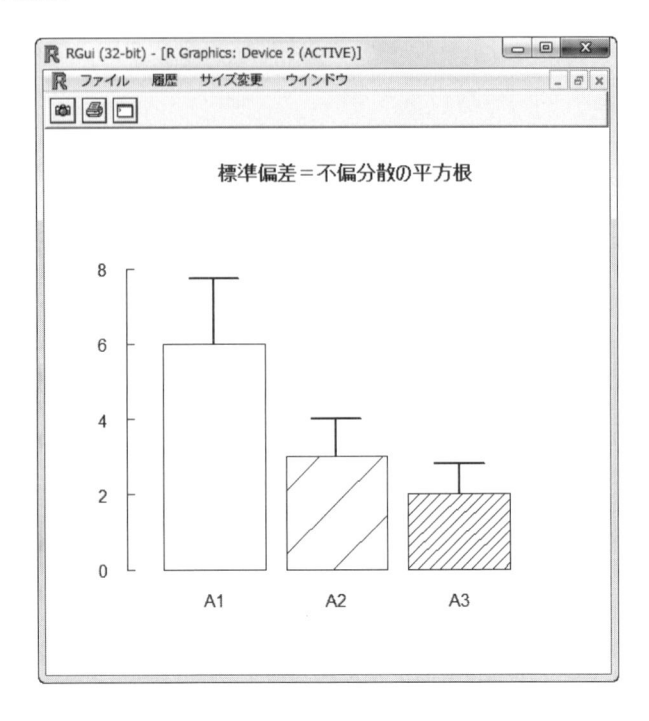

```
標準偏差＝不偏分散の平方根
```

（図：縦軸0〜8、横軸A1, A2, A3の棒グラフ。A1≈6、A2≈3、A3≈2、エラーバー付き）

　タテ軸は回文の作成数，ヨコ軸は3群（A1〜A3）を表す。それぞれのバーの高さは回文作成数の平均，"アンテナ"の長さは標準偏差を表している。左端のA1のバーが数段高い。"アンテナ"もやや長いようである。分散分析Ａｓ（参加者間計画）は，各群の分散の同質性を前提とするので，分散の平方根である標準偏差がそろっているかどうかに注意しておく。

10.3 基本統計量を読む

下のタイトルが表示されたところから読み取りを始める。

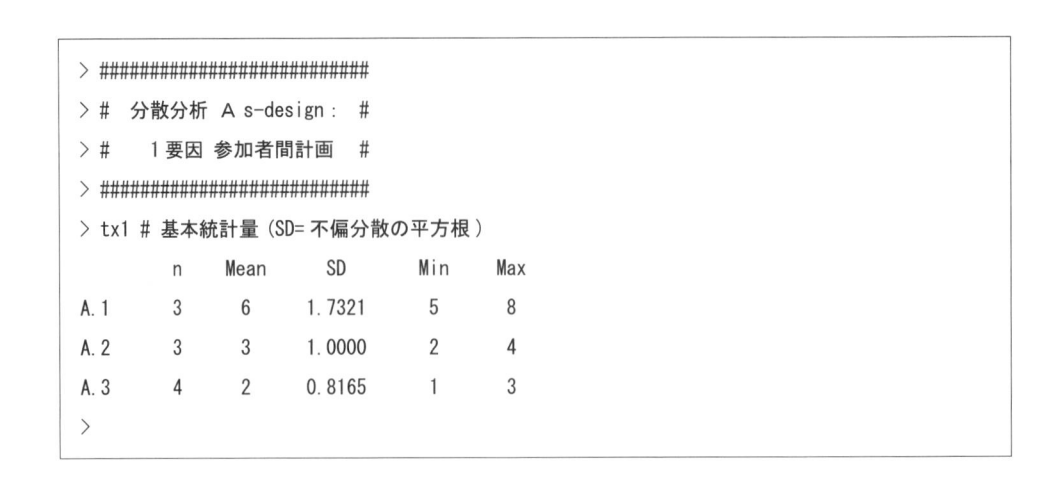

```
> #########################
> #  分散分析 A s-design:  #
> #   1要因 参加者間計画    #
> #########################
> tx1 # 基本統計量（SD=不偏分散の平方根）
        n   Mean    SD    Min   Max
A.1     3    6    1.7321   5     8
A.2     3    3    1.0000   2     4
A.3     4    2    0.8165   1     3
>
```

左端の見出し"A.1"は「要因A・水準1」を示す。実験計画法の用語でそのような言い方をする。要するに第1群のことである。以下,"A1群"という表記を用いることにする。

まず,基本統計量の三点セットn, *Mean*, *SD*と最小値*Min*,最大値*Max*が示される。A1群の平均 = 6.00 が抜きん出ている。A2群 = 3.00 とA3群 = 2.00 との差は1ポイントであり,それほど大きくない。有意になるかどうか。これら複数の差を一挙に分析する。

10.4 分散分析表を読む

分散分析 **A s** は,データの全分散を群の効果と偶然誤差に分ける。その分散の分解に基づいて,アノヴァテーブルは下のようになる。前の理解用の例題9と同じ形式である。見出しと数値の意味については,109ページ辺りを復習してください。

```
> tx2 # 分散分析表
         SS      df    MS       F        p
要因A    28.5    2     14.2500  9.975    0.0089
 s       10.0    7     1.4286   NA       NA        ※NAは空欄を示す
>
```

要因Aは,ここでは3群の効果,すなわち3群同士の差により生じた分散を表す。これを偶然誤差 **s** と比較すると,上のように分散比 $F = 9.975$ が得られる。つまり,3群間に生じた平均の差は偶然誤差の9.975倍もある。この $F = 9.975$ の偶然出現確率は $p = 0.0089$ であり,偶然では100回中1回も出現しないくらいの大きさであることが分かる。有意水準 $\alpha = 0.05$ を十分に下回り,有意である($p < \alpha$)。

10.5 分散分析を実習する

結果として $F = 9.975$ は有意である。この有意性の判定のプロセスをたどってみよう。

帰無仮説は"3群の平均に差がない"である。対立仮説は"3群の平均に差がある"という両側の仮説のみである。計算上,±の偏差を二乗するので差の方向を特定できないからである。

(1) 帰無仮説の*F*分布を描く

帰無仮説に従えば F 比の分子はゼロになるので,F 比はゼロを中心に偶然にバラつく。このため F 比の分布はゼロ(タテ軸)に張り付いたL字形の分布となる(***F*分布**という)。F 分布の形は,F 比の分子・分母の2個の自由度で決まる。分子の自由度は $df1 = $ (群の数 $- 1$) $= (3 - 1) = 2$,分母の自由度は $df2 = $ (データ数 $-$ 群の数) $= (10 - 3) = 7$ である(アノヴァテーブルに表示されている)。この $df1 = 2$, $df2 = 7$ の F 分布を描いてみよう。

```
# 帰無仮説のF分布 (df1=2, df2=7)
df1=2    # F比の分子の自由度 df1 =（群の数-1）=（3-3）= 2
df2=7    # F比の分母の自由度 df2 =（データ数-群の数）=（10-3）= 7

yokoj <- 12.0              # ヨコ軸上限（max. F比）
tatej <-  1.0              # タテ軸上限（確率密度）
fval  <- seq(0, yokoj, 0.01)   # ヨコ軸にF値 (F-value) をとる
dens  <- df(fval, df1, df2)    # タテ軸に確率密度 density をとる
plot(fval, dens, ty="h",       # 作図：F値×確率密度，線種h（高さ表示）
     xli=c(0,yokoj),           # x軸リミット（下限，上限）
     yli=c(0,tatej), col=8 )   # y軸リミット（下限，上限）。色8（灰色）
```

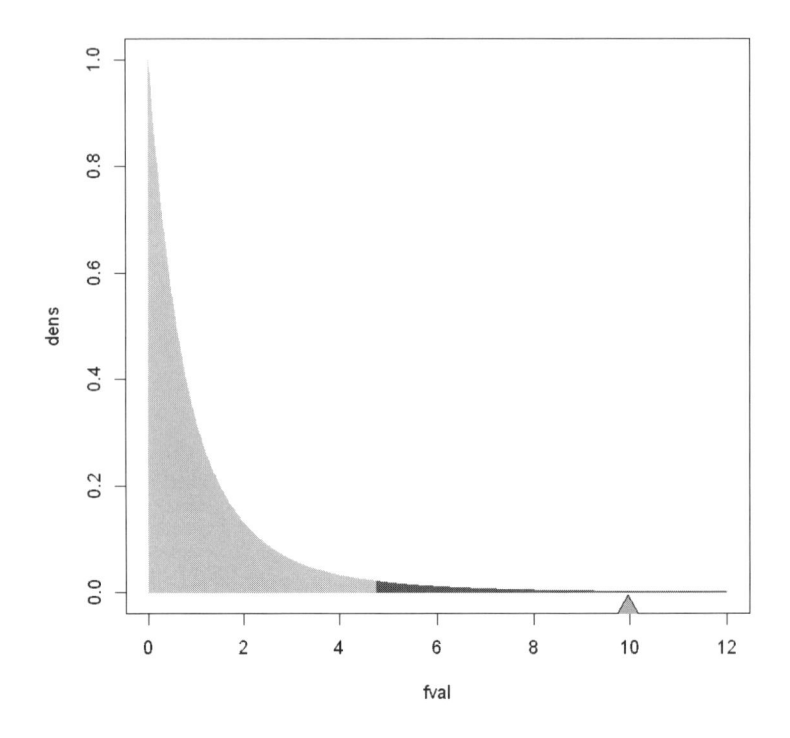

自由度 $df1$ と $df2$ を変えると，いろいろな形のF分布を描くことができる。上のF分布が，帰無仮説に従ったF分布である。

(2) 有意性を判定する

上の図では，すでに有意水準の領域を設けている。また，△印は，今回のF比 =9.975 の落下点を示している。次ページのRプログラムを打ち込むと描ける。

10章　分散分析Ａｓ：１要因参加者間 —— *117*

```
# 有意性の領域を設ける（α=0.05）
 iroza <- yokoj*100              # 色用のヨコ座標
 alpza <- ceiling(               # αのヨコ座標
   qf(0.05,df1,df2,low=F)*100 )  # α=0.05のF値：分位点
 iro <- c(rep(8, alpza),         # 灰色8
          rep(2, iroza-alpza) )  # 赤色2
 plot(fval, dens, ty="h",
      xli=c(0, yokoj),
      yli=c(0, tatej),
      col=iro  )


# 標本F比=9.975 を▲で示す
fhi=9.975                        # 今回のF比=9.975
points(fval[fhi*100],            # ポイントキャラ24番▲を点描
       -0.03,
       pch=24, bg=3, cex=2)
```

$F = 9.975$ は有意性の領域の奥深くに落ち，十分に有意である（$p = 0.0089$）。ちなみに，$p = 0.05$ となる F 比は $F = 4.737$ であり，有意性の領域（原画像では赤い領域）はその地点から始まっている。

（3）効果量と検出力を求める

分散分析の効果量と検出力は，下の出力から読み取る。

```
> tz7 # 効果量 f と検出力（1-β）
         F値    効果量f    検出力1    検出力2
要因A   9.975   1.6882    0.9711    0.8954
>     # 効果量 f の評価：大=0.40, 中=0.25, 小=0.10
>     # Part. η2（偏イータ2乗）= f^2/(f^2+1)
>     # 検出力1 は非心度推定 = f^2*DataSize  ★
>     # 検出力2 は非心度推定 = f^2*DFerror
>
```

分散分析の効果量は"*f*"で表される。F 比 = 9.975 は群の効果と偶然誤差との MS 比であるが，効果量 $f = 1.6882$ は MS 比ではなく SS 比である（ルート値に換算する）。下のように計算してみよう。R 言語は大文字・小文字を区別するので注意。

```
## 効果量 f の計算
kx2                      # アノヴァテーブル（Rの原出力）
kx2$S                    # 要因と誤差のSS=28.5, 10.0
sqrt(28.5 / 10.0)        # 効果量 f =1.6882
sqrt(9.975*2/7)          # 検算：f = √F比×df1／df2
```

効果量 $f = 0$（効果なし）なら，F 比の偶然の出現は帰無仮説の F 分布のとおりになる。しかし，効果量 $f > 0$ になると，F 比の出現はゼロを中心としなくなり，ゼロから離れたところに分布の中心が移る。このゼロから離れた分布の中心は**非心度指数**（non-centrality parameter, ncp）として推定される。

今回の効果量 $f = 1.6882$ から非心度（ゼロから離れた分布の中心）を推定すると，今回の効果量に基づく F 比の偶然出現分布（**非心 F 分布**という）を描くことができる。

```
# 効果量 f =1.6882 のF分布 (df1=2, df2=7)
 f=1.6882      # 効果量 f
 N=10          # 全データ数 N = 3+3+4

ncp   <- f^2*N                      # 非心度指数＝効果量 f の二乗×データ数
ndens <- df(fval, df1, df2, ncp)    # 非心確率密度
par( new=T )                        # 前のF分布に重ね書きする宣言
plot(fval, ndens,                   # 非心F分布
  xli=c(0,yokoj),
  yli=c(0,tatej),
  col=4, cex=0.5  )
```

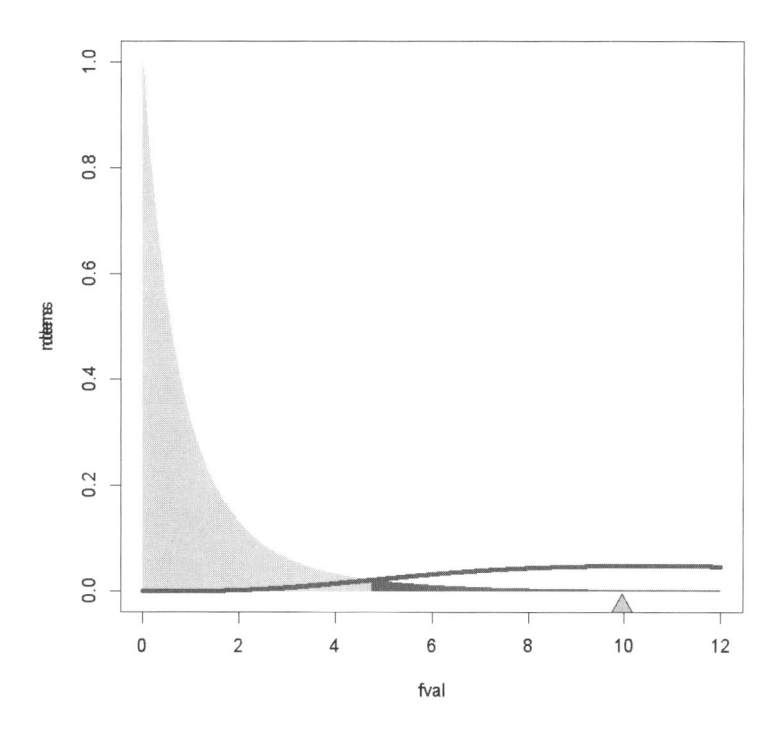

青い丘のような線が，効果量 $f = 1.6882$ に基づく非心 F 分布である。この非心 F 分布のうち，有意水準の領域（赤い領域）に落ちる部分だけが有意と判定される。つまり検出可能となる。これが今回の効果量 $f = 1.6882$ を取り出す力，すなわち**検出力**（power）とされる。検出可能な部分を黄色く塗ってみよう。

```
# 検出可能な部分を塗りつぶす：黄色 col=7
 for(i in alpza:(yokoj*100)){        # 始まりの大カッコ左
   sa <- max(ndens[i]-dens[i], 0)
   arrows(fval[i], ndens[i],
          fval[i], ndens[i]-sa,
          col=7*sign(sa),
          len=0 )
 }                                   # 締めくくりの大カッコ右を忘れずに！
```

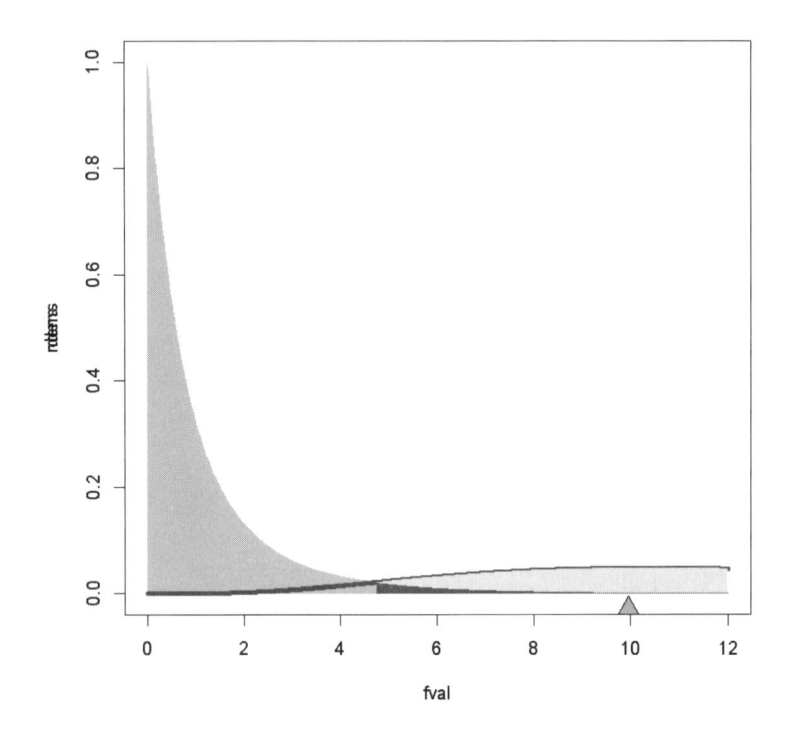

黄色く塗られた部分（濃い灰色を含む塗りつぶし部分）が，非心 F 分布の検出可能部分である。この部分が非心 F 分布全体の面積 = 1 としたとき $power = 0.971$ として計算される。有意水準の領域外（灰色の部分）に落ちた残り 0.029 の部分が，今回の効果を取り出せない確率，いわゆる効果の"見逃し率"$\beta = 0.029$ である。

なお，R 出力は「検出力 1」と「検出力 2」の二つを表示するが，「検出力 1」のほうを採用する。これは非心度推定の違いによる（117 ページの出力中の★印参照）。「検出力 2」は SPSS の計算式による値であり，参考までに載せている。

ここまで解説は長かったが，結果の記述は次の一文になる。

10.6 結果の書き方

> 分散分析の結果，群の効果は有意だった（$F(2, 7) = 9.975$, $p = 0.009$, *effect size* $f = 1.688$, $power = 0.971$）。

効果量 f の便宜的な評価基準は"大 = 0.4，中 = 0.25，小 = 0.10"であり，今回はきわめて大きな効果が得られたといえる。このため検出力もずば抜けて高く（$power = 0.971$），今回の検定の"性能"については全く問題ない。

以上のように，分散分析は 3 群相互の差を，要因 A の有意性としてまず確定する。3 群のうちの 2 群同士の比較は次の関心になる。

10.7 多重比較の結果を読む

群の効果の有意性を受けて，3群の**多重比較**に移行する。2群ずつの t 検定を繰り返し，下のような総当り表で p 値を示す。

```
> tx3 # 多重比較（プールド SD を用いた t 検定）
        A.1         A.2
A.2     0.0269      NA
A.3     0.0097      0.3096
> # 数値は調整後の p 値（両側確率）
> # p 値の調整は Benjamini & Hochberg(1995) による
>
```

表示されている p 値は両側確率であり，BH法により調整されている。その結果，A1群とA2群の平均の差が有意であり（$p = 0.0269$），A1群とA3群の平均の差も有意だった（$p = 0.0097$）。A2群とA3群の平均差は有意でない（$p = 0.3096$）。

この t 検定は**プールド SD**（合算された標準偏差）を用いている。つまり3群の標準偏差を一つにまとめたということである。たとえばA1群とA2群の t 検定を行うとき，両群の SD だけでなくA3群の SD も算入して共通の標準偏差を推定する。アノヴァテーブルの"s"の平均平方（1.4286）を $\sqrt{\ }$ した値が，このプールド SD に相当する。

以下は，多重比較の結果を加筆した書き方である。

［結果の書き方　つづき］

　分散分析の結果，群の効果は有意だった（…）。
　そこで，プールド SD を用いた t 検定により多重比較を行った（$\alpha = 0.05$，両側検定）。その結果，お笑い番組群の回文作成数の平均がコンピュータゲーム群より有意に大きく（adjusted $p = 0.027$），さらにポップソング群よりも有意に大きかった（adjusted $p = 0.010$）。コンピュータゲーム群とポップソング群の平均の差は有意でなかった（adjusted $p = 0.310$）。以上の p 値の調整は Benjamini & Hochberg（1995）の方法による。
　お笑い番組はコンピュータゲームやポップソングよりも，笑いの刺激を多く含み，それが創造過程を活性化し，回文の作成を促進したことが示唆される。
　なお，分散の均一性についてバートレット検定を行ったが，3群の分散間に有意差は見いだされなかった（$\chi^2(2) = 1.265$，$p = 0.531$）。

10.8 分散の均一性の検定

上の最後の一文に書かれた「バートレット検定」の結果は次の出力による。

```
> tx4 # 分散の均一性の検定
                  検定統計量    df1    df2    p値
Levene Test   : F    0.1978    2      7      0.8249
Bartlett Test : χ2   1.2649    2      NA     0.5313
> # p<α なら分散の均一性は不成立
> # リーベン検定の中心値はメディアン
> # バートレット検定は正規分布の確証時に参照
>
```

　分散分析は，参加者間 t 検定と同様，各群の分散の大きさが同じであることを前提とする。3 群以上の**分散の均一性**（homogeneity）の検定には，**バートレット検定**（Bartlett Test）を用いる。バートレット検定はカイ二乗検定を利用する。$\chi^2 = 1.2649$ が有意なら，各群の分散には有意差があり，大きさが均一とはいえない。ここでは $p = 0.5313$ であり，3 群の分散の差は有意でない。そこで，各群の分散の大きさは均一であるとみなし，分散分析の前提が満たされたとする。

　出力上段にある Levene Test（リーベン検定）は，データ分布がL字形またはJ字形に偏ったときに参照する。分散の計算にデータと平均との偏差ではなく，データとメディアンとの偏差を用いる。

　もしも分散の均一性の検定結果が有意だったら，分散分析の前提は満たされず，F 検定の結果は正しくない可能性がある。その際は下の「調整後 F 検定」の出力を用いる。

```
> tx5 # 分散の均一性が不成立のとき参照
            F値      df1    df2      p値
調整後F検定   5.9957    2     3.7915    0.067
>
```

　これは参加者間 t 検定におけるウェルチの方法の応用である。今回は見る必要はないが，もし分散の均一性が満たされなかったら，結果は有意でなくなるところだった（$F(2, 3.79) = 5.996$, $p = 0.067 > 0.05$）。

　ただし，こうした分散の均一性を確認することなく，つねに上の調整後 F 検定を用いることも推奨されている。検定結果が有意でないとき帰無仮説を真とする結論は，論理の飛躍があるからである（89 ページ参照）。

10.9　パワーアナリシス

　今回は効果量がひじょうに大きかったため，検出力はたいへん優れていた（$power = 0.971$）。これを下のように，$power = 0.80$ に落としたセッティングを考えてもあまり意味がない。有

意性が見いだせなかったときや検出力が低かったときに参考にする。

```
> tz8 # パワーアナリシス
            効果量 f    1- β      α         n
  α の計算    1.6882    0.8     0.0106    3.3333
  n の計算    1.6882    0.8     0.0500    2.4446
> tz9 # N (total sample size) の計算
                次回総数     今回のN
  N =n × 群数      9          10
>
```

コラム 8　分散分析の 3 つの効果量

分散分析の効果量は既出の f も含め，主に次の 3 種類がある。

$$f \text{（エフ）} = \sqrt{\frac{\text{実験効果}}{\text{偶然誤差}}} = 1.6882$$

$$\text{partial } \eta^2 \text{（偏イータ二乗）} = \frac{\text{実験効果}}{\text{実験効果} + \text{偶然誤差}} = \frac{28.5}{28.5 + 10.0} = 0.74$$

$$\eta^2 \text{（イータ二乗）} = \frac{\text{実験効果}}{\text{全分散}} = \frac{28.5}{38.5} = 0.74$$

Partial η^2 と，partial でない η^2（*total* η^2 と表記されることがある）は，分散分析 A s では同値になる（= 0.74）。しかし，複数の要因や複数の偶然誤差が計算される実験デザインでは一致しない。

イータ二乗の値は％として読める利点があり，効果の大きさをイメージしやすい。上の η^2 = 0.74 は，データの全分散の 74％を群の効果が説明していると解釈できる。評価基準としては，効果量 10％程度から一定以上の効果があると評価する。10％未満は効果がゼロでないとしても（また有意であっても），きわめて小さく弱いと見なければならない（細分化された基準については 173 ページの相関の強さの判定，カッコ内の二乗値参照）。

なお，t 検定でも複数の効果量があったが，分散分析の効果量も多種多様であり，きちんと整理されていない。たとえばイータ二乗 = 0.74 の，その平方根（イータ）= $\sqrt{0.74}$ = 0.86 を効果量とすることもある。これは *partial* η = 0.86 と表記されたり，あるいは r = 0.86 と表記されたりする。r は後出の相関係数の記号であり，対応のある計画（参加者内デザイン）でその書き方が用いられる。ほかに ω^2 という効果量もある。

これらは％としては読めないが，効果の大きさを 0 ～ 1 の絶対値に標準化し比較可能にしている点ではイータ二乗と同一趣旨である。それぞれの研究領域の慣行に従うしかない現状である。

コラム9　分散分析と多重比較の関係

　分散分析のあと，結局，多重比較によって各群の優劣を決定した。それなら分散分析を行わず，いきなり多重比較を行ったほうが速いと思われるかもしれない。その通りであり，そうしても悪いとはいえない。分散分析と多重比較とは，データに対する別個のアプローチと考えるべきかもしれない。

　ただし，分散分析は群間の差を「要因の有意性」として保証するので，因果関係を主張しやすく，レトリック（説明術）として優れている。これに対して，多重比較は複数の検定結果を総合し，一般的な因果関係を導くための考察を展開する必要がある。分析は簡略化できるが，その分，考察が増大する。

　また，時として，分散分析の結果が有意であっても多重比較が有意差を見いだせない場合がある。その場合も分散分析が有意であれば，群構成の方法上の問題であり，理論上の失点にはならない。逆に，多重比較が有意差を見いだしても分散分析の結果が有意でない場合は，各群の参加者が無作為抽出になっていないことが疑われる。

11章　分散分析ｓＡ：1要因参加者内

例題11 輪投げは中空の的をねらえ！

　輪投げの成功数を上げるためのイメージトレーニングとして，目標の台座より半分手前の空中に的（まと）をイメージし，それをねらって投げるように教示した。その後，10投の試行を3回繰り返した。試行間に3分のインターバルをおいた。参加者は5人であり，各試行10投中の成功数は表15のようになった。

表15　各参加者の各試行10投中の成功数

ｓ 参加者	A（試行回数）		
	1	2	3
1	4	6	8
2	3	3	4
3	5	4	8
4	3	4	7
5	4	8	9

解説

　ここでは5人の参加者に対して3回の測定を繰り返す参加者内3水準の実験デザインである。このデザインを表す記号はｓＡである。上のデータリストの見出し（記号）を，左から右へ読めば自然に"ｓＡ"と読める。データリストを1人1行で書けば，そうした読み取りができ，分散分析のメニュー【ｓＡ（1要因参加者内）】を選択すればよいことが分かる。

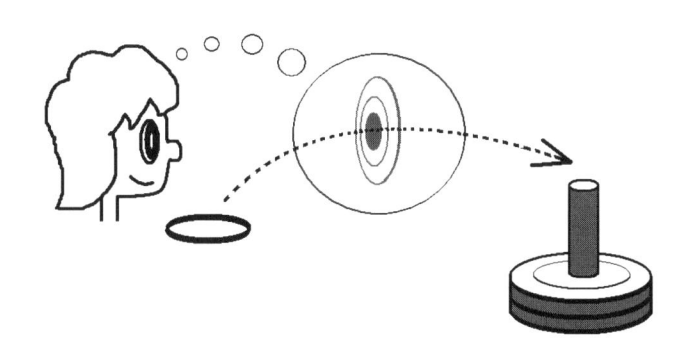

11.1 操作手順

下のイメージ図にしたがって操作してください。

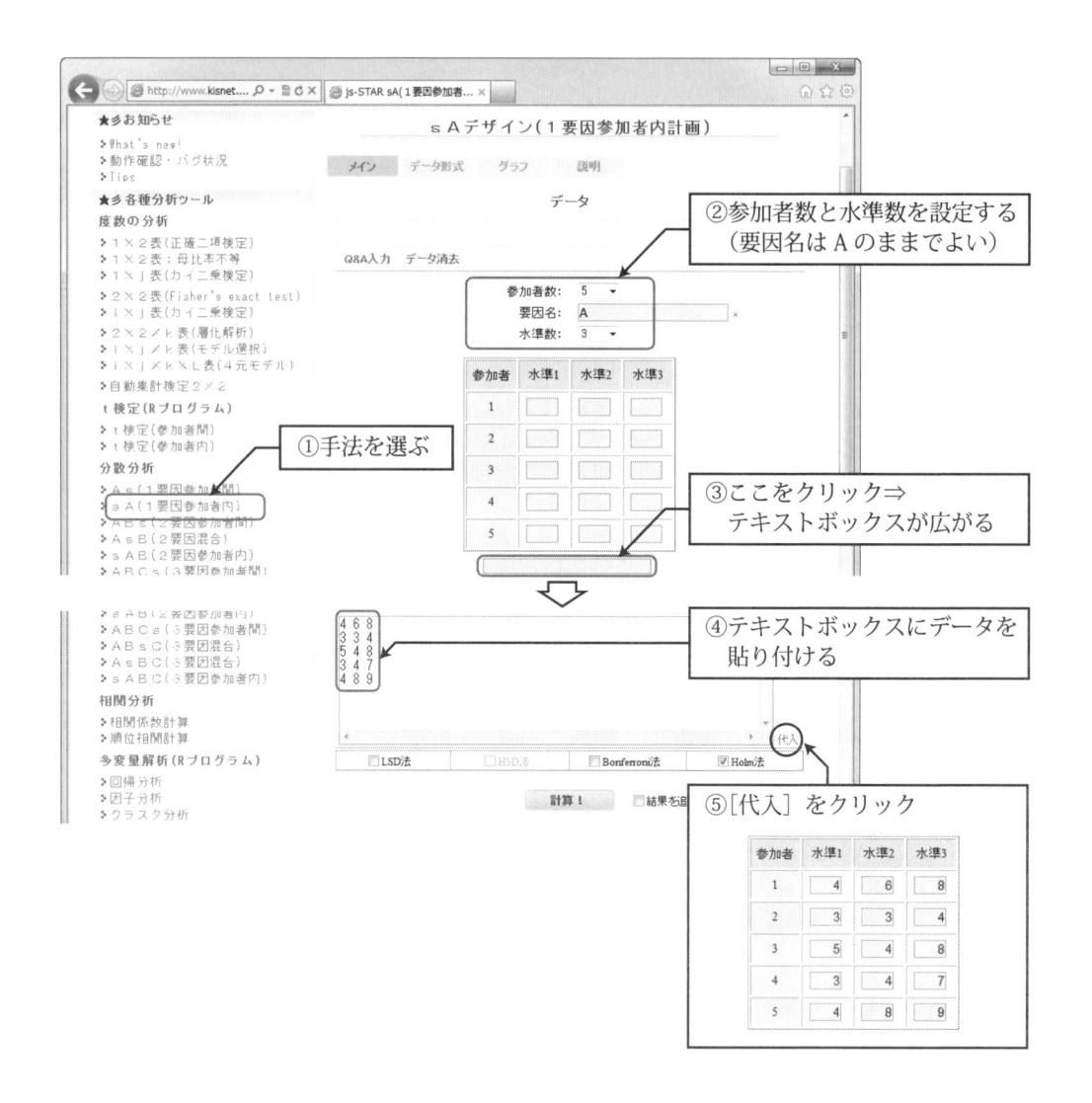

代入による一括入力の方法は，106 ページのコラム 7 を参照してください。

以下，［計算！］をクリック⇒Rプログラムを R 画面に［コピペ］⇒……，と進む。

11.2 図を読む

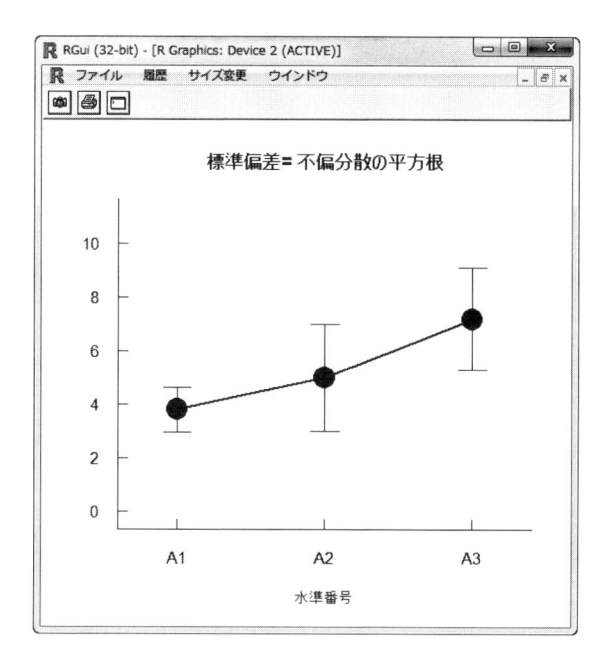

参加者内デザインでは，線グラフで平均を図示する。タテ軸は輪投げ10投中の成功数であり，ヨコ軸は試行回数3水準 A1～A3 である。

グラフ全体は右上がりで，スキルの上達を示している。

平均の描点（●）の上下に引かれた"アンテナ"は SD（標準偏差）である。試行1回目の初期状態では SD は小さい。しかし，試行2回目からは"アンテナ"は格段に長くなり，トレーニング効果が影響し，参加者間にバラつきが生じたことが見て取れる。

ただし，参加者内デザインでは，参加者間のバラつきが大きくても参加者内のバラつきがそろっていれば問題ない。このことは図のアンテナの長さからは判断できない。SD の数値には参加者間・参加者内のバラつきが混入しているからである。参加者内のバラつきがそろっているかどうかは後述の球面性検定で確認することになる。

11.3 基本統計量を読む

下の出力のタイトルのところから以下を読み進める。

```
> ########################
> #  分散分析 s A -design:  #
> #   1要因 参加者内計画    #
> ########################
> tx1 # 基本統計量（SD= 不偏分散の平方根）
      N    Mean    SD       Min    Max
A.1   5    3.8    0.8367    3      5
A.2   5    5.0    2.0000    3      8
A.3   5    7.2    1.9235    4      9
>
```

見出しの"A.1"は「要因A・水準1」を表し、「試行1回目」を意味する。同様に"A.2"は「要因A・水準2」を表し、「試行2回目」を意味する。各回の平均（Mean）を見ると、値が上昇し、成功数の伸びが見られる（3.8 → 5.0 → 7.2）。これが偶然以上の伸びかどうかを分散分析により検定する。

標準偏差（SD）はグラフで見たとおり、A1回目では小さいが（0.8367）、A2回目から2.0000と飛躍的に大きくなっている。各回の分散はおそらく均一とはいえないが、分散分析ｓAでは分散の均一性は前提にならない。別に、球面性の仮定が必要とされる（後述）。

11.4 分散分析表を読む

分散分析ｓAは、データの全分散を下のように分解する。

　　データの全分散＝　参加者間誤差　＋　要因Aの効果　＋　参加者内誤差
　　　　　　　　　　　　（ｓ）　　　　　　（A）　　　　　（ｓ×A）

二種類の偶然誤差として、**参加者間誤差（ｓ）**と**参加者内誤差（ｓ×A）**が生じることに注意しよう。このモデルに従って下のようなアノヴァテーブルが出力される。

```
> tx2 # 分散分析表
         SS       df    MS        F         p
  s     23.333    4    5.8333    4.5455    0.0329
要因A   29.733    2    14.8667   11.5844   0.0043
s×A    10.267    8    1.2833    NA        NA
>
```

最上段の"s"が参加者間誤差である。その分散は $SS = 23.333$ と計算されている。一応，検定結果も表示されるが（$p = 0.0329$），参加者内誤差（s×A）との比較であり，どちらの誤差が大きいかを比べてもあまり意味がない。今回は参加者間の誤差が大きかったというにすぎない。なお，参加者間誤差sの自由度＝（参加者数－1）＝（5－1）＝4である。

この参加者間誤差sというのは，各参加者の成功数の違いであり，いわば各自の実力差を表している。しかしそれは各自の"伸び"とは無関係である。実力のない人でも伸びることがあり，輪投げの名人でも伸びないことがある。参加者たちの実力差は，いま検定しようとしている各自の3試行間の"伸び"とは無関係である。それで，その分をデータの全分散から除外する。そのためのsの計算である。

中段の見出し"要因A"が，3試行間の平均の差すなわち"伸び"を示す。その分散 $SS = 29.733$ を参加者内誤差s×Aと比べて検定する。結果は有意であり（$F = 11.5844$, $p = 0.0043$），3試行間の"伸び"が参加者内誤差の11倍以上あったことを意味している。要因Aの自由度＝（水準数－1）＝（3－1）＝2である。

この検定に用いられた参加者内誤差は"s×A"で示される。"s×A"は，参加者（s）が3試行間（A1～A3）で生じた動揺を表す。各自の各試行の成功数は，伸びがあってもなくても偶然に上がったり下がったりする。この偶然の揺れ幅が分散 $SS = 10.267$ と計算されている。この参加者内の偶然の上がり・下がりよりも，平均の伸び（3.8→5.0→7.2）による上昇分が大きく（11倍以上），有意と判定された。参加者内誤差s×Aの自由度＝（sの自由度×要因Aの自由度）＝（4×2）＝8となる。

ちなみに，本例の分散分析sAの代わりに，（誤って）分散分析Asを適用すると下のような結果になる。

	SS	df	MS	F	p
要因A	29.733	2	14.867	5.3095	0.0223
s	33.600	12	2.800	NA	NA

誤差分散"s"は $SS = 33.600$ となり，参加者間・参加者内の合算になる。分散分析sAでは，それを参加者間23.333と参加者内10.267に分けた（33.600 = 23.333 + 10.267）。そのようにして"伸び"の検定に不適当な参加者間の誤差を取り除く。その分，検定は鋭敏になり，p値の有意性は高くなっている。Asデザインでは $p = 0.0223$ であるが，sAデザインでは一桁違う $p = 0.0043$ が得られた。実験デザインにあった正しい分散分析を選ぶようにしよう。

11.5 効果量と検出力を読む

効果量 f は，分散分析 A s と同様，$\sqrt{\text{効果}/\text{誤差}} = \sqrt{29.733 / 10.267} = 1.7018$ となる。下の出力から読み取る。

```
> tx4 # 効果量 f と検出力 (1-β)
        F値      効果量 f   検出力1    検出力0    検出力2
要因A   11.584   1.7018    1         0.9986    0.9483
>       # Part. η 2 (偏イータ 2 乗) = f^2/(f^2+1)
>       # 検出力1 は非心度推定 = f^2*DataSize, r=r
>       # 検出力0 は非心度推定 = f^2*DataSize, r=0
>       # 検出力2 は非心度推定 = f^2*DFsxa
>
```

結果に記載する**検出力 power** は「検出力 0」の値を採用する。「検出力 0」は 3 水準間の相関をゼロと仮定して計算した値である。これに対して「検出力 1」は水準間の相関を算入した値であり，水準間相関の確実な推定ができれば「検出力 1」を用いるところだが，（申し訳ありませんが）水準間相関の計算に確信がもてない。水準間相関は後方の「パワーアナリシス」の出力部分に表示されるので，これを検証できた方のみ使用してください。そうでない方は水準間相関＝ゼロと仮定した「検出力 0」（power = 0.9986）を採用してください。

なお，「検出力 2」（power = 0.9483）は SPSS の算出法による値であり，水準間相関＝ゼロと仮定し，データサイズの代わりに誤差の自由度 $df_{s \times A} = 8$ を用いる。これは採用しないほうがよいようである。

さらに，（複雑であるが）どの検出力も**自由度調整係数 ε**（イプシロン）を $\varepsilon = 1$ と仮定している。しかし，この $\varepsilon = 1$ は球面性仮定（後述）が成立する場合に限られる。それが成立しないときは，ε を 1 未満として power を再計算しなければならない（非心度指数 ncp に ε を掛ける）。検出力については js-STAR の R プログラムはそこまでサポートしていない。

11.6 多重比較の結果を読む

要因A（試行回数）の効果が有意だったので，多重比較で試行間の有意差を見いだす。下のように3水準の総当り表として検定結果のp値（両側確率）を出力する。

```
> tx3 # 多重比較（参加者内 t 検定）
        A.1       A.2
A.2   0.2355      NA
A.3   0.0223    0.0293
> # 数値は調整後のp値（両側確率）
> # p値の調整は Benjamini & Hochberg(1995) による
>
```

この多重比較は参加者内t検定の繰り返しである。複数回の検定になるので，p値はBH法により調整されている。結果として，A1水準（試行1回目）からA2水準（試行2回目）にかけての平均差は有意でないが（$p = 0.2355$），A2水準からA3水準にかけての平均差が有意になった（$p = 0.0293$）。

ここまで読み取ると，一通りの結果を書くことができる。

11.7 結果の書き方

> 分散分析の結果，試行回数の効果は有意だった（$F = 11.584$, $df1 = 2$, $df2 = 8$, $p = 0.004$, *effect size f* $= 1.702$, *power* $= 0.999$）。
> 参加者内t検定（$α = 0.05$，両側検定）を用いた多重比較によると，試行1回目と2回目の平均の差は有意でなかったが（*adjusted p* $= 0.236$），試行2回目と3回目の平均が有意差を示した（*adjusted p* $= 0.029$）。p値の調整は Benjamini & Hochberg (1995) による。
> 試行1回目と2回目の成功数に有意差がなかったことから，イメージトレーニングの効果は即効的ではなく，実質的な効果が現れるには複数の試行回数を要するといえる。台座までの途中空間に有効な的（まと）のイメージを形成するのに，一定の試行錯誤的な経験の蓄積が必要であることが示唆される。
> なお，球面性検定の結果は有意でなかった（*Mauchly's W* $= 0.787$, $p = 0.698$）。

第一段落が分散分析の結果である。カッコ内の *power* $= 0.999$ は，水準間相関＝ゼロと仮定した「検出力0」の *power* $= 0.9986$ を用いている。水準間相関が特に記載されていないときはゼロと仮定されている。「検出力1」を用いたときは水準間相関の値を記載する必要がある。

第二段落は多重比較の結果，第三段落は結果の考察（なぜそういう結果になったかを考える）である。

第四段落は，分散分析ｓＡの前提条件の確認である。次ページの球面性検定の結果を読み取って書く。

11.8 球面性検定の結果を読む

分散分析 s A は，水準間に**球面性の仮定**（sphericity assumption）が成り立つことを前提とする。球面性とは水準間の参加者内誤差が均一であることをいう。たとえば，水準1と水準2の間の参加者内誤差と，水準2と水準3の間の参加者内誤差が等質でないと，どちらが正しい参加者内誤差なのか分からず，参加者内誤差を一つにまとめることができない。2水準ではこの問題は生じない（参加者内誤差は1個しかないので）。

そこで，要因Aが3水準以上のときは，全ての2水準間の参加者内誤差が均一であること（すなわち球面性が仮定できること）を確かめる。この確かめには，通常，**モークリィの球面性検定**を用いる。下の出力がその結果である。

```
> tx5  # 球面性の検定（水準=2 なら不要）
       Mauchly's W    p値      下限 ε
要因A    0.7868      0.6979    0.5
>       # p<α なら球面性不成立！
> tx6  # 球面性不成立のときの自由度調整F検定   ★
       F値     p値    G-G調整値   H-F調整値
要因A  11.584  0.0043   0.0082     0.0043
>
```

上の $Mauchly's\ W = 0.7868$ の p 値が有意ならば，各2水準の参加者内誤差は有意差を示すことになる。その場合，球面性を仮定できない。ここでは幸いに $p = 0.6979$ であり，有意でないので，参加者内誤差同士は有意差を示さず，均一であるとみなし，球面性の仮定が成り立つことにする。参加者内誤差の推定に問題はなく，分散分析の結果も信頼できる。

もし球面性仮定が成り立たない場合は，分散分析の F 検定の自由度を調整する（**自由度調整係数 ε** を元の自由度に掛ける）。この調整により自由度は減少し，p 値は有意性を得られにくくなる。その際また2種類の調整法がある。上の★印の「球面性不成立のときの**自由度調整 F 検定**」を参照すると，元の $p = 0.0043$ は，**G-G調整値**では $p = 0.0082$，**H-F調整値**では 0.0043（元のまま）になる。G-G調整値のほうがタイプⅠエラーに厳しい。通常，G-G調整値を採用し，N が小さいときは H-F調整値を採用する。G-G は Greenhouse-Geisser の略，H-F は Huynh-Feldt の略であり，いずれも2名の人物の連記である。

なお，モークリィ検定に対する批判や帰無仮説の採択の非合理性から，球面性検定を行わず常に調整後 p 値を用いるべきであるとする研究者も少なくない。以下に，G-G調整値を用いた結果の書き方を例示する。

[結果の書き方　別例]

> 分散分析の結果，試行回数の効果は有意であり（$F(2, 8) = 11.584$, $p = 0.004$, *effect size f* = 1.702, *power* = 0.999），G-G 調整後の p 値も有意だった（*adjusted p* = 0.008, $\varepsilon = 0.824$）。
> ……球面性検定は省略し，以下，多重比較へ……

最後のカッコ内にある $\varepsilon = 0.824$ は，下の「オプション」により表示できる。下の★印の行を実行し，※印の値を読み取る。

```
> # [オプション]
> # （実行手順：上向矢印→先頭の#消去→Enter）
> # windows();boxplot(data~A,d=sA,las=1)  # 箱ひげ図
> # kx6[0,]  # 自由度調整係数 ε (epsilon)   ★
>
Greenhouse-Geisser epsilon:  0.8243   ※
Huynh-Feldt epsilon:         1.3274
```

上の※印の値 0.8243 が G-G 調整係数である。その下の 1.3274 が H-F 調整係数である。値が 1 を超えた場合は便宜的に $\varepsilon = 1$ とされる。

コラム 10　効果量：2つの η^2

上の結果の書き方では効果量 f を採用した。ほかの効果量として，**偏イータ二乗**（partial η^2）と**イータ二乗**（total η^2）は次のように計算される。

```
## partial eta^2, total eta^2 の計算
kx2                          # アノヴァテーブルの確認
kx2$S                        # s, A, sxA の分散＝ 23.3, 29.7, 10.3
29.7/(     29.7+10.3)        # partial eta^2= 0.7425
29.7/(23.3+29.7+10.3)        # (total) eta^2= 0.46919
```

前例の分散分析 A s では *partial* η^2 と *total* η^2 の値は一致したが，本例の分散分析 s A では参加者間の誤差 23.3 を除外するか算入するかにより一致しない。しかし，いずれも％として読むことができる。偏 η^2 は今回の効果が**参加者内分散の 74.25%** を説明できる大きさであることを意味し，（全体）η^2 は今回の効果が**全分散の 46.919%** を説明できる大きさであることを意味する。（全体）η^2 は参加者間誤差も含めた評価となり，全体として見たときどの程度の大きさで効果が出てくるのかをつかむことができる。たとえば，偏 η^2 がきわめて大きいが，（全体）η^2 はきわめて小さいというような特殊な効果特性について情報を与えてくれる。

練習問題 ［4］

js-STARにおける乱数発生ユーティリティ（指定した個数の一様乱数を発生する）を利用して，分散分析の1要因参加者内計画sAのシミュレーションを行ってみよう。

　例題11と同じ10投の輪投げを3回繰り返す。成功回数は0～10なので，js-STARの乱数発生ユーティリティの初期値（下図の最小値，最大値）をそのまま使える。

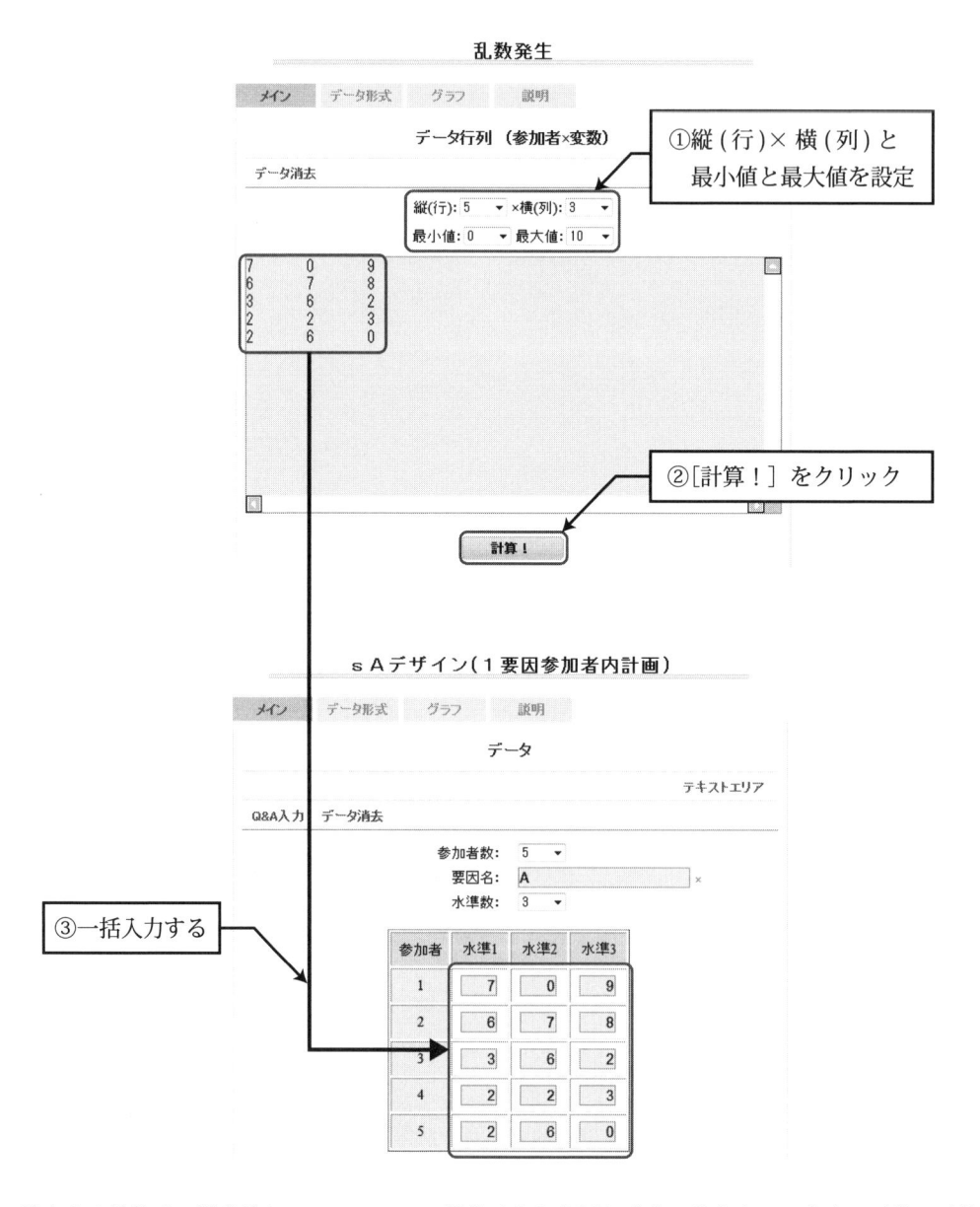

乱数発生

データ行列（参加者×変数）

①縦（行）×横（列）と最小値と最大値を設定

縦(行): 5　×横(列): 3
最小値: 0　最大値: 10

7	0	9
6	7	8
3	6	2
2	2	3
2	6	0

②［計算！］をクリック

［計算！］

sAデザイン（1要因参加者内計画）

データ

参加者数: 5
要因名: A
水準数: 3

③一括入力する

参加者	水準1	水準2	水準3
1	7	0	9
2	6	7	8
3	3	6	2
4	2	2	3
5	2	6	0

　発生する数値は一様乱数なので，0～10の数値はどれも同じ確率で発生する。本来，平均の計算には正規乱数を用いたほうがよいが，一様乱数でも練習用として"乱数発生"ユーティリティは便利である。何回くらいのシミュレーションで有意差が得られるだろうか。

12章 分散分析ABs：2要因参加者間

例題12 美人も子どもには勝てない？

　広告素材のエービーシーは，動物（animal），美人（beauty），子ども（child）といわれる。わが社のイメージパンフレットとして各素材を中心とした3案を試作した。その3パンフレットの好感度を，男女の参加者に10点満点で評定してもらった。結果は下の表16のようになった。3種のパンフレットで好感度に差が見られるか。

表16　男女による3種のパンフ案に対する好感度評定

A （男女）	B （パンフ案）	s （参加者）	好感度 （満点10）
男	動物版	1	1
		2	5
		3	1
		4	2
	美人版	5	2
		6	2
		7	4
		8	1
		9	4
	子ども版	10	3
		11	4
		12	7
		13	7
		14	8
女	動物版	15	4
		16	8
		17	3
	美人版	18	3
		19	6
		20	2
	子ども版	21	6
		22	9
		23	9
		24	7

解説

　これは2要因の実験デザインである。第1要因は男女2水準，第2要因はパンフレット3水準（動物版・美人版・子ども版）であり，全6群からなる。各群に異なる人数の参加者（番号

1～24）が割り当てられていることに注意しよう。

データリストの見出しを左から右へ読むと，この分散分析のデザインは"ＡＢｓ"であることが自然に分かる。

12.1　操作手順

①手法を選ぶ：分散分析のメニュー【ＡＢｓ（2要因参加者間）】をクリック

②要因名，水準数，各水準の参加者数を設定する

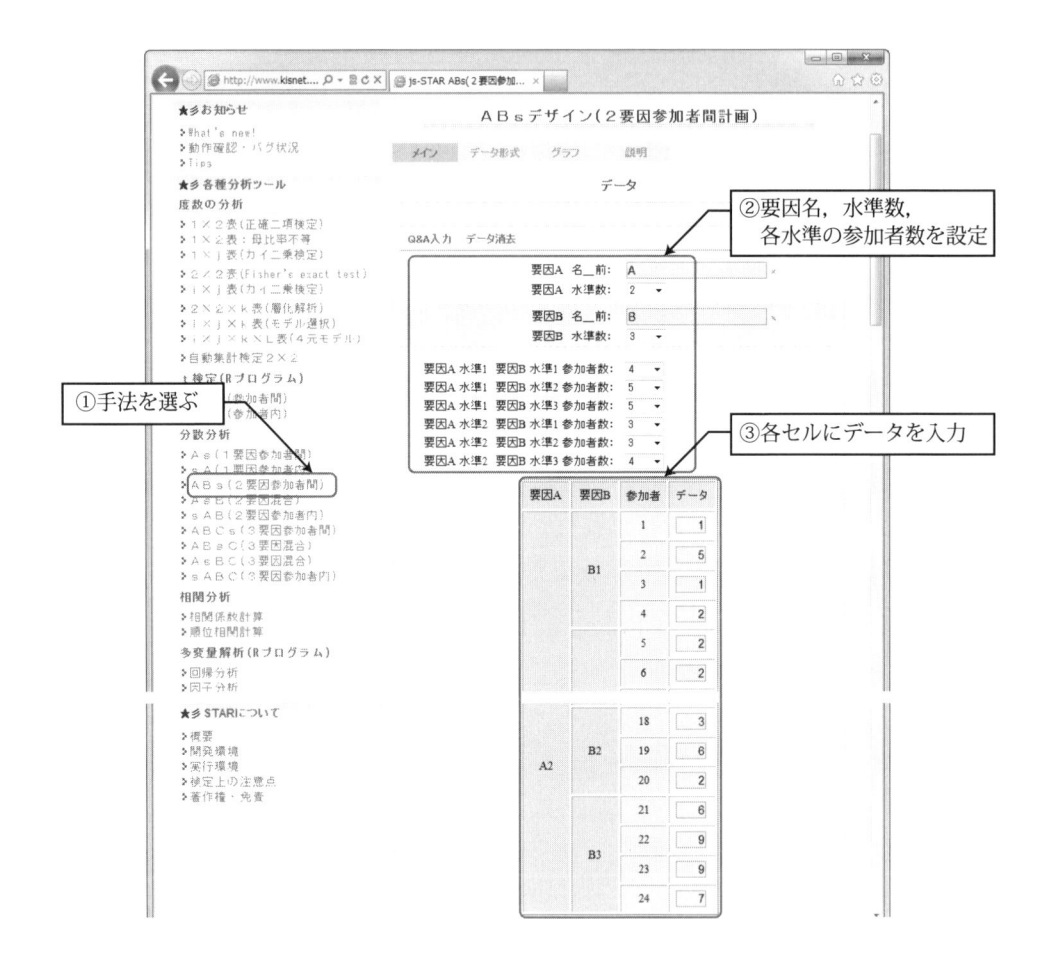

上の設定をすると，データ・グリッドが表示される。**データ・グリッドの形式が表16と全く同じ**であることを確かめよう。つまり，各グリッドに表16の通りにデータを打ち込んでいけばよい（代入による一括入力の方法は106ページのコラム7を参照してください）。

データ入力後，[計算！]をクリック⇒Rプログラムを**R**画面に[コピペ]⇒……，と操作する。

12.2 図を読む

男女2群×パンフレット3種の評定値平均のバーが6本，下のように図示される。

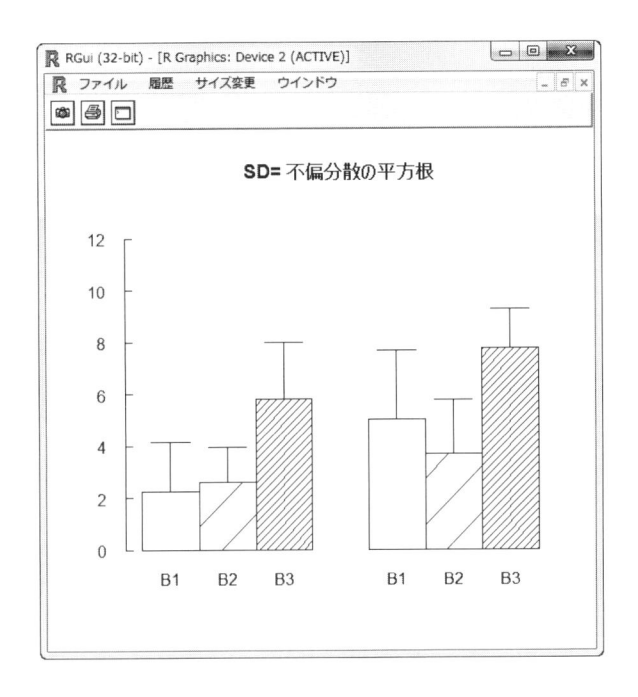

左の3本が要因A・水準1（男性）による3パンフレットの好感度平均，その右の3本が要因A・水準2（女性）による3パンフレットの好感度平均である。男性・女性とも子ども版パンフ（B3）の好感度が他のパンフレットより高そうである。

分散分析ABsは前述の分散分析Asと同様，参加者間計画である。**参加者間計画の分散分析は各群の分散の均一性を前提とする**。そこで，分散の平方根であるSDの大きさがそろっているかをチェックする。6本の"アンテナ"の長さはそれほど違うようには見えない。分散分析の使用に問題はなさそうである。

12.3 基本統計量を読む

まず，基本統計量が表示される。

```
> ################################
> #  分散分析 ＡＢs-design :  #
> #    2要因 参加者間計画      #
> ################################
> tx0 # 基本統計量（SD= 不偏分散の平方根）
           n     Mean      SD    Min    Max
A.1_B.1    4    2.2500   1.8930    1     5
A.1_B.2    5    2.6000   1.3416    1     4
A.1_B.3    5    5.8000   2.1679    3     8
          NA     NA       NA      NA    NA
A.2_B.1    3    5.0000   2.6458    3     8
A.2_B.2    3    3.6667   2.0817    2     6
A.2_B.3    4    7.7500   1.5000    6     9
>
```

見出し「A.1_ B.1」は"要因A・水準1における要因B・水準1"を表し，「男性における動物版パンフ」の好感度を示す。「A.2_ B.3」なら「女性における子ども版パンフ」のことである。途中の"NA"は空欄を表す（境界線の代わりと思ってください）。

12.4 分散分析表を読む

分散分析ＡＢｓでは，データの全分散は次のように分解される。

データの全分散＝　主効果Ａ　＋　主効果Ｂ　＋　交互作用Ａ×Ｂ　＋　偶然誤差ｓ

上のように効果は3つ特定される。要因A・要因Bの単独効果として**主効果A**，**主効果B**，そして**交互作用A×B**である。このモデルにあわせて，アノヴァテーブルが出力される。

```
> tx1 # 分散分析ＡＢｓ
         TypeIII_SS    df      MS        F        p
要因A      21.2262      1    21.2262   5.7744   0.0273
要因B      64.5851      2    32.2926   8.7849   0.0022
A×B        2.5462      2     1.2731   0.3463   0.7119
  s       66.1667     18     3.6759     NA       NA
>
```

各要因の単独効果を**主効果**（main effect）という。その2要因が絡んだ効果を**交互作用**（interaction）という。それらの効果と偶然誤差（表中の s ）との大きさを分散比（＝ F 比）として検定する。

検定結果の読み取りはアノヴァテーブルを**下から上へ見る**。すなわち，交互作用A×Bの F 比が有意だったら，その上の主効果Aと主効果Bの結果は見ない。今回，A×Bは有意でなかったので（$F = 0.3463$, $p = 0.7119$），主効果A・主効果Bの結果を見ることができる。

交互作用が有意となるケースは次の例題13で解説する。本例は交互作用が有意でないケースであり，主効果を取り上げることができる。その結果，主効果Aが有意であり（$F = 5.7744$, $p = 0.0273$），主効果Bも有意である（$F = 8.7849$, $p = 0.0022$）。

主効果A（男女）は2水準なので，その有意性はそのまま男女間の有意差として解釈できる。具体的に解釈するには"平均の平均"を計算して比べる。すなわち，男性による3パンフレットの3平均を平均した（2.25 + 2.60 + 5.80）／3 = 3.55 と，女性の3平均を平均した（5.00 + 3.67 + 7.75）／3 = 5.47 との差が有意ということである。パンフの素材に関係なく，動物版でも美人版でも子ども版でも，男性より女性のほうが評定値は高く出るといえる（3.55 < 5.47）。

主効果Bも有意である。これはパンフの素材間の有意差であり，今度は男女に関係なく，男性でも女性でも動物版・美人版・子ども版の間に同じような差が見られることを意味する。そこで，各素材で男女の2平均を平均する。動物版は（2.25 + 5.00）／2 = 3.625，美人版は（2.60 + 3.67）／2 = 3.135，子ども版は（5.80 + 7.75）／2 = 6.775 となり，3.625 ≒ 3.135 < 6.775，つまり"動物版＝美人版＜子ども版"という差が男女共通にありそうである。ただし，3つ以上の平均の比較は多重比較によらなければならない（後出）。

12.5 効果量と検出力を読む

有意性を判定したら，次に効果量と検出力を読む。

```
> tx2 # 効果量と検出力 (1-β)
          偏η2      効果量f    検出力1    検出力2
要因A     0.2429    0.5664    0.7468    0.6231
要因B     0.4940    0.9880    0.9837    0.9406
A × B     0.0371    0.1962    0.1137    0.0970
> # 効果量f = sqrt( 偏η2/(1-偏η2) )
> # 検出力1 は非心度推定 = f^2*DataSize
> # 検出力2 は非心度推定 = f^2*DFerror
>
```

効果量は「偏 η^2」（partial η^2）または「効果量 f」のいずれを採用してもよい。「偏-」の付かない total η^2 はユーザ自身が計算してください（＝効果／全分散，後述）。効果量 f の便宜的評価基準によれば，主効果A・主効果Bの効果は共にかなり大きい（大 = 0.4, 中 = 0.25, 小

= 0.1：117ページの出力参照）。

検出力は「検出力1」を採用する。主効果Aの *power* = 0.7468 は望ましい 0.80 にやや不足するが，主効果Bの *power* = 0.9837 は申し分ない。「検出力2」はSPSSの計算法による参考値である。

ここまでを結果の書き方としてまとめてみよう。

［結果の書き方　その1］

> 分散分析の結果，交互作用は有意でなく（$F(2, 18) = 0.346$, $p = 0.712$, *partial* $\eta^2 = 0.037$），男女の主効果が有意であり（$F(1, 18) = 5.774$, $p = 0.027$, *partial* $\eta^2 = 0.243$, *power* = 0.747），また，3種のパンフレットの主効果も有意だった（$F(2, 18) = 8.785$, $p = 0.002$, *partial* $\eta^2 = 0.494$, *power* = 0.984）。

結果の書き出しは，交互作用が有意かどうかである。本例は有意でないが，**有意でないときも効果量は掲載すべき**である。効果が大きいが N の不足で検出に失敗した可能性もあり，その場合はいまだ研究仮説を放棄しなくてよいことになる。

交互作用が有意でないことを確定してから，主効果の有意性について述べる。上では効果量として *partial* η^2 を用いた。*Partial* η^2 を記載するときは特に *effect size* と前置きする必要はないが（ギリシャ文字は慣用として統計的推定値を表す），効果量 f を記載するときは *effect size f* と表記するほうが無難である。

各 F 比の自由度はアノヴァテーブルから読み取る。主効果の自由度は（水準数 − 1）であり，したがって主効果Aの自由度は $df_A = (2 − 1) = 1$，主効果Bの自由度は $df_B = (3 − 1) = 2$ である。交互作用 A × B の自由度は $df_{A×B} = (df_A × df_B) = (1 × 2) = 2$ である。

なお，(*total*) η^2 は全分散に対する比率として，下のように計算される。これを掲載してもよい。

```
## total eta^2 の計算    ※Rは大文字・小文字を区別するので以下の入力は注意
SSa                     # 主効果AのSS（平方和＝分散）を確認
SSb                     # 主効果BのSSを確認
SSaxb                   # A×B（小文字のエー・エックス・ビー）を確認
SSs                     # 誤差分散を確認
kouka <- c(SSa, SSb, SSaxb)      # kouka に主効果2個と交互作用1個を代入
zenbu <- sum(kouka)+SSs          # 全分散＝全効果+誤差分散
kouka/zenbu                      # Total η2＝効果／全分散：0.137,  0.418,  0.016
```

各効果の *total* η^2 は全て等しい分母をとるので，効果量の相互比較に適している。交互作用の大きさが $\eta^2 = 0.016$ すなわち 1.6% にすぎず，効果の小ささがよく分かる。

12.6 多重比較の結果を読む

主効果Ｂの３平均について，多重比較の結果は次のとおりである。

```
> mainB # 主効果Ｂの多重比較（両側検定）
             B.1        B.2        B.3
平均値       3.4286     3          6.6667
> testB #
             B1         B2
B2           0.6927     NA
B3           0.0080     0.0045
>     # 数値はプールドSDを用いたt検定の調整後p値
>     # p値の調整は Benjamini & Hochberg(1995) による
>
```

最初に「平均値」が表示される。"B.1"の平均 = 3.4286 は，動物版パンフに対する男性４人の評定値［1，5，1，2］と女性３人の評定値［4，8，3］を込みにした平均である。ほかの平均も男女の素データから計算し直した平均であり，いわゆる"平均の平均"ではないが，これも多重比較の一方法である。

掲載された p 値（両側確率）は t 検定の結果であり，ＢＨ法による調整後 p 値である。それを見ると，Ｂ３（子ども版）とＢ１・Ｂ２との間に有意差がある。この結果を下のように記述する。

［結果の書き方　その２］

> 　プールド SD による t 検定を用いて多重比較を行い，Benjamini & Hochberg（1995）の方法によって p 値を調整し有意性を判定した（$\alpha = 0.05$，両側検定）。その結果，子ども版パンフレットの好意度の平均が動物版・美人版より有意に大きく（adjusted p s = 0.008, 0.005），動物版と美人版のパンフレットの平均の差は有意でなかった（adjusted p = 0.693）。
> 　したがって，男女を問わず，子ども版パンフレットが好まれることが分かった。
> 　なお，分散の均一性の検定結果は有意でない（Levene's F (5, 18) = 0.863, p = 0.525）。

多重比較の結果は，水準数が多い場合，Ｒ出力のような"総当たり表"を掲載すると分かりやすい。最後の一文にある**分散の均一性の検定**は，分散分析の前提の確認である。次の出力から読み取ってくる。

12.7 分散の均一性を確認する

分散分析の前提である各群の分散の均一性を検定する。

```
> tx6 # 分散の均一性の検定 (Levene Test)
                F       df1     df2     p
center=mean     0.8629  5       18      0.5246
center=median   0.1230  5       18      0.9854
>       # p<α なら分散の均一性不成立！
>
```

分散の均一性の検定はリーベン検定を用いている。これは 2×3 の全 6 群を一列に並べた検定であり，このため F 比の $df1 =$（群の数 $- 1$）$= 5$ になる。通常は上段の center $=$ *mean*（中心値 $=$ 平均）の行を読み取る。p 値が有意でなければ分散の有意差は見られず，各群の分散は均一であると判定する。ここでは $p = 0.5246$ であり，有意でないので，分散分析の前提が満たされているとみなす。

なお，各群のデータ分布が正規形から偏ると，下段の center $=$ *median*（中心値 $=$ メディアン）の結果と一致しなくなるので注意が必要である。

12.8 パワーアナリシス

各主効果・交互作用の効果量を，有意水準 0.05, 検出力 0.80 で取り出すために必要なデータ数 N が，下のように算出される。

```
> tx5 # パワーアナリシス：Nの計算


        効果量f    α       1-β     次回総数   今回のN
要因A    0.5664   0.05    0.8     27        24
要因B    0.9880   0.05    0.8     15        24
A×B     0.1962   0.05    0.8     254       24
>       # ■ NA が表示されたら計算不能
>
```

上の「次回総数」を見ると，今回の主効果 A・主効果 B の検定が良好だったことがうかがえる。交互作用を有意と判定するには次回 $N = 254$ が必要とされるが，これは非現実的である。主効果 A・B の検定が良好な検出力を示していたので，交互作用はないと考えるのが合理的である。

コラム 11　平方和（SS）のタイプ

　2 要因以上の分散分析では，主効果・交互作用の分散（平方和 SS）の計算のしかたに幾つかのタイプがある。通常，Type Ⅰ〜 Type Ⅲが用いられる。

　各群のデータ数が等しいときは，どのタイプの SS も違いはない。しかし各群のデータ数が等しくないとき（unbalanced data という），各タイプの計算値が違ってくる。データ数の違いにより平均の重みが異なるからである。たとえば平均 2.0 と平均 4.0 が $N = 10$ と $N = 20$ から得られているとき，"平均の平均" は（2.0 + 4.0）／ 2 = 3.0 になるが，データ数を加重すると（2.0 × 10 + 4.0 × 20）／ 30 = 3.3 となる。これを**加重平均**という。"平均の平均" と加重平均の値はデータ数が等しければ一致するが，データ数が等しくない場合，そのように違ってくる。

　したがって，unbalanced data の場合，どちらの平均を用いるかで分散（SS）の値も違ってくる。それがタイプの違いである。js-STAR が提供する R プログラムは，Type Ⅲ_SS を計算する。これはデータ数を考慮しないタイプであり，"平均の平均" すなわち非加重平均（unweighted means）を用いている。実用的にデータ数の少なさをカバーしてくれるメリットがあるため普及している。

　他のタイプの SS は，下の出力オプションにより参照できる。ただし，Type Ⅰ _SS は参考であり，unbalanced data に用いてはならない。Type Ⅱ _SS はデータ数の違いを考慮するタイプであり（下の★印），理論的に優れている。各群のデータ数があまりに違い過ぎるときは，こちらも参照してみたほうがよいだろう。

```
> # ［オプション］（上向矢印→先頭の # を消去→ Enter）
> # tx4 # パワーアナリシス：αの計算
> # ty1 # TypeI_SS の分散分析
> # ty2 # TypeII_SS の分散分析　★
>
```

練習問題 [5]

2要因参加者間計画ＡＢｓで，要因Ａ・要因Ｂの水準数をそれぞれ2水準とし，各水準の参加者数もそれぞれ2人とする最小のデザインを考えてみよう。下図のように設定する。

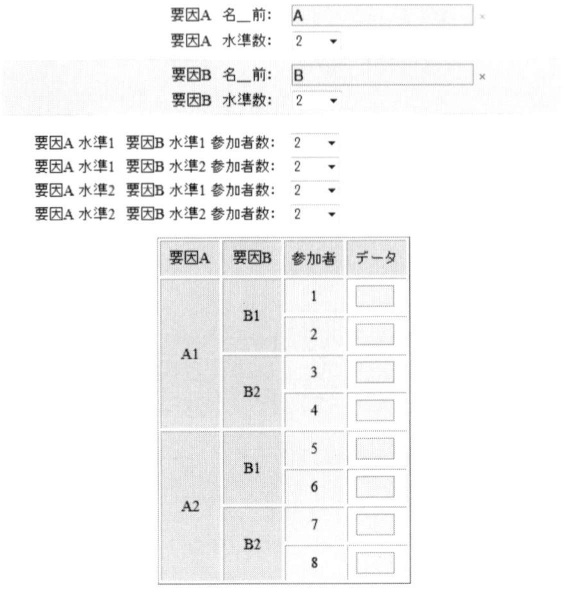

ここで問題！

上図の8セルに1から8までの数字を1個ずつ使い，以下の分散分析の結果が得られるような入力パターンを考えてみよう（答えは一通りではありません）。

・主効果Ａのみが有意になるパターン
・主効果Ｂのみが有意になるパターン
・主効果Ａと主効果Ｂが有意になり交互作用が有意にならないパターン
・交互作用が有意になるパターン
・主効果も交互作用も有意にならないパターン

【解答は162ページ】

《ヒント》

主効果も交互作用も有意にならないパターンとは‥‥？

各群（4群ある）の平均が同値になればよい。1から8までの総和は36なので，それを4群で等しく分ける（36÷4＝9）。つまり，各群のデータの合計が9になるように，1～8のデータを2個ずつ組み合わせればよいことになる。

これは練習問題［1］の天才ガウス少年と同じ考え方になる。つまり，1～8の数列を半分に折りたたむ。折り目のついたところは数列の"重心"となる（＝4.5）。すなわち各群は平均＝4.5でみな釣り合う。

13章 分散分析AsB：2要因混合

例題13 ササヤキは記憶を促進するか？

　薬品名を復唱により記憶する。このとき，日常会話の音量での音声化による復唱と，自分だけに聞こえるようなササヤキによる復唱（実験者に聞こえないようにする）の効果を比べることにした。薬品名は無意味な8文字綴りのカタカナ名10個である。音声化群に4人，ササヤキ群に3人の参加者を割り当て，各自3回の復唱を試行した。

　試行1回目は両群とも音声化による復唱とし，2回目から群別に音声化またはササヤキによる復唱とした。各試行の直後に，いま復唱した薬品名の再生を求めた。各参加者が正しく再生した薬品名の個数は各試行で下のようになった。復唱法の違いによる差が見られるか。

表17　各群の薬品名の正再生数

群 A	参加者 s	試行水準（B）		
		1回目	2回目	3回目
音声化群	1	1	2	2
	2	2	3	2
	3	3	4	4
	4	3	1	5
ササヤキ群	5	3	3	6
	6	1	4	7
	7	2	5	9

解説

　これは2要因の実験デザインである。各要因の配置に注意しよう。復唱の要因（音声化・ササヤキの2水準）は参加者間に配置され，異なる参加者の成績を比較する（4人 vs 3人）。これに対して，試行水準の要因（1回目〜3回目）は参加者内に配置され，同じ参加者の各回の試行成績を比較する（1回目 vs 2回目 vs 3回目）。このような参加者間と参加者内を組み合わせた要因配置を**混合計画**（mixed design）という。

　上のデータリストの見出しを左から右へ読むと，混合計画はAsBで表されることが分かる。js-STARのメニュー【AsB（2要因混合)】をクリックする。

13.1 操作手順

次のイメージ図にしたがって操作してください。要因名や水準数の設定は，**A s B**なので，A→s→Bの順番に設定値を入力すると覚えよう。

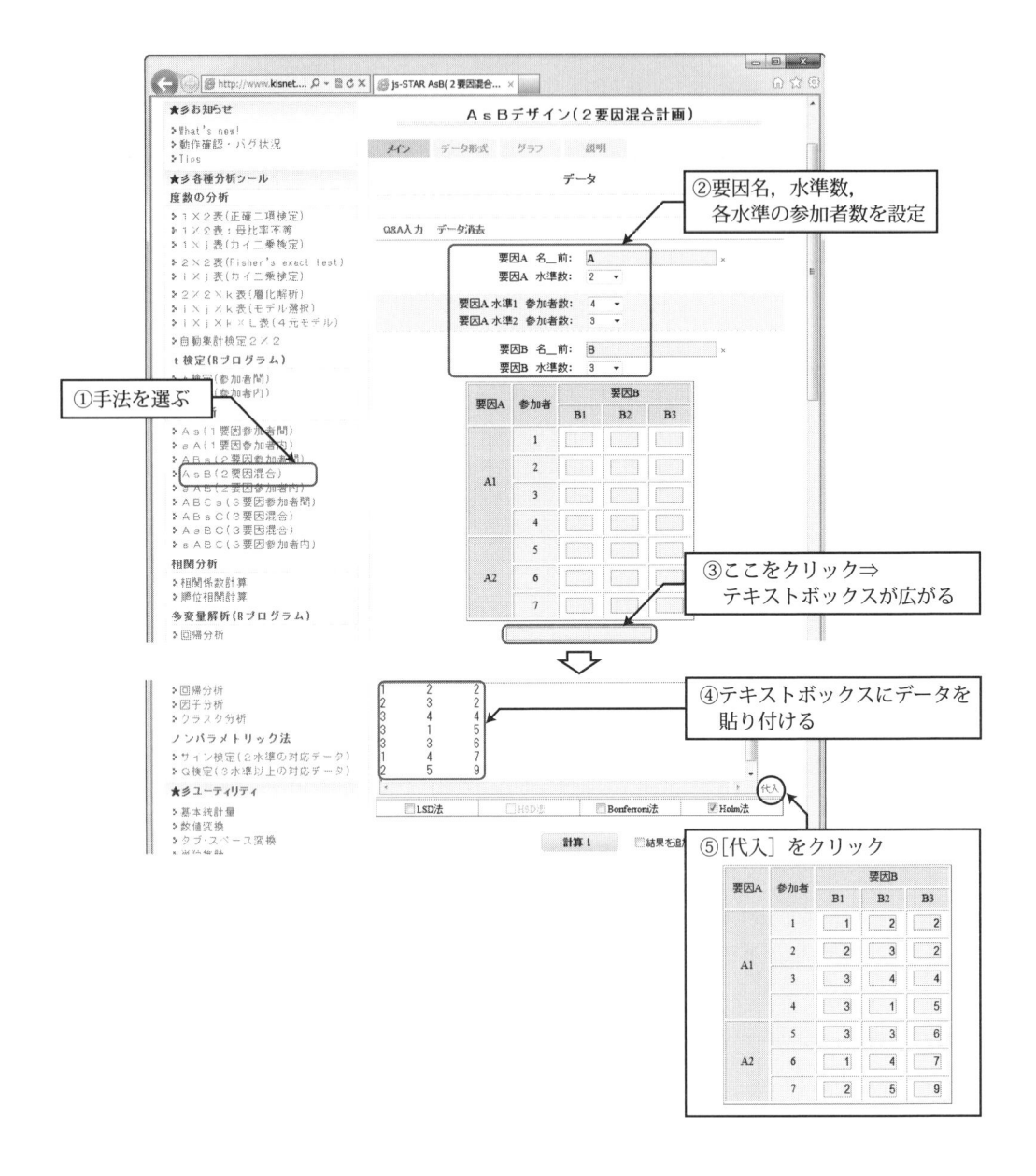

①手法を選ぶ
②要因名，水準数，各水準の参加者数を設定
③ここをクリック⇒テキストボックスが広がる
④テキストボックスにデータを貼り付ける
⑤［代入］をクリック

データ・グリッドの形式は，表17と全く同じになる。各グリッドへのデータ入力は，一括入力機能を利用することもできる（106ページ参照）。

以下，［計算！］をクリック⇒Rプログラムを**R**画面に［コピペ］⇒……，と操作する。

13.2 図を読む

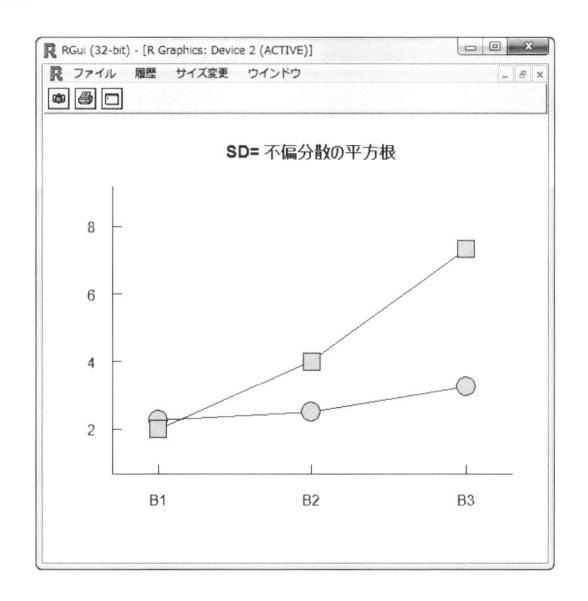

図のタテ軸は記憶した薬品名の正再生数，ヨコ軸は試行水準である．音声化群の平均は○印，ササヤキ群の平均は□印で線グラフが描かれる．記号と色付けは変更可能であり，ササヤキ群を□から●にすることもできる（後述の『14章　作図の教室』参照）．

2本の線グラフは，試行数が増すにつれて，だんだんと離れてゆき効果の現れを示している．標準偏差の"アンテナ"は，作図の重なりが予想されるため描かれないが，ユーザが手動でRプログラムを変更することにより描くことができる（これも『14章　作図の教室』参照）．下図は，平均の点描を○に統一し，音声化群を黒色，ササヤキ群を灰色にして，さらに標準偏差のアンテナを付けた例である．凡例ボックスの位置も任意に動かせる．

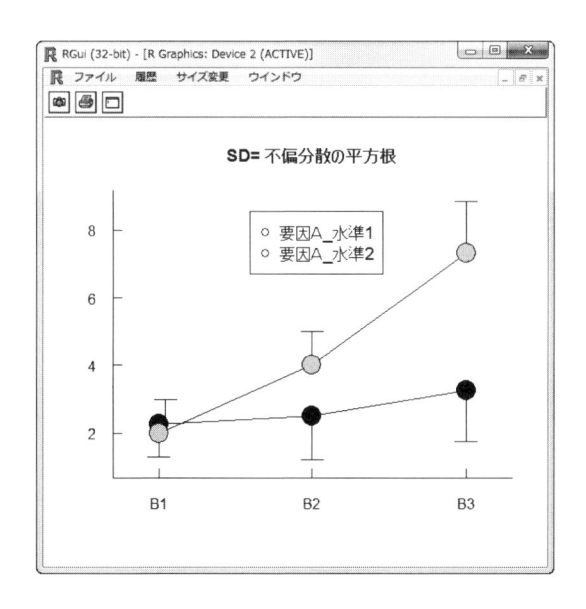

13.3 分散分析の結果を読む

まず，タイトルと基本統計量が出力される。

```
> ############################
> #  分散分析 ＡｓＢ-design： #
> #       2要因 混合計画       #
> ############################
> tx0 # 基本統計量（SD=不偏分散の平方根）
         n    Mean     SD     Min    Max
A.1_B.1  4   2.2500  0.9574    1      3
A.1_B.2  4   2.5000  1.2910    1      4
A.1_B.3  4   3.2500  1.5000    2      5
         NA    NA      NA     NA     NA
A.2_B.1  3   2.0000  1.0000    1      3
A.2_B.2  3   4.0000  1.0000    3      5
A.2_B.3  3   7.3333  1.5275    6      9
>
```

分散分析ＡｓＢは，データの全分散を次のように5つに分解する。

　　全分散＝　主効果Ａ＋参加者間誤差ｓ＋主効果Ｂ＋交互作用Ａ×Ｂ＋参加者内誤差ｓ×Ａ

これに従って，下のように分散値 SS が計算される。

```
> tx1 # 分散分析ＡｓＢ
         TypeIII_SS   df     MS       F        p
要因Ａ      16.254     1   16.2540  7.9503   0.0371
  s         10.222     5    2.0444    NA       NA
要因Ｂ      35.341     2   17.6706  13.6511  0.0014
Ａ×Ｂ       16.294     2    8.1468   6.2937  0.0170
ｓ×Ｂ       12.944    10    1.2944    NA       NA
>
```

要因Ａの単独効果（すなわち**主効果Ａ**）は2群間の差を意味するので，その分散 SS = 16.254 は参加者間誤差 s = 10.222 と比較される。同様に，**主効果Ｂ**と**交互作用Ａ×Ｂ**は，参加者内の試行水準に伴う変化であるので，各分散 SS = 35.341, 16.294 は参加者内誤差 s×B = 12.944 と比較される。アノヴァテーブルではそのように整理されて分散値が並べられている。

　検定結果は下から上へ有意性を読み取る。すると，交互作用Ａ×Ｂが有意である（F = 6.2937,

$p = 0.0170$)。したがって読み取りはここでストップする。交互作用から上の主効果Ａ・主効果Ｂは一般的な意味をもたなくなるので取り上げずに，**主効果を検定する代わりに単純主効果を検定する**ことになる。

13.4 効果量と検出力を読む

有意と判定されたＡ×Ｂについて，その効果量と検出力を読み取っておく。下の３段目を見る（★印のところ）。

```
> tx2 # 効果量と検出力 (1-β)
          偏η2    効果量f   検出力1   検出力0   検出力2
要因A    0.6139   1.2610   0.9078   0.9945   0.6202
要因B    0.7319   1.6523   1.0000   1.0000   0.9835
A×B     0.5573   1.1219   0.9998   0.9805   0.7799    ★
> # 効果量 f = sqrt( 偏η2/(1-偏η2) )
> # 検出力1 は非心度推定 = f^2*DataSize, r=r
> # 検出力0 は非心度推定 = f^2*DataSize, r=0
> # 検出力2 は非心度推定 = f^2*DFerror
>
```

効果量は，偏 $\eta^2 = 0.5573$ または効果量 $f = 1.1219$ のいずれかを採用する。

検出力は「検出力０」を採用する（$power = 0.9805$）。これは要因Ｂの水準間相関＝ゼロと仮定している。もし水準間相関を検証できるなら「検出力１」（$power = 0.9998$）を採用してください。「検出力２」はSPSSの計算法によるが採用には注意を要する。

要因Ａ・要因Ｂの効果量については，交互作用Ａ×Ｂが有意だったので読む必要はない。

ここまでの結果の書き方を以下に示す。効果量は偏 η^2，$power$ は「検出力０」を採用している。

［結果の書き方　その１］

> 分散分析の結果，復唱法×試行水準の交互作用が有意だった（$F(2, 10) = 6.294$，$p = 0.017$, $partial\ \eta^2 = 0.557$, $power = 0.981$）。

交互作用（interaction）は上のように"□×□"と表記される。いわゆる"クロス効果"であり，147ページの**平均のグラフが平行線ではなく交差する**ことを意味する。交互作用のF比＝6.294は，グラフの交差が偶然に生じる交差の６倍以上も大きいことを示している。

そこで，平均のグラフがどのように交差しているかを判定する。それが交互作用の分析である。今回は"∠"のような交差であることを確定することになる。

13.5 交互作用の分析：単純主効果検定

復唱法×試行水準の交互作用が有意ということは，復唱法の差が，試行回数が進むにつれてだんだんと広がったことを意味する。つまり復唱法の差の大きさは各試行で異なっている。そこで復唱法の効果は各試行に分けて検討する必要がある。この試行別に分けた主効果を**単純主効果**（simple main effects）という。交互作用の分析はこの単純主効果の検定になる。以下がその単純主効果検定の結果である。

```
> tx3 # 交互作用A×Bの単純主効果検定
           SS      df1    df2    F値       p値       調整後★
A at_B1    0.1071   1      5     0.1128    0.7506    0.7506
A at_B2    3.8571   1      5     2.7551    0.1578    0.2631
A at_B3   28.5833   1      5    12.5182    0.0166    0.0415
           NA      NA     NA       NA       NA        NA
B at_A1    1.8571   2     10     0.7174    0.5115    0.6394
B at_A2   49.7778   2     10    19.2275    0.0004    0.0019
> # 単純主効果Aの検定は水準別誤差項による
> # 単純主効果Bの検定はプールドs×Bによる
> # 調整後p値の検定は有意水準α=0.15 推奨
> # p値の調整は Benjamini & Hochberg(1995) による
> # Part. η2(偏イータ2乗)= F *df1/( F *df1+df2)
>
```

単純主効果は"A at_ B 1"のように表される。**A at_ B 1は，B 1に限定した**要因Aの効果を表す。つまり，要因A（復唱法2群）を試行1回目に限定して見たときの差である。その分散 SS = 0.1071 は小さく，ほとんど2群の平均が差を示さなかったことを意味する。

それが **A at_ B 3**（試行3回目）で SS = 28.5833 となり，音声化群とササヤキ群の平均差が広がったことを示している。その広がりはF比= 12.5182 であり，有意である（*adjusted p* = 0.0415）。

同様に，今度は要因Bの単純主効果を検定する。まず，**B at_ A 1は，A 1（音声化群）に限定した**ときの3試行間の成績変化を表す。その分散 SS = 1.8571 は小さく，F比= 0.7174 は音声化群の試行1～3回目の成績変化が偶然の上下動の0.7倍くらいしかなく，実質的に変化しなかったことを意味している。他方，**B at_ A 2**は，A 2（ササヤキ群）に限定して見たときの3試行間の分散である。その SS = 49.7778 は非常に大きく，ササヤキ群では偶然に起こり得る大きさの50倍近い変化があったことを示している。偶然では1000回に2回も出現しない大きさであり（*adjusted p* = 0.0019），当然有意である。

単純主効果のそれぞれの分散（SS）を，平均のグラフに書き込むと次の図のようになる。どの単純主効果の検定がどの平均間の差を確定しているかを確かめていただきたい。

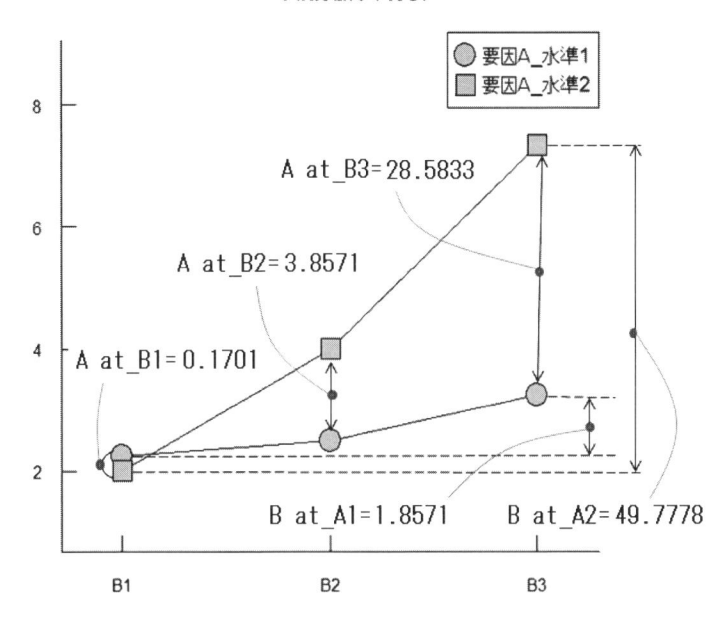

SD= 不偏分散の平方根

A at_B3= 28.5833
A at_B2= 3.8571
A at_B1= 0.1701
B at_A1= 1.8571   B at_A2= 49.7778

　単純主効果は 5 つあり，計 5 回の多数回検定（multiple tests）となるので，結果の記載には「調整後」の p 値（adjusted p-value）を採用する（前ページの出力の★印の p 値を読む）。

　なお，js-STAR の R プログラムは単純主効果の効果量を自動的には出力しないので，ユーザ自身が R 画面で下のように計算するか，または後出の「オプション」を利用してください（155 ページ参照）。

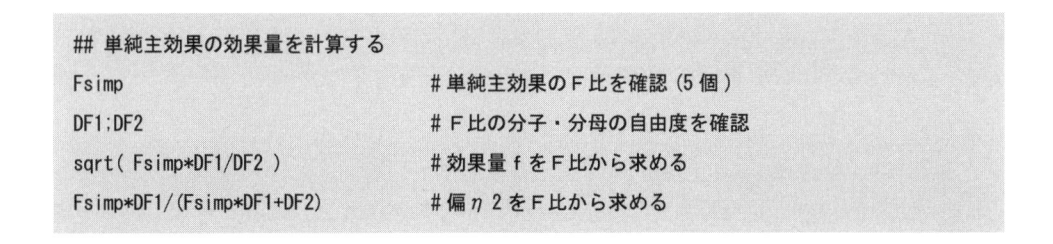

```
## 単純主効果の効果量を計算する
Fsimp                        # 単純主効果のＦ比を確認（5個）
DF1;DF2                      # Ｆ比の分子・分母の自由度を確認
sqrt( Fsimp*DF1/DF2 )        # 効果量 f をＦ比から求める
Fsimp*DF1/(Fsimp*DF1+DF2)    # 偏η2 をＦ比から求める
```

単純主効果検定の結果の書き方を次ページに例示する。

[結果の書き方　その2]

> 　復唱法×試行回数の交互作用が有意だったので，有意水準 α = 0.15 として単純主効果検定を行った。その際，参加者間効果の検定には水準別誤差項，また参加者内効果の検定にはプールされた誤差項を用いた。p 値の調整はいずれも Benjamini & Hochberg（1995）の方法による。
>
> 　その結果，復唱法の単純主効果は，試行1回目（$F(1, 5)$ = 0.113, adjusted p = 0.751）及び2回目（$F(1, 5)$ = 2.755, adjusted p = 0.263）では有意でなく，試行3回目において音声化群よりササヤキ群の平均が有意に大きくなった（$F(1, 5)$ = 12.518, adjusted p = 0.042, partial η^2 = 0.715）。
>
> 　また，試行回数の単純主効果は，音声化群において有意でなかったが（$F(2, 10)$ = 0.717, adjusted p = 0.639），ササヤキ群においては有意だった（$F(2, 10)$ = 19.228, adjusted p = 0.002, partial η^2 = 0.794）。したがって，ササヤキによる復唱が記憶再生の成績を促進することが示唆された。

　第一段落は，単純主効果検定の設定についての記述である。有意水準 α = 0.15 が奇異に思えるかもしれないが，これにはやや複雑な議論があるので，コラム 12（156 ページ）を参照していただきたい。

　文中のアンダーライン部はその通りに述べておく。別の方法として，全ての効果に"プールされた誤差項"（pooled error term）を適用したり，全ての効果に"水準別誤差項"（separated error term）を適用したりする方法もある。これもやや議論があるが（他の専門書参照），用いた誤差項を明示しておけば実際上は問題ない。

　第二段落から検定結果の記述になる。単純主効果の効果量 *partial* η^2 は，有意だったときに付記している。*Partial* η^2 と *effect size f* は F 比から計算できるから省略も可能であるが，*total* η^2 はデータの全分散が分からないと計算できないのでアノヴァテーブルを省くなら記載しておいたほうがよい。R 画面では下のように求められる。

```
## 全分散を計算する
tx1                        # アノヴァテーブルを確認
sum(tx1[ ,1])              # 全分散＝ 91.056
SSa+SSs+SSb+SSaxb+SSsxb    # 検算
```

　第三段落は，試行間の単純主効果検定の結果である。音声化群では有意でなかったが，ササヤキ群（at_ A 2）で有意であり，試行は3水準あるので多重比較を行っている。その結果は次の出力から読み取る。

13.6 単純主効果の多重比較

```
> BatA2 # B at A2 の多重比較
        B1      B2
B2    0.1835    NA
B3    0.0708  0.0296
>     # 数値は参加者内 t 検定の調整後 p 値（両側確率）
>     # p 値の調整は Benjamini & Hochberg(1995)
>
```

隣り合う水準に注目すると分かりやすい。すると，Ｂ１からＢ２へかけての差は有意でない（$p = 0.1835$）。Ｂ２からＢ３へかけての差が有意である（$p = 0.0296$）。これを前の結果の記述に続ける。

[結果の書き方　その３]

> t 検定（$\alpha = 0.05$，両側検定）を用いた多重比較によると，（ササヤキ群における）試行１回目から２回目への平均の伸び（2.0 → 4.0）は有意でなかったが（*adjusted p* = 0.184），試行２回目から３回目への平均の伸び（4.0 → 7.3）は有意であり（*adjusted p* = 0.030），ササヤキによる成績の上昇が見いだされた。

ところで，多重比較の出力をよく見ると，Ｂ２とＢ３の差は明らかに有意なのに，Ｂ１とＢ３の差はわずかに有意でない（$p = 0.0708 > 0.05$）。この矛盾は，Ｂ１とＢ３との間の誤差分散が，他の試行間の誤差分散より大きかったことによる（例題用のデータなのでしかたがない）。

しかし，本来，全ての試行間の誤差分散が均一であれば（すなわち球面性が仮定できれば），そうした矛盾は起こらない。混合計画の分散分析ＡｓＢでは，要因Ａについて各群の分散の均一性が前提となり，要因Ｂについてはこの球面性の仮定が前提となる。これ以下の出力は，それらの前提が満たされていたかどうかを確認するためのものである。

13.7 参加者内要因Ｂの球面性検定

分散分析ＡｓＢの前提を確認する。まず**参加者内要因Ｂ**のほうから始める。参加者内要因については，球面性の仮定が成り立つかどうかが問題となる。次がその検定結果である。

```
> tx8 # 球面性検定（要因B=2水準なら不要）
          Mauchly's W      p値        水準間相関
要因B       0.955         0.912         0.468
> # p＜αなら球面性不成立！
> tx9 # 球面性不成立時の修正F検定（n＝同数に限る）
          F値        p値       G-G_p      H-F_p  ★
要因B    11.3673    0.0027    0.0032    0.0027
A×B      6.2937    0.0170    0.0188    0.0170
> # G-G_p は Greenhouse-Geisser の調整後p値
> # H-F_p は Huynh-Feldt の調整後p値
>
```

球面性検定の結果は有意でない（$Mauchly's\ W = 0.955$, $p = 0.912$）。したがって球面性を仮定できるとする。

もし球面性検定の結果が有意なら（$p < 0.05$），帰無仮説である球面性の仮定が棄却され，各2水準間の誤差分散に有意差があることになる。したがって，参加者内誤差 s×B の推定に信頼が置けず，主効果B・交互作用A×Bの検定は正しいものとはいえなくなる。

そのときの対策として，「球面性不成立時の修正F検定」の"G-G_p"または"H-F_p"の欄に出力されたp値を採用する（上の出力の★印，詳細は132ページ参照）。ただし，この修正は参加者間要因Aの各水準のデータ数（n）が等しい場合に限られる。本例は音声化群 $n = 4$，ササヤキ群 $n = 3$ で等しくない。各水準のnが等しくないときの修正法は理論的にないらしい。それほどnの不等が大きくなければ近似的に用いてもよいだろう。

13.8 参加者間要因Aの分散の均一性検定

続いて，今度は**参加者間要因A**について，分散の均一性を検定する。以下はバートレット検定の結果である。

```
> tx7 # 分散の均一性検定（バートレット検定）
           χ2       df       p
A at_B1   0.0038    1      0.9510
A at_B2   0.1238    1      0.7250
A at_B3   0.0007    1      0.9796
>
```

上のように要因Bの水準別（**at_B**）で検定する。結果として，要因Bのどの水準においても有意でなく，音声化群とササヤキ群の分散は各回とも均一だった（同質だった）とみなされる。

以上，分散分析 **A s B** の前提が確認されたことを結果に追加する。

[結果の書き方　その4]

> なお，参加者内誤差について球面性検定の結果は有意でなく（*Mauchly's W* = 0.955，*p* = 0.912），また，参加者間誤差についてバートレット検定の結果も各試行水準で有意に至らなかった（試行1回目 *p* = 0.951，2回目 *p* = 0.725，3回目 *p* = 0.980）。

13.9　出力オプションを利用する

分散分析 **A s B** の出力オプションは以下である。

```
> # [オプション]（上向矢印→先頭の#を消去→Enter）
> # tx4                  # パワーアナリシス：αの計算
> # tx6                  # Levene Test(center=median)
> # kx9[0,]              # 調整係数ε (epsilon)
> # sqrt(Fsimp*DF1/DF2)              # 単純主効果の効果量 f
> # Fsimp*DF1/(Fsimp*DF1+DF2)        # 単純主効果の偏η2
> # print(ty2,d=8)                   # TypeII_SS
>
```

"Levene Test" はバートレット検定の代替法であり，分散の計算に平均偏差ではなく center = *median*（中心値＝メディアン）を用いる。

「自由度調整係数 ε」については 132 ページを参照してください。

単純主効果の効果量は，交互作用が有意であったときに参照してください。

"Type II _SS" については 143 ページのコラム 11 を参照してください。ただし，このオプションで表示される誤差分散の *SS* は，参加者間 **s** と参加者内 **s×B** に分けられていない。それらの合計として Residuals=23.16667 と表示され，これをもって検定されている。したがって検定結果は採用できない。ユーザ自身が検定を行う必要がある。その際，**js-STAR の R プログラムが出力するアノヴァテーブルの誤差項を用いること**（参加者間 **s** = 10.222，参加者内 **s×B** = 12.944）。以下に検定のプログラムを例示する。

```
## Type II _SS の検定：主効果B＝29.4286 を検定する
kouka=29.4286            # 効果のSS←F比の分子になる
df1=2                    # 効果の自由度
gosa=12.944              # 誤差のSS：ここではs×B＝12.944
df2=10                   # 誤差s×Bの自由度
Fhi=kouka/df1/(gosa/df2) # F比＝(効果/df1)／(誤差/df2)
Fhi
pf(Fhi,df1,df2,low=F)    # p値＝0.00266
```

コラム12　単純主効果検定の有意水準について

　単純主効果検定におけるp値と有意水準αについて議論がある。この問題は決定的論拠を欠き，未解決のままであるように思われる。2要因とも最少の2水準ずつとしても，単純主効果検定は4回になる。つまり2要因計画では必ず4回以上の検定を繰り返すので，それら複数個のp値の有意性をいかに調整するかということが問題となる。

　基本的に下の3つの方法がある。

　方法1）　p値を調整せず$\alpha = 0.05$で検定する
　方法2）　調整後p値を$\alpha = 0.05$で検定する
　方法3）　調整後p値を$\alpha = 0.15$で検定する

　方法1は過去の方法であり，多数回検定問題に抵触するので今日では避けるべきだろう。
　方法2は，多数回検定への対策として調整後p値を用いる。タイプIエラーへの防御力が高いが，その分だけ真の差の検出力が落ちる（タイプIIエラーへの防御力が低い）。
　方法3は，元の分散分析における検定回数（主効果2回と交互作用1回）に基づいて，分析全体の有意水準を$\alpha = 0.05 \times 3 = 0.15$と設定する。単純主効果検定の調整後$p$値をこの$\alpha = 0.15$で判定する。

　p値の調整を必須と考えるなら，あとは有意水準αの値をいかに設定するかの問題となる。この点，方法2は保守的すぎる。方法3が適度に検出力を上げる方策として望ましいように思われる。そこで，R出力には「**調整後p値の検定は有意水準α =0.15 推奨**」という注釈を付けている。

　ただし，議論が未決着であることを承知しておいていただきたい。分析全体の有意水準を$\alpha = 0.15$とするのは，元の分散分析における主効果と交互作用の検定を独立とみなすからである。しかし，主効果モデルと交互作用モデルの2回の検定とみなし，全体の有意水準を$\alpha = (0.05 \times 2) = 0.10$とする考え方もありうる（主効果2個の$p$値は調整する）。あるいは，元の分散分析全体の有意水準も$\alpha = 0.05$として主効果・交互作用の全3個のp値を調整すべきという考え方もないわけではない（BH法なら最小p値を3倍，次小p値1.5倍，最大p値はそのまま）。この場合，単純主効果検定の調整後p値も$\alpha = 0.05$をもって判定すべきだろう（これは方法2になる）。

　以上のような事情から，一応，単純主効果検定のR出力はBH法による調整後p値を掲載するが，その有意性の判定に用いるαの値はユーザ自身が適宜決めてください。151ページの結果の書き方では「有意水準$\alpha = 0.15$として単純主効果検定を行った」という例を示したが，それはあくまで一例である。

14章　作図の教室

14.1　線グラフの点描の記号を変えるには……

　ＡｓＢデザインでは，要因Ａの水準数が平均の線グラフの本数になる。個々の平均を点描する記号（○や□）は10本までは簡単に変えられる。11本以上は白黒以外の色になる。

　まず，js-STAR画面の［Rプログラム］の枠内で"作図：線グラフ"と書かれた部分を探す。

```
# 作図：線グラフ
pointc  <- c(21, 22, 23, 24, 25, 21, 22, 23, 24, 25)
backgr  <- c( 8,  8,  8,  8,  8,  1,  1,  1,  1,  1)
```

　上の"pointc"は"ポイントキャラクタ"（点描記号）を格納している。pointcに代入されている各番号は下の記号を表す。

　　　21 ○　　22 □　　23 ◇　　24 △　　25 ▽

　本例の要因Ａは2水準なので，最初の21番と次の22番が使われている。3水準だったら，3個目の23番も用いてグラフを描いた。このpointcの番号を書き換えれば，好きな点描記号を使うことができる。

　pointcの6本目からは再び21番～25番の繰り返しになるので，色分けしている。その色分けのための色番号が，上の"backgr"すなわち"バックグラウンド・カラー"（背景色）である。backgrにも10個の色番号が格納されている。そこを適当に書き換えれば，好きな色を使うことができる。

　　　8灰色　　7黄色　　6紫　　5水色　　4青　　3緑　　2赤　　1黒

　backgrの初期値は，最初の5本まで8（灰色）であり，6本目から1（黒）である。これは白黒印刷を想定している。

　次ページのように書き替えてから，Rプログラムを［すべて選択］⇒R画面に［コピペ］すると，下段の図のようになる。いろいろ試してみてください。

```
# 作図：線グラフ
pointc  <- c(21, 21)      # 線グラフ2本をどちらも21＝○にする。2個の指定で済む
backgr  <- c( 1, 8)       # 音声化群は1＝黒，ササヤキ群は8＝灰とする
```

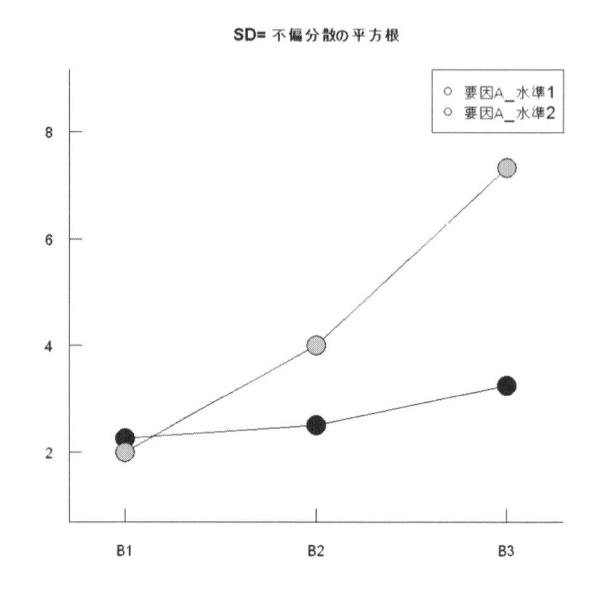

SD= 不偏分散の平方根

14.2 線グラフに SD の"アンテナ"を付けるには……

最初に表示される線グラフは，平均の点描だけで SD（アンテナ）を表示しない。これを表示するには，js-STAR の［Rプログラム］の枠内で次の部分を探す。

```
# グラフ A1
# x の値を増減するとアンテナが水平にずれる（重なり対策）
# 表示したい行は，行頭の # を削除する
# x=0; arrows(1+x,hk[1], 1+x,hk[1]+sd[1], lwd=1,ang=90,len=0.13)  # A1_B1 SD 上
# x=0; arrows(1+x,hk[1], 1+x,hk[1]-sd[1], lwd=1,ang=90,len=0.13)  # A1_B1 SD 下
……  途中略  ……

# グラフ A2
# x の値を増減するとアンテナが水平にずれる（重なり対策）
# 表示したい行は，行頭の # を削除する
# x=0; arrows(1+x,hk[4], 1+x,hk[4]+sd[4], lwd=1,ang=90,len=0.13)  # A2_B1 SD 上
# x=0; arrows(1+x,hk[4], 1+x,hk[4]-sd[4], lwd=1,ang=90,len=0.13)  # A2_B1 SD 下
……  以下略  ……
```

要因Aの水準数に合わせて2本の線グラフA1とA2があり，上記のようにすでに *SD* アンテナを描くプログラムは書かれている。ただし実行されない。先頭の#を消去してから，R画面に［コピペ］すれば実行される。

そこで，*SD*（アンテナ）の重なりを避けるように選択的に実行してください。

下の例は，#を6つ消して実行した（Rプログラムを［すべて選択］→R画面に［コピペ］）。次ページに実行結果の図を示すが，単に6つのアンテナを描いただけではなく，「グラフA1」のプログラム部分ではlwd=2としてアンテナ線を太くしている（lwd はライン幅 line width の倍率指定）。また，「グラフA2」のプログラム部分では，アンテナの位置をx = + 0.045とわずかに右へずらしている。それぞれ★印の行をどう書き換えたか注目してください。

```
# グラフ A1
# x の値を増減するとアンテナが水平にずれる ( 重なり対策 )
# 表示したい行は，行頭の # を削除する
# x=0; arrows(1+x,hk[1],  1+x,hk[1]+sd[1],  lwd=1,ang=90,len=0.13) # A1_B1 SD 上
  x=0; arrows(1+x,hk[1],  1+x,hk[1]-sd[1],  lwd=2,ang=90,len=0.13) # A1_B1 SD 下★
# x=0; arrows(2+x,hk[2],  2+x,hk[2]+sd[2],  lwd=1,ang=90,len=0.13) # A1_B2 SD 上
  x=0; arrows(2+x,hk[2],  2+x,hk[2]-sd[2],  lwd=2,ang=90,len=0.13) # A1_B2 SD 下
# x=0; arrows(3+x,hk[3],  3+x,hk[3]+sd[3],  lwd=1,ang=90,len=0.13) # A1_B3 SD 上
  x=0; arrows(3+x,hk[3],  3+x,hk[3]-sd[3],  lwd=2,ang=90,len=0.13) # A1_B3 SD 下

# グラフ A2
# x の値を増減するとアンテナが水平にずれる ( 重なり対策 )
# 表示したい行は，行頭の # を削除する
x=+0.045; arrows(1+x,hk[4],  1+x,hk[4]+sd[4],  lwd=1,ang=90,len=0.13) # A2_B1 SD 上★
# x=0; arrows(1+x,hk[4],  1+x,hk[4]-sd[4],  lwd=1,ang=90,len=0.13) # A2_B1 SD 下
  x=0; arrows(2+x,hk[5],  2+x,hk[5]+sd[5],  lwd=1,ang=90,len=0.13) # A2_B2 SD 上
# x=0; arrows(2+x,hk[5],  2+x,hk[5]-sd[5],  lwd=1,ang=90,len=0.13) # A2_B2 SD 下
  x=0; arrows(3+x,hk[6],  3+x,hk[6]+sd[6],  lwd=1,ang=90,len=0.13) # A2_B3 SD 上
# x=0; arrows(3+x,hk[6],  3+x,hk[6]-sd[6],  lwd=1,ang=90,len=0.13) # A2_B3 SD 下
```

SD= 不偏分散の平方根

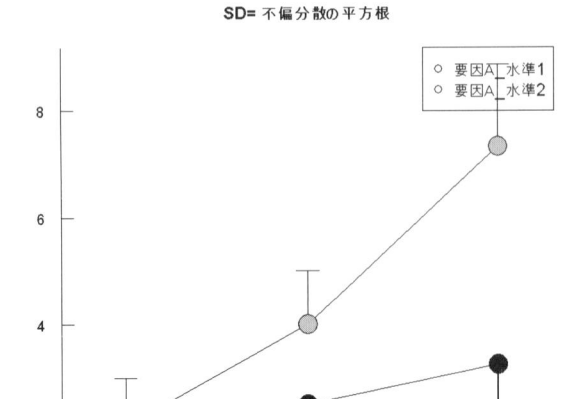

14.3 凡例の位置を移すには……

上の図では，B3のSD（アンテナ）と凡例ボックスが重なっている。

凡例ボックスを他の位置に移すには，js-STARの［Rプログラム］の枠内で次の部分を探す。

```
## 描図おわり→注記
chuki <- paste(
  "要因A_水準",
  1:levA,
  sep="")
legend(
  "topright", # top/bottom + left/right, center  ★
  chuki,
  pc=pointc[1:levA],
  col=1,
  cex=1.2 )
```

上の★印の行の "topright" を次の7つの選択肢のいずれかに書き替えると，移動させることができる。

　　　　　"top"　　　　"bottom"　　　　"center"
　　　　　"topleft"　　"bottomleft"
　　　　　"topright"　 "bottomright"

下の例は，上段の中央位置（top）に移すときの書き替え例である（★印の行を書き替えた）。なお，凡例ボックスの点描記号は正確には表示されないので，あとでお絵かきソフトなどで修正したほうがよい。

```
## 描図おわり→注記
chuki <- paste(
  "要因A_水準",
  1:levA,
  sep="")
legend(
  "top",  # ★←カンマ(,)を消さないように！
  chuki,
  pc=pointc[1:levA],
  col=1,
  cex=1.2 )
```

練習問題 [5] の解答例 （問題は 144 ページ）

・主効果 A のみが有意になる入力パターン　　　※下の釣り合い図で傾いたところに差がある

A1	B1	5
		8
	B2	6
		7
A2	B1	1
		4
	B2	2
		3

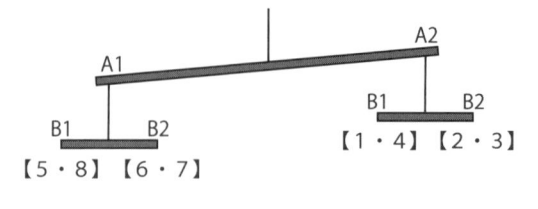

・主効果 B のみが有意になる入力パターン

A1	B1	5
		8
	B2	1
		4
A2	B1	6
		7
	B2	2
		3

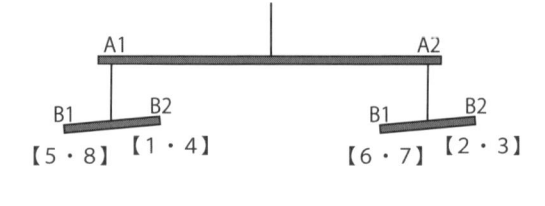

・主効果 A と主効果 B が有意になり交互作用が有意にならない入力パターン

A1	B1	7
		8
	B2	3
		4
A2	B1	5
		6
	B2	1
		2

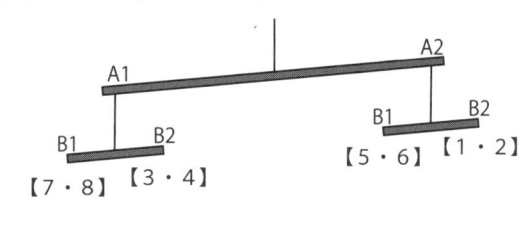

・交互作用が有意になる入力パターン　※他のパターンも見つけよう！

A1	B1	5
		8
	B2	1
		4
A2	B1	2
		3
	B2	6
		7

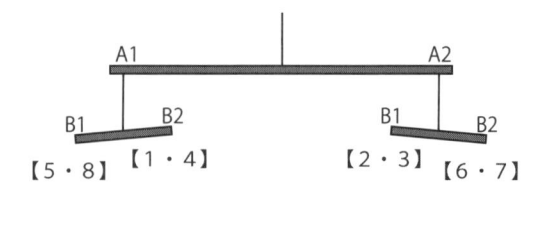

・主効果も交互作用も有意にならない入力パターン

A1	B1	1
		8
	B2	2
		7
A2	B1	3
		6
	B2	4
		5

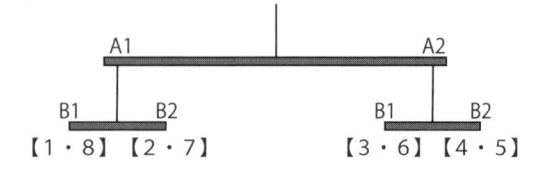

第3部　多変量解析

　度数の分析，平均の分析と並んで，**多変量解析**（multivariate analysis）が統計分析の三大手法である。本書では，次の3つの多変量解析法を扱う：回帰分析，因子分析，クラスタ分析。
　特に，回帰分析と因子分析は代表的な方法であり，相関に基づく分析法なので相関の実習から始めよう。

15章　相関係数計算

例題14 年をとると時間は短く感じられる？

参加者20人を対象に，1年間を長く感じたか短く感じたかを春夏秋冬に分けて5段階で評定してもらった。各季節について「ひじょうに短く感じた」1点から「ひじょうに長く感じた」5点まで，4季節の合計で4点〜20点の評定値になる。各参加者の評定結果は表18のようになった。たとえば参加者1は，春2＋夏1＋秋2＋冬3＝8点。

歳をとると時間を短く感じるようだ。つまり，年齢と心理的時間は相関するといえるか。

表18　参加者20人の年齢（歳）と
心理的時間の評定値（満点20）

参加者	年齢	心理的時間
1	39	8
2	51	4
3	12	19
4	40	8
5	17	18
6	47	8
7	49	15
8	41	14
9	30	7
10	31	7
11	30	8
12	49	9
13	29	11
14	47	14
15	10	16
16	13	10
17	35	19
18	43	11
19	16	17
20	55	11

解　説

相関（correlation）とは，2変数の規則的関係のことである。

たとえば身長と体重は一方が増加すれば他方も増加する。これを**正の相関**という。これに対して，**負の相関**は一方が増加すれば他方が減少する（または一方が減少すれば他方が増加する）という逆方向の規則的変化であり，**逆相関**ともいう。年齢と心理的時間（主観的に感じられる時間の長さ）は逆相関の関係を示すといわれる。それを確かめる。

相関を表す統計量を**相関係数**という。通常，相関係数といえば，**ピアソンの積率相関係数**（Pearson's product-moment correlation coefficient）を指し，記号 r で表す。相関があるかどうかを確かめるには，相関係数 r を計算し，その有意性を検定する。相関係数 r の計算には，js-STAR のメニュー【相関係数計算】を選ぶ。

15.1 操作手順

下のイメージ図のように操作する。

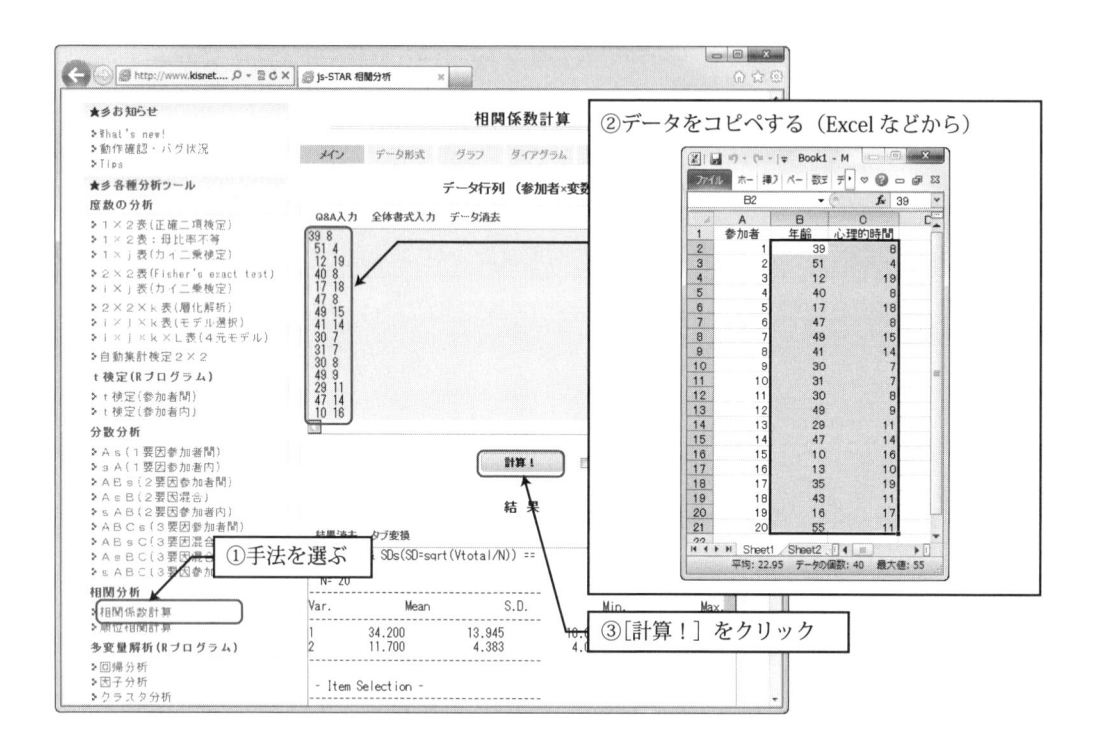

参加者の人数と変数（項目）の数を設定する必要はない。上の②ように，コピペする「データ行列」のタテの行数を参加者数，ヨコの列数を変数の個数として自動的に読み取る。したがって，データはそのような"参加者×変数"の構造で入力されていなければならない。

【重要】これ以下，js-STAR から R 画面へのコピペになる。その際，Windows では 3 枠のコピペ，それ以外の OS では 2 枠のコピペになる（OS を自動的に判断し 3 枠または 2 枠を出力する）。以下の操作イメージでは Windows 用の 3 枠のコピペを解説する。それ以外の OS 用の 2 枠のコピペは今まで通り"ふつうのコピペ"を行ってください：枠内を［すべて選択］⇒［コピー］⇒ R 画面に［貼り付け］。

Windows 用 3 枠のコピペも，第一枠と第三枠はふつうの［コピペ］になる。**問題は第二枠の"コピペ"である**。第二枠については，コピーするが**ペーストしないで R 画面をクリックし**，キーボードの［↑］キーを押し Enter キーを押す。そこに注意してください。なお，js-STAR

15章 相関係数計算——*167*

では［右クリック］だけで［すべて選択］になり，同時にメニューボックスが開くように操作が短縮化されている。

以下の手順1〜手順3に従って操作してみよう（操作番号④〜⑨）。

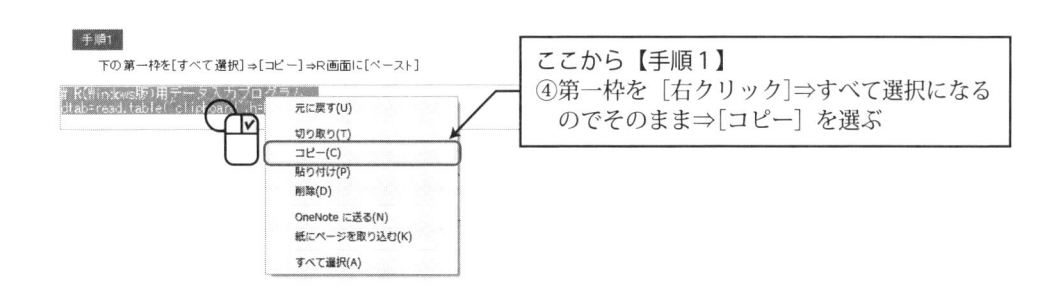

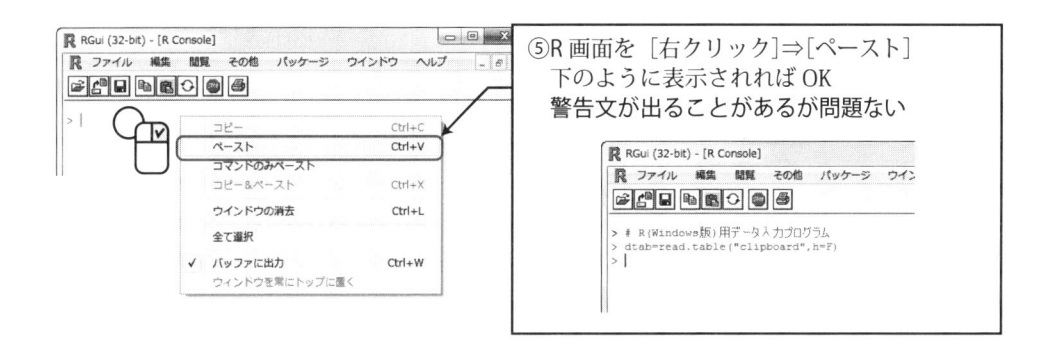

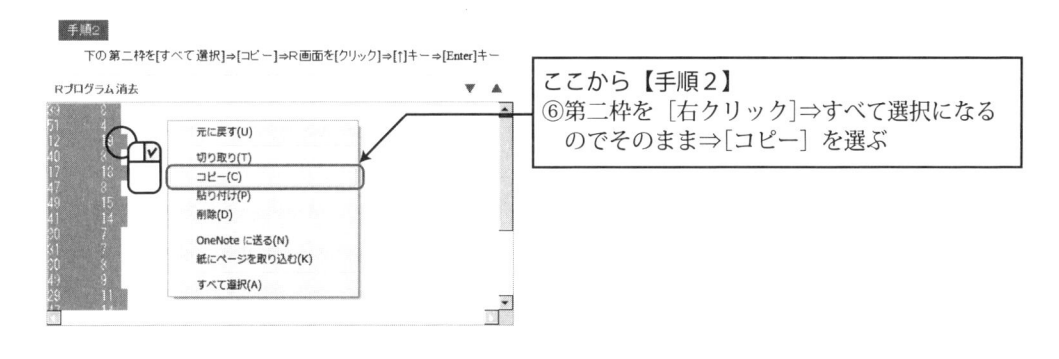

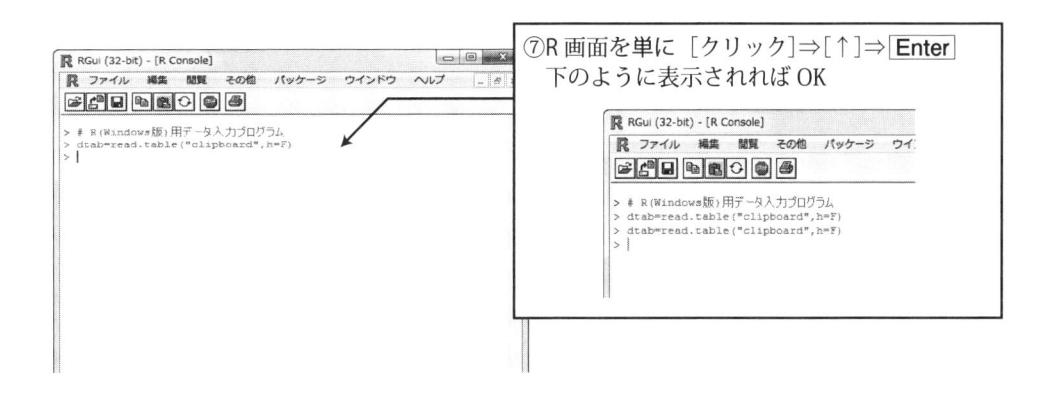

ここから【手順1】
④第一枠を［右クリック］⇒すべて選択になるのでそのまま⇒［コピー］を選ぶ

⑤R画面を［右クリック］⇒［ペースト］
下のように表示されればOK
警告文が出ることがあるが問題ない

ここから【手順2】
⑥第二枠を［右クリック］⇒すべて選択になるのでそのまま⇒［コピー］を選ぶ

⑦R画面を単に［クリック］⇒［↑］⇒ Enter
下のように表示されればOK

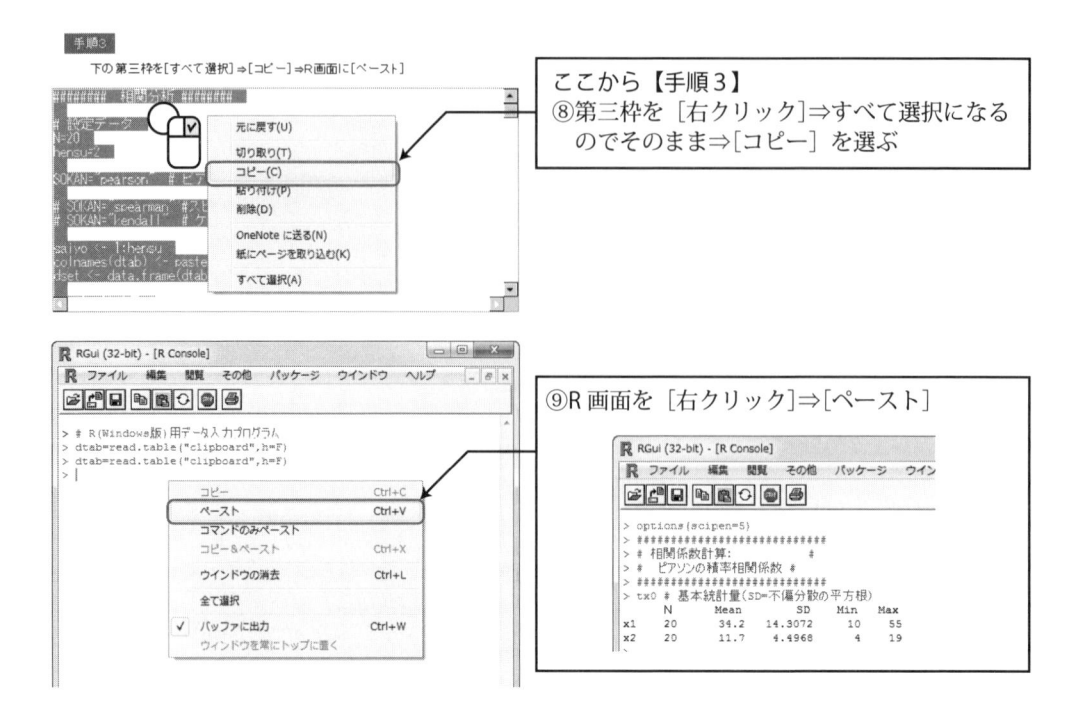

上の手順2は『クリップボード読込』というデータ入力方法であり，Windowsが内蔵するクリップボード（掲示板）を通してRにデータを転送する。これは一瞬であり，最速である。

いままで通り"ふつうのコピペ"だけで操作する方法も選べる。下の［データ入力方法］の欄で『画面貼り付け』を選択する。

［画面貼り付け］⇒［計算！］をクリックで，2枠出力となる（データ枠とプログラム枠）。それを順番にR画面にペーストする（ふつうのコピペ）。ただしブラウザの機種によっては（数千個のデータになると）数分から数十分もかかることがある。この対策として，特にWindows以外のOSのユーザは232ページのコラム14「**R Studioを使う**」を参照してください。

Windowsユーザも『クリップボード読込』の手順2が煩わしいと感じる場合はR Studioの利用を検討してください。

15.2 散布図を読む

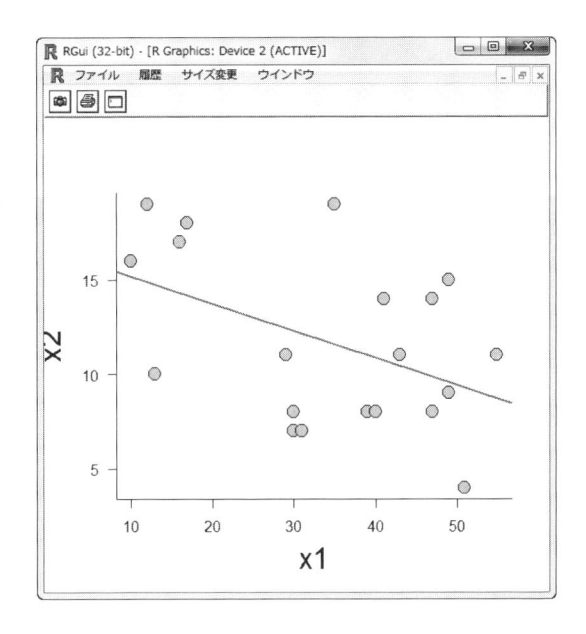

上図を**散布図**（scatter plot）という。ヨコ軸に年齢（x1），タテ軸に心理的時間の評定値（x2）をとっている。その空間内に参加者20人のデータが点描される。全体として，データは右下がりの傾向を示している。

散布図の中に引かれた直線で右下がりの傾向が見てとれる。この直線を**回帰直線**または予測直線という。もし20人のデータが一直線に収束するとしたら，最小の収束距離となるように直線が引かれる（**最小二乗法**という計算で描く）。それが回帰直線である。

回帰直線へのデータの収束の程度が相関の強さを示し，相関係数 r として計算される。全データが本当に一直線に乗るなら，$r=1$（右上がりの一直線）または $r=-1$（右下がりの一直線）となる。上の散布図を一見したところでは，それほど相関があるとはいえないが，無相関（$r=0$）ともいえない。相関係数 r の検定でそれを確かめる。

なお，今回は変数2個だったが，たとえば変数が5個なら全変数の1対1の総当たりで計10枚の散布図を表示する。Rグラフィックスは1枚の散布図を描くと，**図をクリックするまで待機中**となる。この待機中に必要な図があれば保存操作を行う：［ファイル］⇒［別名で保存］⇒［保存形式の選択］⇒……。

保存すべき散布図は，曲線相関の傾向が強そうな図である（後述177ページのコラム13参照）。散布図の出力を中断して，計算結果を早く知りたいときは Esc （エスケープ）キーを押す。

15.3 相関係数を読む

```
> ##############################
> # 相関係数計算：              #
> #    ピアソンの積率相関係数   #
> ##############################
> tx0 # 基本統計量（SD=不偏分散の平方根）
      N    Mean    SD      Min    Max
x1   20    34.2    14.3072  10    55
x2   20    11.7     4.4968   4    19
>
```

x1は年齢，x2は心理的時間の評定値である。両者は単位が違うし（#歳と#点），上のMin, Maxの値のように最小値・最大値もかなり違う。しかし相関係数では問題ない。身長cm×体重kgや，気温℃×飲料の売り上げ額¥，などのように連続量の変数同士であれば，お互いの単位や数値の範囲が異なっても相関係数は計算可能である。

```
> rmat # 相関行列
        x1      x2
x1      NA     -0.456
x2      NA      NA
>
```

本例は変数が最少2個なので"行列"にならないが，上の−0.456が相関係数rである。rの符号と数値は下のような意味をもっている。

$$\begin{array}{c}
\pm が正負の相関を表す\\
\downarrow\\
相関係数（r）= \;-0.456\\
\uparrow\\
絶対値が相関の強さを表す
\end{array}$$

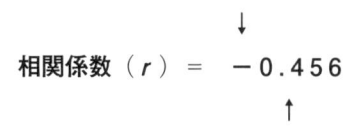

相関係数rを実際に計算してみよう。Rプログラムを実行後に，以下を入力する。

```
## 変数 x1, x2 の平均を計算
dx                    # データセット dx を確認
x1 <- dx[ ,1]         # x1 に年齢データを代入
x1                    # 年齢を確認
x2 <- dx[ ,2]         # x2 に心理的時間データを代入
x2                    # 心理的時間を確認
mean(x1)              # x1 の平均 = 34.2
mean(x2)              # x2 の平均 = 11.7

# 変数 x1, x2 の偏差を計算
hensa1= x1-34.2               # 変数 x1 の偏差
hensa1
hensa2= x2-11.7               # 変数 x2 の偏差
hensa2
data.frame(hensa1, hensa2)    # x1, x2 の偏差を対応づけてみよう

# 偏差の積を求める：以下の入力は［↑］キーで前入力を呼び出し加工すると速い
    hensa1*hensa2             # 偏差の積：面積化するイメージ
sum( hensa1*hensa2 )          # 偏差の積の総和（偏差積和）
sum( hensa1*hensa2 )/(N-1)    # 自由度1個分の偏差の積 -29.358

# 相関係数を求める
sd(x1)*sd(x2)         # 標準偏差の積 = 64.336
-29.358/64.336        # r =（2変数の偏差の積／標準偏差の積）=- 0.45632
cor( x1, x2 )         # 検算
```

　相関係数の前提として，各変数が正規分布していること，一方の変数が他方の変数に対して等散布性（homoscedasty）を示すことが挙げられる。等散布性とは，回帰直線の回りに一様にデータが分布していることをいう。すなわち，ヨコ軸のどの値から見ても，タテ軸の値が同形の正規分布を示すことである。

　しかし，現実にはそんなきれいな"金太郎アメ"のようなデータはほとんどない。たいてい「みなし」により分析を進める。むしろ「みなし」がきかないほうに注意すべきである。M字形の分布であったり，分布の本体から遠く離れてポツンとあるような**外れ値**があったりすると危険である（相関係数の前提が満たされない）。

15.4 相関係数の有意性検定

相関係数 r の検定は**無相関検定**であり，帰無仮説は"相関はゼロである"となる。帰無仮説を棄却したときの対立仮説は"真の相関はゼロでない"（両側仮説）とする。

もし片側仮説とするなら，正の相関または負の相関のいずれかに限定する。正の相関を主張するなら"真の相関はゼロより大きい"，負の相関を主張するなら"真の相関はゼロより小さい"となる。

標本の相関係数 r に対して真の相関係数（母集団の相関係数）を ρ（ロー）で表すので，次のように書くことができる。

帰無仮説：$\rho = 0$

両側の対立仮説：$\rho \neq 0$
片側の対立仮説：$\rho > 0$ 　または　 $\rho < 0$

帰無仮説の下で，$N = 20$ の標本抽出を繰り返したとき $r = -0.456$ より絶対値の大きい相関係数が偶然に出現する確率を求める。その p 値を検定した結果が次のように出力される。

```
> test # 無相関検定によるp値（両側確率）
       x1      x2
x1     NA      0.043
x2     NA      NA
>
>    tadj   # 調整後p値
       x1      x2
x1     NA      0.043
x2     NA      NA
> # p値の調整はBenjamini & Hochberg(1995)による
>
```

p 値は有意である（$p = 0.043$，両側検定）。よって帰無仮説を棄却し，「真の相関はゼロでない」を採択する。この p 値は両側確率なので，片側検定にするときは 1／2 にして判定する。

変数 3 個以上のときは相関係数も 3 個以上になり，検定も多数回になる。そこで上の「調整後 p 値」はBH法により調整されている。BH法ではなくホルム法やボンフェローニ法を使いたいときは，下のRプログラムの★印の部分を書き替える。

```
padj <- p.adjust(pchi, me="BH")  ★ me="holm" または me="b" と書き替える
```

15.5 相関の強さを判定する

$r = -0.456$ は $p = 0.043$ で有意であるが，それは無相関でないというだけである。相関が強いというわけではない。**相関の強さは相関の有意性とは別モノ**であり，経験的に以下のように判定される。

$\lvert r > 0.7 \rvert$	かなり強い相関	$(0.7^2 = 0.49)$
$\lvert r > 0.5 \rvert$	強い相関	$(0.5^2 = 0.25)$
$\lvert r > 0.4 \rvert$	中程度の強さの相関	$(0.4^2 = 0.16)$
$\lvert r > 0.3 \rvert$	弱い相関	$(0.3^2 = 0.09)$
$\lvert r < 0.3 \rvert$	相関はほとんどない	

カッコ内の二乗値はパーセントとして読める。相関係数そのものは十進法に従わないので注意しよう。二乗すると十進法に従った％として読める。たとえば相関係数 $r = 0.70$ は $0.70^2 = 0.49$ になり，一方のデータの動きが他方のデータの動きの 49％を規則的に決定すると解釈できる。この％の値を**説明率**または**決定係数**と呼び，大文字を使って $R^2 = 0.49$ と表す。もし $r = 1$ なら決定係数も $R^2 = 1$ になり，2 変数のうちの一方の動きが他方の動きを 100％決定する（どちらの変数の側からもそう言える）。

今回の相関係数 $r = -0.456$ の決定係数は，$R^2 = (-0.456)^2 = 0.208$ であるから，年齢の違いが心理的時間の感じ方の 20.8％を規則的に決定するといえる。残り 79.2％は両者の規則的関係からは説明されない偶然誤差とされる。誤差が 8 割近くもあるが，それでも 2 割という説明率はけっこうな"手ごたえ"があり，経験的に何らかの関係性が見込まれる。上の便宜的基準によれば，$R^2 = 0.208$ は中程度を超えた強さである。だいたい相関係数 $r = 0.30$ 程度，説明率に直して 10％前後から（印象としては薄弱であるが）経験的には規則性がありそうとみる。

なお，**相関係数はそのままで効果量**（effect size）**の指標となる**。したがって，相関係数の強さの判定は効果量を評価していることと同じである。

［結果の書き方］

> 10 歳から 55 歳までの対象者 20 人（平均年齢 34.2 歳，$SD = 14.3$）に，前年の春夏秋冬を長く感じたかどうかを各季節 5 段階で評定してもらった。そして，値 1「ひじょうに短く感じた」から値 5「ひじょうに長く感じた」まで各季節の評定値を合計し，「心理的時間」とした。値の範囲は 4 点〜20 点となる。
> その結果，参加者の年齢と心理的時間の評定値は $r = -0.456$ の有意な負の相関を示した（$F(1, 18) = 4.725$，$p = 0.043$）。相関の強さは中程度以上であり，年齢の増加につれて心理的時間が短く感じられる傾向があるといえる。

上のカッコ内に書かれたように，相関係数の検定は F 検定を用いている。F 比，df，p 値は，js-STAR の［結果］の枠内から拾ってくると速い。ここでの F 比は自由度 1 個当たりの決定

係数と偶然誤差を比較する。すなわち，F =（決定係数／df1）／（誤差／df2）= 0.208 ／（0.792／18）≒ 4.725 と計算される。分子・分母の自由度は df1 =（変数の個数 − 1）= 1, df2 =（参加者数 − 変数の個数）=（20 − 2）= 18 になる。**R** 画面で次のプログラムで p 値を求められる：pf(4.725, df1=1, df2=18, low=0)。

F 検定の代わりに t 検定を用いる場合もある。その際は，t 値 = $\sqrt{F}$ = $\sqrt{4.725}$ = 2.174 になる（df = 18）。結果の p 値は同一である（p = 0.043，両側検定）。次のプログラムで確かめられる：pt(2.174, df=18, low=0)*2。

実用上の信頼しうる相関係数 r を得るには N = 20 程度では無理であり，少なくとも N > 100 の参加者数が必要である。相関に基づく全ての手法（回帰分析，因子分析など）は，3 桁のサンプルサイズを標本抽出の目標とする。

15.6　回帰直線を求める

相関関係から回帰分析への発展として，相関の散布図に描かれていた回帰直線を求めてみよう。回帰直線の式は**回帰モデル**という。回帰モデルは下のような一次関数の形をとる。

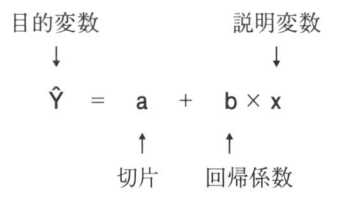

$$\underset{\underset{切片}{\uparrow}}{\hat{Y}} = \underset{\underset{切片}{\uparrow}}{\overset{\overset{目的変数}{\downarrow}}{a}} + \underset{\underset{回帰係数}{\uparrow}}{\overset{\overset{説明変数}{\downarrow}}{b \times x}}$$

回帰モデルの各項は上のように呼ばれる。本例の心理的時間は**目的変数 $\hat{Y}$**，年齢は**説明変数 x** となる。相関関係は，説明する側と説明される側が決まっていないが（説明の向きは双方向である），回帰モデルでは説明の向きが "$\hat{Y} \leftarrow x$" と限定される。なお，目的変数は推定値になるので $\hat{Y}$（ワイハット）の記号を当てる。

切片 a と**回帰係数 b** は，相関係数から次のように計算できる。

```
## 切片aと回帰係数bの計算 ※大文字・小文字の区別に注意！
x2              # 心理的時間x2を確認
Y= x2           # 目的変数Yに心理的時間を代入
x1              # 年齢x1を確認。説明変数とする
r= -0.456       # 相関係数
```

```
b <- r*sd(Y)/sd(x1)          # 回帰係数＝r×目的変数SD／説明変数SD
b                            # b= -0.143
a <- mean(Y)-b*mean(x1)      # 切片＝目的変数の平均-b×説明変数の平均
a                            # a= 16.602
lm( Y~x1 )                   # 検算：線形モデル（目的変数＝説明変数）
```

したがって，今回の回帰モデルは下のようになる。

　　　心理的時間　＝　16.602 － 0.143 ×年齢

　上式の"**年齢**"に任意の年齢を入れれば，その年齢で感じる"**心理的時間**"の長さを予測できる。もし年齢＝0歳なら，春夏秋冬を心理的時間＝16.602（1季節4点程度）でかなりユックリと感じるらしい。米寿（88歳）まで生きると，心理的時間＝（16.602 － 0.143 × 88）＝ 4.018，つまり1季節ほぼ評定の下限値1点になり，四季のめぐりは矢の如く感じられるだろう。

　ただし相関係数 $r = -0.456$ の説明率は約20％程度であるから，ピッタリ当てることは到底できない。説明率が小さいということは，回帰モデルの予測値（Ŷ）と実測値（Y）とのズレが大きいということである。このズレを**残差**（residuals）という。視覚的に図示してみよう。

```
# 散布図と回帰直線を描く
plot(x1, Y, pch=21, bg=8, cex=3)
kx <- lm(Y~x1)       # kx に回帰分析（リニアモデル）の結果を代入
abline( kx, lwd=2 )  # 回帰直線を描く。線幅 line width を2倍に指定

# 予測値の点描
Yhat <- kx$fit       # 予測値ワイハットは kx$fit で得られる
x1; Yhat             # 年齢と予測値の対応づけ
points(x1, Yhat, pch=21, bg=3 )

# 予測値とデータとの残差を赤い線で表す
segments(x1,Yhat, x1,Y, lwd=3, col=2 )
```

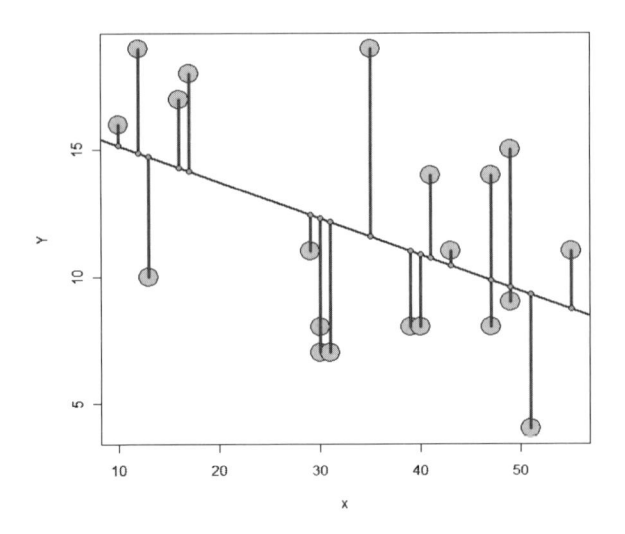

上図の線分が残差(原図は赤い色)であり,ずいぶん大きな残差が目立つ。

残差は,相関による説明分(r^2)に対する非説明分($1-r^2$)に相当する。下の計算で確かめてみよう。

```
# 残差の合計＝  非説明分(1-r2 )
zansa <- sum( (Y-Yhat)^2 )         # 実測値と予測値とのズレ(残差)を二乗：分散になる
zenbu <- sum( (Y-mean(Y))^2 )       # 実測値Yの全分散
zansa/zenbu                         # 残差／全分散＝非説明分 0.79177
1-r^2                               # 検算：1- r 2= 0.792
```

残差を減らすには,説明変数を1個でなく複数個に増やせばよい。ただし,目的変数と相関しない説明変数を増やしても無意味である。有力な説明変数だけで予測力の大きい回帰モデルをつくりたい。

そこで,説明変数1個の**単回帰モデル**から,有力な複数個の説明変数でつくられた**重回帰モデル**へと発展する。一般に,回帰分析といえば重回帰モデルを探究する重回帰分析のことである。次の例題で取り上げる。

コラム 13　曲線相関

　通常，相関は直線相関，直線回帰を指す。すなわち散布図でデータが一直線に収束することを想定している。したがって，ノの字のような曲線に収束する傾向がある場合，相関係数は低くなる。そうした曲線的な関係がありそうなときは，一方の変数を対数値や平方根などに変換することによって曲線相関を直線化することを試みる。あるいは，順位相関係数を計算する。Rプログラムでは，下の［オプション］で順位相関係数を参照することができる（★印の行を実行する）。

```
> # [オプション]（上向矢印→先頭の#を消去→Enter）
> # boxplot(dx) # ボックスプロット（箱ひげ図）
> # smat;spch;sadj # スピアマン順位相関；p値；調整後　★
> # kmat;kpch;kadj # ケンドール順位相関；p値；調整後　★
```

　順位相関係数は，データの間隔を無視して大小だけの順位に変換し，相関係数を計算する。上のように，スピアマン（Spearman）とケンドール（Kendall）の2種類の**順位相関係数**がよく用いられる。散布図で単調なカーブが予想されるようなときに効果的である。

第3部　多変量解析

> **練習問題 [6]**
>
> 正規乱数を使って，いろいろな散布図を描いてみよう。どれくらいのデータの密集度が，どれくらいの相関の強さになるのか予想できるようになろう。

文書ファイルに以下のプログラムを書いて，R画面にコピペする。bg（背景色）やcex（キャラクタ倍率）を適当に変えてみると楽しい。

```
## 散布図シミュレーション
N=15                # 人数を指定。ここでは15人（任意）
x <- rnorm(N)       # 正規乱数を発生
y <- rnorm(N)       # 平均＝0，標準偏差＝1
plot(x, y,          # 作図（プロット）
  pch=21,           # ポイントキャラクタ＝21番（○）
  bg=3,             # バックグラウンド色＝3番（緑）
  cex=2 )           # キャラクタ倍率＝2倍

## 相関係数の計算と検定
cor(x, y)           # R画面で相関係数を計算
cor.test(x,y)$p.v   # p値（p.value）を計算
```

繰り返し実行するには，R画面をクリックしてからキーボードで Ctrl ＋[V]を押すと，直前に実行したプログラムを再実行できる（Macでは command ＋[V]）。

一回ごとに，散布図が表示されたら，R画面を見ずに相関係数を予想してみよう。R画面に表示された相関係数（小数点以下1ケタ目）を当てられるようになれたらスゴイ！

下のプログラムで回帰直線を描くこともできる。相関の＋－を確認できる。

```
k <- lm(y~x)              # 線形モデルを仮定
abline(k, col=2, lwd=2)   # 赤い回帰直線を描く
```

シミュレーションによる散布図は，一回ごとに消えてしまうが，下のように乱数系列の番号を指定して，何回目のシミュレーションだったかを覚えておくと再現できる。カッコ内の番号は任意の整数でよく，下の例3808544は信州大学教育学部の郵便番号（機関番号）である。シミュレーションの開始時に一度だけこれを貼り付ける。それからあとは上記の散布図シミュレーションを貼り付ける。

```
## 擬似乱数系列の指定
set.seed(3808544)   # カッコ内に10ケタ以内の任意の数字を指定
```

16章　回帰分析

2個の変数が相関することは、二通りに解釈できる。

ひとつには因果関係による相関である。この場合、一方の変数が原因、他方の変数がその結果となる。これは前例の「年齢」と「心理的時間」の相関に当てはまる（歳をとるから時間が速く感じられる、逆はない）。

もうひとつは共通因子の存在である。2変数に共通した何らかの原因が背後にあり、同一の原因に動かされているから相関すると考えられる。これは「体重」と「身長」のような相関関係に当てはまる。体重も身長も『成長』という共通した因子に動かされて値が変化するとみなされる。

相関に基づいて、前者のような**因果関係を探究する代表的方法が回帰分析**であり、後者のような共通因子を探索する代表的方法が因子分析である。回帰分析から学ぶことにしよう。

例題15　学生の満足度を決定している要因は何か？

大学生のキャンパスライフについて満足度調査を行った。学生生活の満足度（下記の項目0）を決定している要因を探り出しなさい。

　　項目0.　学生生活の満足度：「あなたは今の学生生活に満足していますか」
　　項目1.　授業のおもしろさ：「授業はおもしろいですか」
　　項目2.　建物・設備の充実：「大学の建物・設備は充実していると思いますか」
　　項目3.　周辺環境の利便性：「周辺の環境は生活するのに便利ですか」
　　項目4.　時間的ゆとり　　：「生活に時間的ゆとりがありますか」
　　項目5.　教員の良さ　　　：「良い教員がそろっていると思いますか」

回答はいずれもパーセンテージ評定とし、上記の質問に対する肯定度を0%〜100%の範囲で10%刻みで答えてもらうことにした。0%は"完全否定"、100%は"完全肯定"を表す。参加者8人の回答結果は次ページの表のようになった。なお、回答は10%刻みなので、0%〜100%を0〜10の値に換算している。

表19 参加者8人の各質問項目への回答結果（1／10換算値）

参加者	項目					
	0	1	2	3	4	5
s 1	2	1	7	8	7	2
s 2	4	9	6	7	3	2
s 3	8	3	9	1	4	4
s 4	2	8	3	1	8	4
s 5	6	7	9	1	7	4
s 6	7	9	5	6	2	4
s 7	9	8	3	9	1	6
s 8	7	3	5	5	8	6

― 解　説 ―

項目は因果関係の逆順に提示する。そこで，調査用紙の筆頭には項目0（学生生活の満足度）を"結果"として置き，以下，その満足度を説明する"原因"の候補として項目1～項目5を無作為に並べる。項目0に対する項目1～項目5の相関に基づいた分析となるので，参加者または回答者は100人以上を目安に確保する（例題は8人だが）。大量のデータにおいては，次の欠損値の処理が必須となる。

16.0　欠損値を処理する

まず，エクセルなどの表計算ソフトにデータを入力する。タテ（行）に参加者を1人1行でとる。ヨコ（列）には項目0～項目5の見出し「項目0」「項目1」……「項目5」を入力する。表計算ソフトでは，下のようになる。

このとき，もし無回答のセルがあると"空欄"になる。それを欠損値（missing value）という。欠損値があったら，次の3つのいずれかの方法で必ず処理しておかなければならない【重要】。

・欠損値を生じた参加者を"丸ごと"削除する（その参加者の全データを破棄）
・欠損値に中間値を入力する（本例は0～10の11段階なので中間値5を入力）

・欠損値に平均値またはメディアンを入力する（項目1に欠損値があったとき項目1の他のデータで平均を計算し欠損セルに入力。5.17などの細かい値になる）

多変量解析では，データの**複数回の確認**が何より大切である。それを怠ると，分析作業の最終コーナーにかかってから"どんでん返し"を食らい，データの点検からやり直す憂き目にあうことも少なくない。分析作業がスピーディな人は有能であるが，データ入力が速い人は信用できない。

本例は幸い欠損値もなく，複数回確認し，完璧なデータファイルを用意できたとする。ここから回帰分析に入ってゆく。

16.1　回帰モデルを設定する

回帰分析は，項目0～項目5の間に因果関係を設定する。下のように，項目0を**目的変数**として左辺に置き，項目1～項目5を**説明変数**として右辺に置いた等式の形をとる。いわゆる一次関数式になるので**線形モデル**（linear model）という（非線形モデルによる回帰分析もある）。

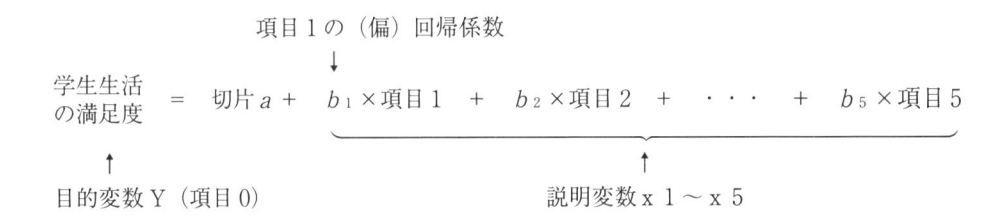

$$\underbrace{学生生活の満足度}_{目的変数Y（項目0）} = 切片\,a + \underbrace{\overset{項目1の（偏）回帰係数}{\downarrow}{b_1 \times 項目1} + b_2 \times 項目2 + \cdots + b_5 \times 項目5}_{説明変数\,x_1 \sim x_5}$$

回帰モデルの左辺と右辺の項の呼び方として，目的変数のほかに「応答変数」「従属変数」など，説明変数のほかに「予測変数」「独立変数」などの呼び方があるが，本書ではこのまま**目的変数**，**説明変数**と呼ぶことにする。

回帰分析では**目的変数は常に1個**である。これを説明する説明変数として複数の項目が用意される。そのうち有力なものを選んで，より良い回帰モデルを構築することが回帰分析の目的である。これを**モデリング**（モデル構築）または**モデルセレクション**（モデル選択）という。js-STARのメニュー【多変量解析：回帰分析】がそれに当たる。

16.2　操作手順

エクセルなどのデータ管理用ソフトに，データが入力されている（欠損値が処理されている）状態から操作を始める。

① **手法を選ぶ**：js-STARの【回帰分析】をクリックする

② 【参加者数】と【説明変数の項目数】を設定する

　　　　参加者数：8
　　説明変数の項目数：5　　← x1～x5のこと。目的変数Yは含めない。

③ データを入力する

下のイメージ図の1)～3)の順番で操作する。

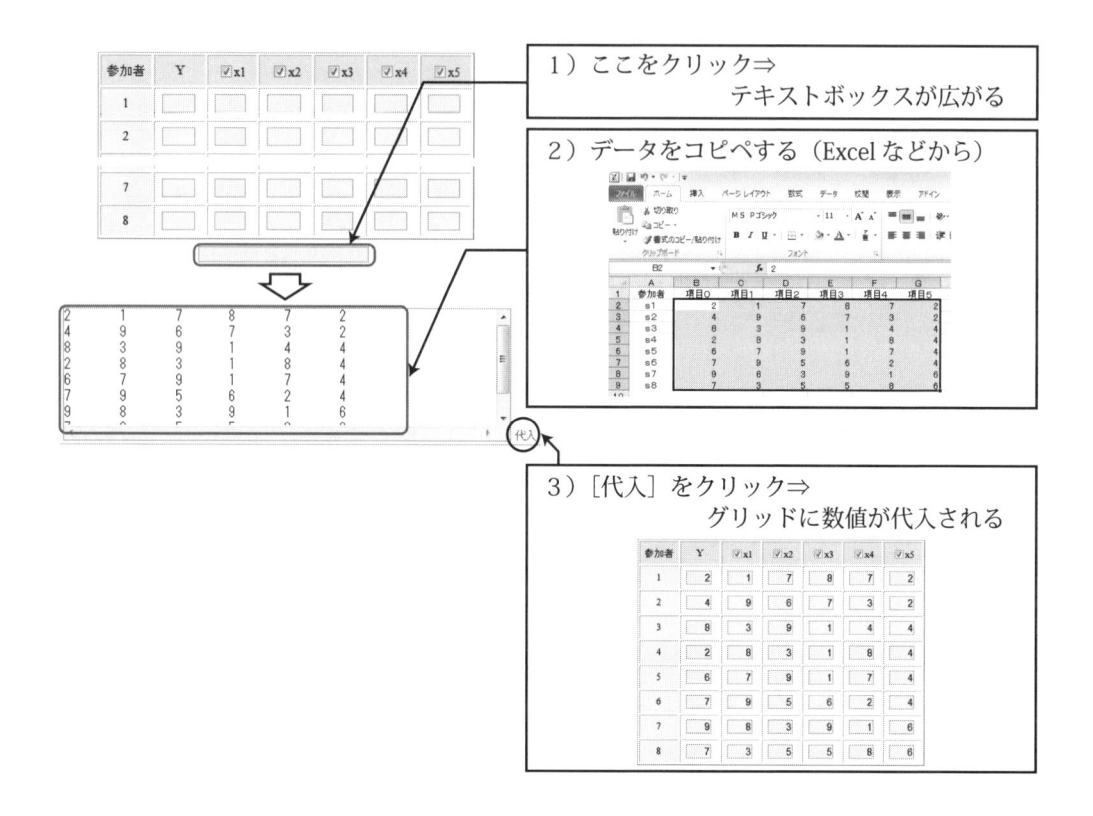

1) ここをクリック⇒
　　　　テキストボックスが広がる

2) データをコピペする（Excelなどから）

3) ［代入］をクリック⇒
　　　　グリッドに数値が代入される

【重要】上の3) の［代入］ボタンをクリックせずに，すぐに次の［計算！］へ進むこともできる。データを点検したりデータ構造を確認したりする必要がない場合はそうしてください（ブラウザによっては代入処理にかなりの時間がかかることがあります）。

④ ［計算！］ボタンをクリックする

⇒ Windowsでは3枠，それ以外のOSでは2枠を出力する。
　Windowsでは［データの入力方法］が『クリップボード読込』に自動設定される。それ以外のOSでは『画面貼り付け』に自動設定されるが，Windowsユーザも［データ入力方法］の欄を『画面貼り付け』に選択してから［計算！］をクリックすれば2枠出力となる。

⑤ 3枠内をR画面にコピペする

2枠目の"コピペ"が本当はコピペでないので注意すること。ただし『画面貼り付け』を選

択した場合は2枠のコピペとなり，それは"ふつうのコピペ"でよい。

以下，『クリップボード読込』の手順を確認しておこう（操作イメージは167ページ参照）。

【手順1】ふつうのコピペ
第一枠を［すべて選択］⇒［コピー］⇒R画面に［ペースト］

【手順2】コピーのみで**ペーストしない**！
第二枠を［すべて選択］⇒［コピー］⇒
　　　　　R画面を単に［クリック］⇒キーボードの［↑］キー⇒［Enter］キー

【手順3】ふつうのコピペ
第三枠を［すべて選択］⇒［コピー］⇒R画面に［ペースト］

以下，R画面で分析が始まり，結果が出力され，2種類の図が表示される。

16.3　不良項目をチェックする

相関係数と同じく回帰分析も，各変数のデータが正規分布することを前提としている。一般に，分布の歪みをチェックするには次のような便宜的方法が用いられる。

　　Mean + SD がデータの上限値を超えている　⇒　天井効果
　　Mean − SD がデータの下限値を下回っている　⇒　フロア効果

天井効果はデータの分布が上限値に偏ったJ字形，フロア効果は下限値0に偏ったL字形になることを示す。いずれも正規分布から偏り，ゆがんだ姿である。このチェックはR出力を得なくても，下のjs-STARの［結果］の枠内を見るほうが速い。

結　果

```
結果消去　タブ変換                           ▼ ▲
- Item Selection -
--------------------------------------
Var.    Mean+SD      Mean-SD
--------------------------------------
Y         8.122       3.128
x1        8.958       3.042
x2        8.079       3.671
x3        7.862       1.638
x4        7.646       2.354
x5        5.414       2.586
--------------------------------------

_/_/_/ Analyzed by js-STAR _/_/_/
```

本例のデータの値の範囲は 0〜10 であるので，上の見出しの $Mean + SD$ の値が上限値 10 を超えていないこと，また $Mean - SD$ の値が下限値 0 を下回っていないことを確認すればよい。

上では，目的変数も説明変数のどの項目も $Mean \pm SD$ は 0〜10 の範囲内におさまっている。もし，はみ出している項目があれば，正規分布しない"不良項目"として除外することを考える。除外する場合は，js-STAR 画面においてその項目の□内のチェックを外してから［計算！］をクリックすれば分析に持ち込まない。下の図は，説明変数の項目 2（x 2）のチェックを外し，分析から除外する場合の例である。

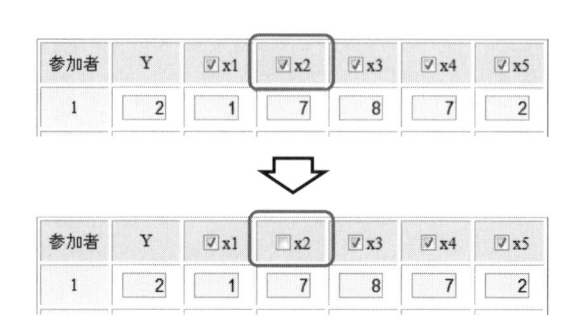

実践的には，Ｊ字形，Ｌ字形の分布はそれほど極端でない限り許容できる。しかしM字形の分布は分析から除外すべきである。M字形の分布は上述の方法では見抜けないので，実際には変数ごとにヒストグラムを描いてチェックすべきである。

また，天井効果・フロア効果を示す項目は，数個の"外れ値"を原因とすることがある。その場合，外れ値を回答した参加者を除外することで分布の不良が改善されることがあり，項目を減らさないで済む。最小値・最大値を見て極端な外れ値があったら，それを与えた参加者を除外したほうがよいかどうか検討する。

$Mean \pm SD$ も最小値・最大値も js-STAR の［結果］の枠内に出力される（便利！）。Rに行かずにそれを参照するほうが速い。

16.4 散布図マトリクスを読む

Rグラフィックスの図は2種類出力される。
一つは，全変数を1対1対応させた**散布図マトリクス**である（下図）。

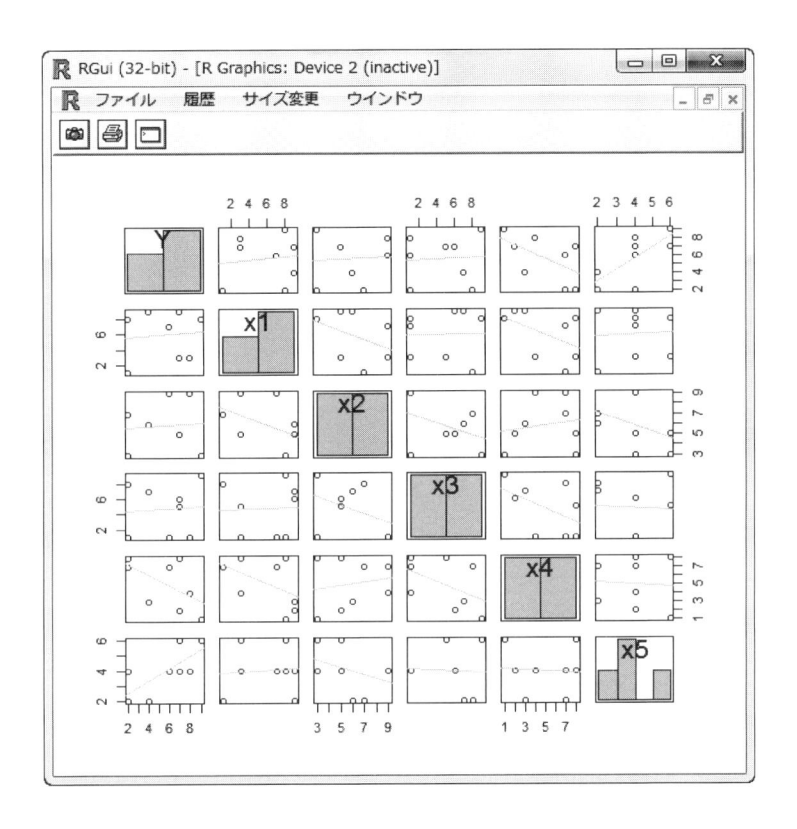

対角線上の図は各変数のヒストグラムであり，データの分布形を概略的に見るのに便利である。

変数間の相関を見るには，**目的変数Yの段**を横に見る。横に並んだ5枚の散布図は，タテ軸に目的変数，ヨコ軸に説明変数となる各項目がとられている。各散布図に回帰直線が描き込まれているので，有力な説明変数となる項目をチェックする。Yとx4，またYとx5の散布図が回帰直線への収束度が強く，高い相関を示すようである。

この散布図マトリクスに相関係数行列（**相関行列**）を重ね合わせると，相関の強さが数量的に把握できる。相関行列はR出力の［オプション］により得られる（下の★印を実行する）。

```
> # [オプション]（上向矢印→先頭の # を消去→ Enter）
> # txx                    # 相関行列★
> # summary(step(Mful))    # モデル選択基準 =AIC
> # windows();boxplot(dx,las=1)    # 箱ひげ図
```

```
> txx
        Y       x1      x2      x3      x4      x5
Y    1.000   0.102   0.060   0.068  -0.568   0.708    ←※
x1   0.102   1.000  -0.441   0.027  -0.495   0.060
x2   0.060  -0.441   1.000  -0.405   0.171  -0.401
x3   0.068   0.027  -0.405   1.000  -0.501  -0.057
x4  -0.568  -0.495   0.171  -0.501   1.000  -0.067
x5   0.708   0.060  -0.401  -0.057  -0.067   1.000
>
```

Yとx4の相関は $r = -0.568$，Yとx5の相関は $r = 0.708$ と分かる（上の※印の段）。

この散布図行列のほかに，もう一枚，回帰診断用の4つの図が出力される。こちらは回帰分析の事後に使用する（後述）。

16.5　モデル選択の結果を読む

R出力は，**ステップワイズ増減法によるモデル選択**の結果を示す。

ステップワイズ増減法とは，1ステップに1個ずつ説明変数を吟味する方法である。そして，有力なら回帰モデルに投入し，弱小なら回帰モデルから排除する。ほかに単なる「増加法」「減少法」もある（一度投入・排除した変数を排除・投入しない）。また，ステップワイズ方式のほかにも，全説明変数の全ての組み合わせを比較する方法もあるが，js-STARのRプログラムではサポートしていない。ステップワイズ増減法のみである。

まず，全説明変数を回帰モデルに投入したところからスタートし，1ステップに1個ずつ最弱の説明変数を排除してゆく。ただし後々のステップで一度排除した説明変数を再び投入したほうが良いモデルになるなら，それをモデルに再投入する。それで増減法という。このとき"より良いモデル"の判定に**情報量基準 *BIC*** を用いる点に特徴がある。

下のタイトルには，このような手法の設定が書かれている。

```
> ########################
> # 回帰分析（モデル選択）
> #   ステップワイズ増減法
> #   選択基準＝ＢＩＣ
> ########################
> tx0 # 基本統計量（SD＝不偏分散の平方根）
     N     Mean      SD    Min   Max
Y    8    5.625   2.6693    2     9
x1   8    6.000   3.1623    1     9
x2   8    5.875   2.3566    3     9
x3   8    4.750   3.3274    1     9
x4   8    5.000   2.8284    1     8
x5   8    4.000   1.5119    2     6
>
```

モデル選択は，全項目を説明変数として投入した**初期モデル**からスタートする。それが下に示される。

```
> tx1 # 初期モデル
[1] "Y~x1+x2+x3+x4+x5"
>
```

これは**加法モデル**といわれる。ユーザの任意で"交互作用モデル"を初期モデルとして指定することもできる（"Y~x1*x2*x3*x4*x5"という形になる）。

この初期モデルから始めて，1ステップずつ各項目の説明力を評価してゆく。そのプロセスは下のように出力される。

```
> tx2 # 選択ステップの要約
     項の増減    df    残差増分     df    残差逸脱度    BIC
1                NA      NA        2     0.54116     15.632
2     - x1       1    0.0019490    3     0.54311     13.581
3     - x3       1    0.0596546    4     0.60277     12.335
>
```

上の見出しの**残差逸脱度**（residual deviance）とは，モデルとデータとのズレのことである。したがって，残差逸脱度の小さいほうが，データに対するモデルの当てはまりがよい。

第1ステップでは，「項の増減」は空欄である。説明変数として全項目を投入した初期モデルのズレを計算している。残差逸脱度＝0.54116であり，これが初期モデルとデータとのズレ

である。

　第2ステップでは，「項の増減」に"- x 1"が表示されている。これは項目1をモデルから排除したことを意味する（マイナスは減じたことを表す）。説明変数が1個減ったことにより残差は増加する（**残差増分** = 0.0019490）。その結果，残差逸脱度も0.54311と初期モデルより若干大きくなった。当てはまりが悪くなった。しかし情報量基準 BIC（バイク）の値が前ステップより小さくなり（15.632 → 13.581），このほうが"良いモデル"と判定されている。そのように情報量基準は値の小さいほうが"良いモデル"である。ここで"良いモデル"とは，当てはまりがよいことと，モデル自体がシンプルであること（項目の数が少ないこと）の両条件を適切に両立させるモデルである（詳細は79ページ参照）。

　続けて，第3ステップでは"- x 3"として項目3をモデルから排除した。残差逸脱度（データとのズレ）は0.0596546と増え，トータルで0.60277となり，モデルの当てはまりはさらに悪くなった。しかし情報量基準 BIC は12.335と小さくなり，このほうがシンプルで"良いモデル"であると示唆している。

　この第3ステップまでで以後のステップは表示されない。モデル選択が終了した。これ以上，どの項目を減じても（また一度減じた項目を増やしても），情報量基準 BIC は12.335より下がらないからである。

16.6　選出モデルを解釈する

モデル選択の結果として選び出されたモデルが，下のように表示される。

```
> tx3 # 選出モデル
Y ~ x2 + x4 + x5
> # ■ Y~1 のとき選出モデルなし（→終了）
> # ■出力膨大のとき初期モデルで停止
>
```

上の ~（ティルダ）は"="の意味であり，選出された回帰モデルは"Y = x 2 + x 4 + x 5"である。これは下のように解釈される。

　　　　　　　　　　　　　　　　　　項目2　　　　項目4　　　　項目5
学生生活の満足度＝切片＋b_2×建物・設備の充実＋b_4×時間的ゆとり＋b_5×教員の良さ

　上式の係数 b_2，b_4，b_5 を**偏回帰係数**（partial regression coefficient）という。偏回帰係数は，**他の項目による影響分を取り除いたその項目の単独の説明力**を表す。

　目的変数"学生生活の満足度"に対する各項目の説明力は，その偏回帰係数の大きさにより評価できる。もし偏回帰係数の値がゼロなら，どんなにその項目が変化しても目的変数に与える影響はゼロであり，説明力はない。

　偏回帰係数 b_2，b_4，b_5 は，それぞれ下のように算出される。

```
> tx4 # 偏回帰係数の検定
              偏回帰係数    標準誤差      t 値      p 値
(Intercept)    -1.1347    0.7300   -1.5545    0.1950
x2              0.5802    0.0688    8.4293    0.0011
x4             -0.5635    0.0527  -10.7023    0.0004
x5              1.5422    0.1059   14.5576    0.0001
> # 標準化偏回帰係数 = 偏回帰係数 *SDx/SDy
>
```

ここで，たとえば項目 2 の偏回帰係数 $b_2 = 0.5802$ は，もし他の 2 項目の影響を取り除かないで計算すると 0.0675 となり，著しく小さな値になる（R 画面で lm(Y~x2) と入力すると確認できる）。

偏回帰係数の有意性検定は，偏回帰係数と「標準誤差」を対比した t 値を用いる。すなわち，t 値 =（偏回帰係数／標準誤差）である。**標準誤差**は"偏回帰係数＝ゼロ"という帰無仮説の下で今回の偏回帰係数に加わった偶然誤差である。データに加わる偶然誤差は「標準偏差」といい，統計量に加わる偶然誤差は「標準誤差」という。

検定結果として 3 つの偏回帰係数の t 値は全て有意であり（$p < 0.01$），各偏回帰係数はゼロではない（$b \neq 0$）と判定された。

偏回帰係数を書き入れて，下のように回帰モデルが完成する。

$$\underset{\text{の満足度}}{\text{学生生活}} = -1.13 + 0.58 \times \underset{項目2}{\text{建物・設備の充実}} - 0.56 \times \underset{項目4}{\text{時間的ゆとり}} + 1.54 \times \underset{項目5}{\text{教員の良さ}}$$

切片 -1.13 は何もしなければ，学生の満足度はマイナスレベルが初期状態であることを意味する。この状態にいろいろな要因が加わることで満足度が上向く。中でも，項目 4「時間的ゆとり」がマイナスの偏回帰係数であることが注目される。つまり，日々の時間的ゆとりが大きくなると，逆にキャンパスライフの満足度は下がるという結果である。忙しいほうが充実するようだ。（架空のデータです。）

16.7 標準化偏回帰係数を計算する

各項目の説明力を比べたいときは，偏回帰係数を［平均＝ 0，$SD = 1$］に標準化した**標準化偏回帰係数**（standardized partial regression coefficient）を用いる。標準化していない偏回帰係数は，データのバラつきや単位の違いにより同じ 1 ポイントが同じ影響力にならないので直接比較できない。

出力の注釈にあるように，**標準化偏回帰係数** =（偏回帰係数×項目の SD ／目的変数の SD）として算出できる。各項目の標準化偏回帰係数を求めてみよう（SD の値は 187 ページの基本統計量の出力から持ってくる）。※ js-STAR version 2.9.9 から標準出力となりました。

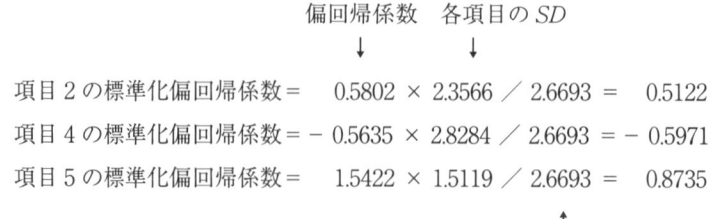

偏回帰係数　各項目のSD
↓　　　　　↓
項目2の標準化偏回帰係数＝　　0.5802 × 2.3566 ／ 2.6693 ＝　　0.5122
項目4の標準化偏回帰係数＝ － 0.5635 × 2.8284 ／ 2.6693 ＝ － 0.5971
項目5の標準化偏回帰係数＝　　1.5422 × 1.5119 ／ 2.6693 ＝　　0.8735
　　　　　　　　　　　　　　　　　　　　　　↑
　　　　　　　　　　　　　　　　　　　目的変数のSD

標準化偏回帰係数は相関係数である。したがって，－1〜＋1の値をとり，二乗値を説明率（％）として説明力の強さを評価することができる。上の例では項目2と項目4の影響は中程度を超えて"強い"といえる（$0.5122^2 = 0.262$，$(-0.5971)^2 = 0.357$）。さらに項目5の影響は前二者の2・3倍あり"非常に強い"といえる（$0.8735^2 = 0.757$）。

16.8　モデル決定係数と効果量を読む

選出されたモデルの全体の説明力は，**重相関係数の二乗**または**モデル決定係数**としてR^2で示される。

```
> tx5　# モデルR2（決定係数）の検定
    R2      F値      df1    df2     p値      adj_R2
  0.9879  108.99     3      4     0.0003    0.9789
>
```

モデルR^2も％として読める。$R^2 = 0.9879$は目的変数Yの全分散の98.79％が，ここで選出されたx2，x4，x5の3項目モデルで説明されることを意味する。検定の結果は当然，高度に有意である（$F(3, 4) = 108.99$，$p = 0.000$）。

右端のadj_R^2は**自由度調整済み決定係数**（adjusted R^2）という。モデル全体の説明力は，説明変数となる項目の数が多くなれば単純に増加するので，項目の数kによりR^2を調整した値である。次のプログラムを入力すれば計算できる。

```
## adjusted R2 の計算
R2               # モデルR2 = 0.98791
N=8              # 参加者数N＝8人
k=3              # 選出モデルの項目数k＝3
1-(1-R2)*(N-1)/(N-1-k)   # adjusted R2 = 0.97885
```

項目の数kが増えれば増えるほど，調整後R^2の値は小さく調整される。Adjusted R^2を用いれば，異なる項目数のモデルでも公平に説明力を比較することができる。ただ今日では，モ

デル同士の比較はBICのような情報量基準を用いるのが明解であり，*adjusted* R^2は参考に止まる。

なお，$\sqrt{R^2} = R$は**重相関係数**という。重相関係数Rは，モデルの予測値（Ŷ）と目的変数のデータ（Y）との相関係数である。

回帰分析の効果量はf^2を用いる。これは［パワーアナリシス］の出力部分から読み取る。

```
> tx6 # パワーアナリシス
    効果量 f2     検出力      今回α       次回N
    81.743          1        0.0002        6
> # 次回Nは power=0.80, α=0.05 に設定時のN
>
```

効果量f^2の大きさの評価には，次のようなCohen（1992）の便宜的基準がある：大 = 0.35, 中 = 0.15, 小 = 0.02。

Cohen, J.（1992）. A power primer. *Psychological Bulletin*, 112, 155-159.

16.9 結果の書き方

学生生活の満足度を決定する要因を探索するため，「学生生活の満足度」を目的変数とし，以下の5項目を説明変数とする回帰分析を実行した（具体的な質問文は179ページ参照）。

項目1「授業のおもしろさ」
項目2「建物・設備の充実」
項目3「周辺環境の利便性」
項目4「時間的ゆとり」
項目5「教員の良さ」

初期モデルを加法モデルとし，ステップワイズ増減法により情報量基準 BIC を用いたモデル選択を行った結果，"学生生活の満足度＝項目2＋項目4＋項目5"を選出した。モデル選択ステップの要約を表20に示す。

表20　モデル選択ステップの要約

Step	項の増減	df	残差増分	df	残差逸脱度	BIC
1	−	−	−	2	0.5411	15.632
2	−項目1	1	0.0019	3	0.5431	13.581
3	−項目3	1	0.0597	4	0.6028	12.335

選出されたモデルにおける各項目の偏回帰係数とその検定結果は表21のとおりである。

表21　偏回帰係数の検定

	偏回帰係数	標準誤差	t 値	p 値	stb
（切片）	−1.135	0.730	−1.555	0.195	-
項目2	0.580	0.069	8.429	0.001	0.512
項目4	−0.564	0.053	−10.702	0.000	−0.597
項目5	1.542	0.106	14.558	0.000	0.873

注）stb は標準化偏回帰係数を表す。

モデル R^2 は0.988で有意だった（$F(3, 4) = 108.99$, $p = 0.000$, $effect\ size\ f^2 = 81.743$, $power = 1$, $adjusted\ R^2 = 0.979$）。したがって，学生生活の満足度は，ほとんど項目2（建物・設備の良さ），項目4（日々の時間的ゆとり），項目5（教員の良さ）で説明されるといえる。

特に，項目4がマイナスの係数を示していることが注目される。時間的余裕がないくらい何らかの活動に打ち込んでいるほうが充実感のあることが示唆される。また，表20の標準化偏回帰係数（stb）を比べると，「教員の良さ」（0.873）が他の項目以上に非常に強い影響を及ぼしており，やはり最終的に教育は「ひと」の質であるといえよう。

項目1「授業のおもしろさ」，項目3「周辺の生活環境の良さ」がモデル選択過程で除外されたが，これは学生個々人で満足度との結びつきが異なり，誰にとっても満足に直接に関係するものではないからだろうと考えられる。

結果の書き方の要点は以下である。

- 基本統計量を掲載する　　　※上では省略したが必須！
- 初期モデルを述べる　　　　※加法モデル
- 用いた情報量基準を述べる　※ BIC （バイク）
- モデル選択方式を述べる　　※ステップワイズ増減法

- 選出されたモデルを述べる　　　※ Y = x2 + x4 + x5
- 選択プロセスの要約を表で示す　※表20，掲載するほうがベター
- 偏回帰係数と検定結果を表で示す　※表21，ほぼ必須
- 標準化偏回帰係数を表中に書き込む　※表21の stb（計算は 16.7 参照）

- モデル R^2 と検定結果を述べる　※必須
- $Adjusted\ R^2$ を付記する　　　　※省略可

- 選出された項目がなぜ選出されたのかを考察する
- 選出されなかった項目がなぜ選出されなかったのかを考察する

16.10　多重共線性を検討する

　この検討は以前は必須だったが，今日，特に必要としない。統計的モデリングと情報量基準はこの問題を簡単にクリアしてしまった。

　ただし，初期モデルの中に説明変数として残したい項目がある場合は，その項目が他項目と強く相関するかどうかに注意する必要がある。他項目と相関すると，その他項目がモデル中に残り，意図した項目が除外される可能性がある。極端にいえば，2つの項目が完全相関すると，両項目が目的変数の同じ部分を説明することになり，片方の説明分を取り除くと，もう片方が説明する分がなくなってしまうということが起こる（正しい計算が行われない）。この事態を**多重共線性**（multicolinearity）という。

　しかし，情報量基準は，そのような相関する2項目があると（両方を投入しても）説明力が上がらないから，シンプルなほうがよいとして，片方をスパリと切り捨てる。したがって心配ない。

　もしも研究者が意図的に特定の項目を残したいときは，事前に多重共線性を起こしそうな他項目を拾い出し，強く相関する他項目を分析に持ち込まないようにする（js-STAR 画面でその項目の□のチェックを外す）。この多重共線性の判定には，**分散拡大要因**（VIF, Variance Inflation Factor）という指標が用いられる。次の出力がそれである。

```
> tx9 # VIF(分散拡大要因)による多重共線性の検討
    x1    x2    x3    x4    x5
  2.652 2.821 2.747 2.705 1.548
> # VIF<2(推奨), VIF<5(許容), VIF>10(危険)★
> 
```

VIFは，特定の1個の項目と，残りの全項目との重相関係数の二乗（R^2）から下式のように計算される。

$$VIF = \frac{1}{1-R^2}$$

特定の1個の項目と残りの全項目との重相関係数がゼロなら（$R^2 = 0$），分散拡大要因は$VIF = 1$となる。これがVIFの最小値であり，特定の1項目は他項目と完全無相関であることを意味する。

特定の1個の項目と残りの全項目との重相関が$R = 0.70$なら，$R^2 = 0.49 ≒ 0.50$であり，そのとき$VIF ≒ 2.0$となる。特定の1項目と他項目との相関が中程度の強さということである。上の出力の★印の注釈にあるように，この$VIF = 2.0$までが推奨される（多重共線性の心配が一応なし）。それを超えたら要注意であり，強く相関する項目同士のどちらかを除外する。全項目の相関行列を［オプション］で表示し，強く相関する項目を拾い上げて検討してください。

この例題では何も検討せず，情報量基準BICに一切を任せた。それで問題ない。

16.11　回帰診断を行う

回帰診断は，選出された回帰モデルが良いかどうかではなく，そもそもデータがモデル構築に適したデータであったかどうかを診断する。したがって，回帰診断の結果次第では，一部のデータを除外したり，特殊な項目（ダミー変数や非線形項）を説明変数に追加したりして，最初からモデル選択をやり直すこともある。

回帰診断と問題への対策については専門性が高く，ある程度の経験の蓄積が必要である。本書では簡略に述べるにとどめる（専門書参照）。

次ページの4枚の図が回帰診断用であり，R出力の最初のほうで表示される。

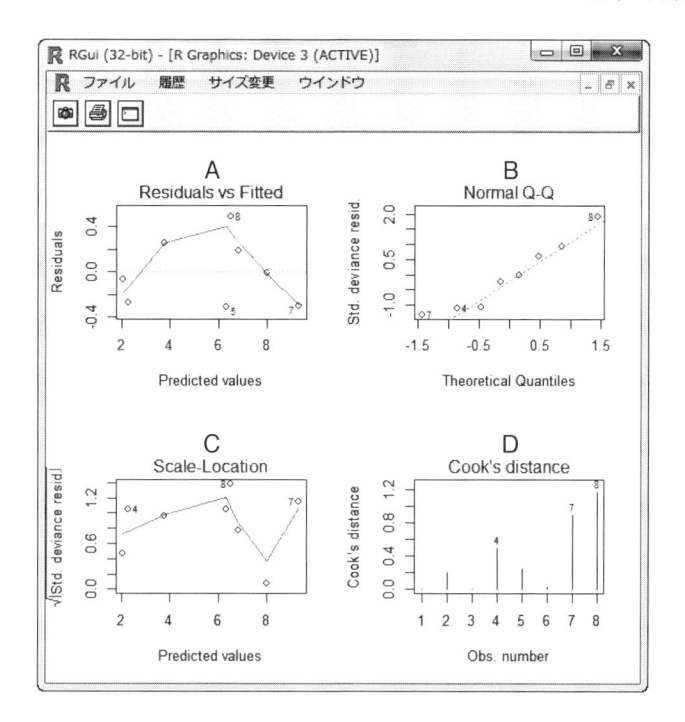

図Aは，ヨコ軸に目的変数の予測値，タテ軸に実際の目的変数と予測値との標準化残差の平方根をとる。標準化残差とは，各参加者の残差を全残差の SD（本例では0.29）で割った値であり，**標準化逸脱残差**（standardized deviance residuals）という。

　両軸の値を座標として各参加者が空間内に◇印で点描される。この◇印の散らばりをながめて，下の回帰分析の前提が満たされているかどうかを確かめる。

- ◇がゼロ水準（0.0の水平線）に収束する傾向がある　　← ★**残差の不偏性**
- ◇がゼロ水準の上側・下側に等分にバラついている　　← ★**残差の等散布性**
- ◇が赤い線に収束しない，あるいは赤い線が不規則　　← ★**残差の独立性**

　参加者8人の8個の◇印では確かめようがないが，もし上の★印の前提が満たされていないと，データが無作為に取られていないこと，または何か有力な説明変数が隠れていることが示唆される。特に，参加者番号が付された◇印（参加者5, 7, 8）は，ゼロ水準から ± 1SD（本例では ± 0.29）の外側にある残差であり，**外れ値**になるかもしれないので注目しておく。

　図Bは**Q‐Qプロット**といわれる，**残差の正規性**を診断するための図である。Qは**分位点**（quantiles）の頭文字であり，データ分布全体を特定の％で切り分ける位置を示す。図Bのタテ軸には標準化残差の分位点，ヨコ軸には理論的正規分布の分位点をとり，参加者8人の残差を◇印で点描している。参加者の残差が理論的正規分布に完全一致するならば，◇印は図中の一直線の破線に乗る。参加者番号が付された◇印（4, 7, 8）は，正規分布への適合度が低い（理論的破線に乗らない）と判定されている。

図Aと図Bをあわせて残差の前提条件は次の4つである：不偏性，等散布性，独立性，正規性。

図Cは，**S‐Lプロット**（scale-location plot）といわれる。ヨコ軸は目的変数の予測値，タテ軸は標準化逸脱残差の絶対値の平方根である。いわば，図Aをゼロの水平線で折り曲げて上へ折りたたんだ図である（さらに$\sqrt{\ }$により分布の裾引きを圧縮している）。これで残差の独立性と等散布性を再度チェックする。

全体に一様に◇印が散らばっているならよいとされる。規則的な曲線が見られるなら，残差の独立性が疑われる。また，たとえば右へいくにつれて◇印がヨコ軸から離れて広がる傾向があるなら（∠のように），残差の等散布性が疑われる。何か新しい説明変数を追加したほうがよいとされる。

図Dは，**Cook距離**（Cook's Distance）といわれる図である。ヨコ軸に参加者番号，タテ軸にCook距離をとり，個々の参加者が残りの全参加者の傾向に合致するかどうかを評価する。これは項目ではなく参加者の逸脱度や外れ値に関する診断である。Cook距離が大きいほど，その参加者は残りの参加者全員とは異なる傾向を示し，0.5を超えると要注意とされる。Cook距離＞0.50のとき，図中のバーに参加者番号が表示される。

17章　因子分析

　因子分析（Factor Analysis）は，多変数の相関を決定している潜在因子を探索する方法である。
　同じ因子が複数の変数を動かしているので，それらの変数は同じように動き，相関すると考える。そのような変数間の相関関係から，それら**多変数の背後にある潜在因子を探索する**のが因子分析である。
　実践的には，多変数の間に因果関係が想定されるなら回帰分析になり，多変数の間に因果関係が想定されないなら因子分析になる。
　例題では，果物の好みを決定している味覚因子を探索してみよう。

例題16　果物の好みを決めている味覚因子を見つけよう！

　参加者10人に6種類の果物（リンゴ，ミカン，ブドウ，バナナ，ナシ，モモ）の好みを評定してもらうことにした。果物を好む人は多いので，参加者全体の評定値は好むほうへ偏ると考えられる。そこで，5段階評定における第2段階を中間値「どちらでもない」とする評定尺度を用いた（下表参照）。

表22　果物の好みに関する5段階評定尺度

評定値	評定文	（評定の基準例）
5	すごく好き	（人の分まで手を出したいくらい）
4	かなり好き	（思い浮かべると食べたくなる）
3	まあまあ好き	（出されたら食べようと思う）
2	どちらでもない	（出されたら食べることはできる）
1	好きではない	（食べたくない，またはキライ）

　各参加者の評定値は次ページの表23のようになった。

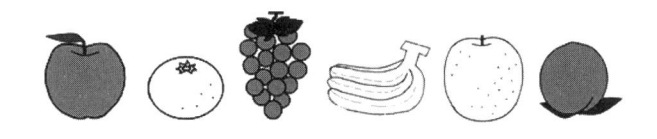

表23　参加者10人の6種の果物の好み（値の定義は表22参照）

参加者番号 s	リンゴ x1	ミカン x2	ブドウ x3	バナナ x4	ナシ x5	モモ x6
1	1	1	1	3	3	1
2	3	1	1	5	2	3
3	5	5	1	5	3	1
4	3	3	2	5	1	2
5	5	4	4	5	1	1
6	2	3	2	3	4	2
7	2	2	1	4	1	3
8	5	4	5	5	5	3
9	3	5	3	3	5	5
10	2	3	4	1	5	5

データは，エクセルなどのデータ管理ソフトに入力され，欠損値の処理が済んだものとする。そこで，js-STARの多変量解析メニューから【因子分析】を選ぶ。

17.1　操作手順

① **手法を選ぶ**：js-STARのメニュー【因子分析】をクリック

② **参加者数と項目数を下のように設定する**

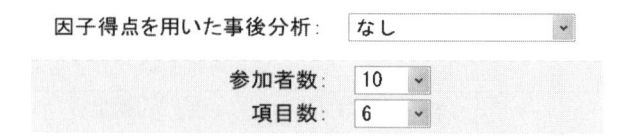

因子得点を用いた事後分析：　なし
参加者数：　10
項目数：　6

③ **データを入力する**：次ページの1）～3）を実行する

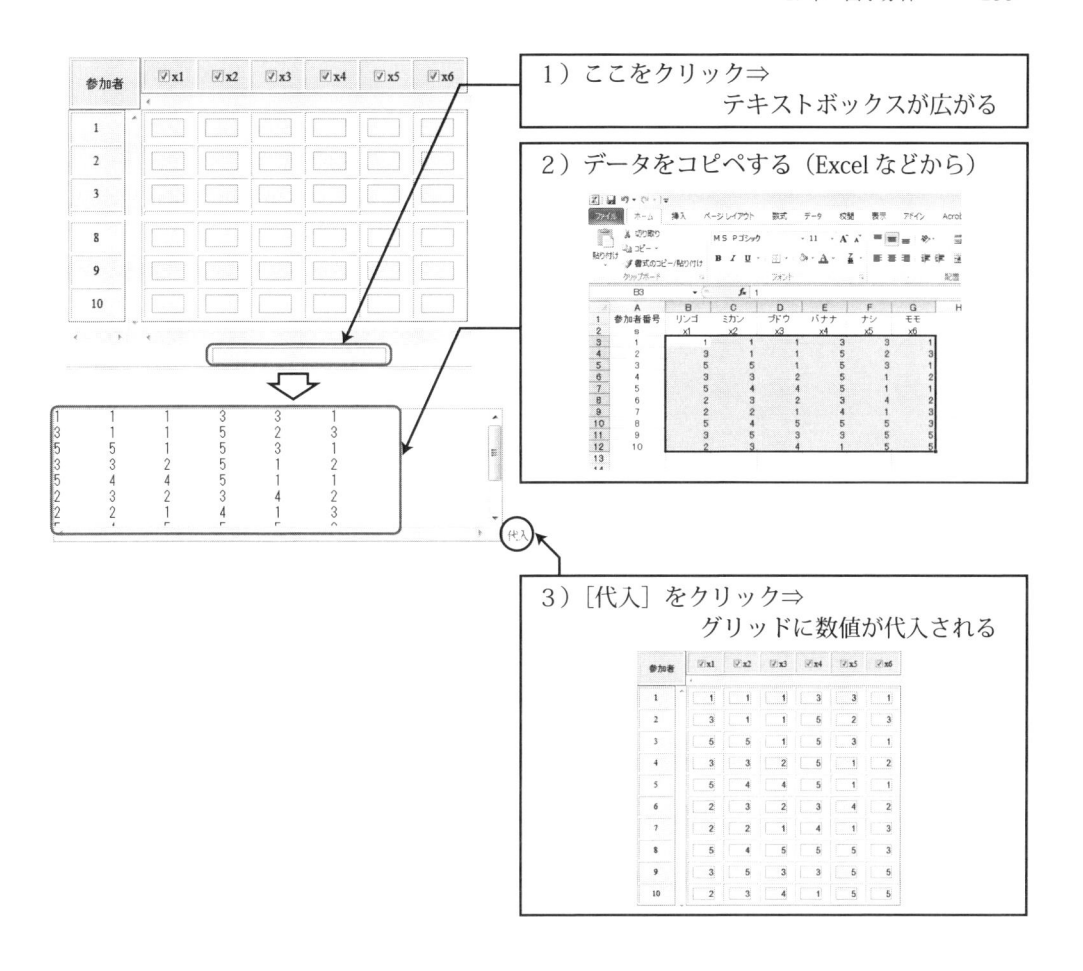

なお，［代入］することなく，次に進むこともできる。

④ **因子分析の設定を行い［計算！］をクリック**（設定は初期値のままでもよい）

因子分析は最低二回，実行する必要がある。一回目の因子分析の目的は，**抽出する因子数を決める**ことである。そして，二回目以降の因子分析で，因子パターン（因子と項目との関係性）を確定する。

下のフローチャートにしたがって，まず，一回目の因子分析を実行してみよう。

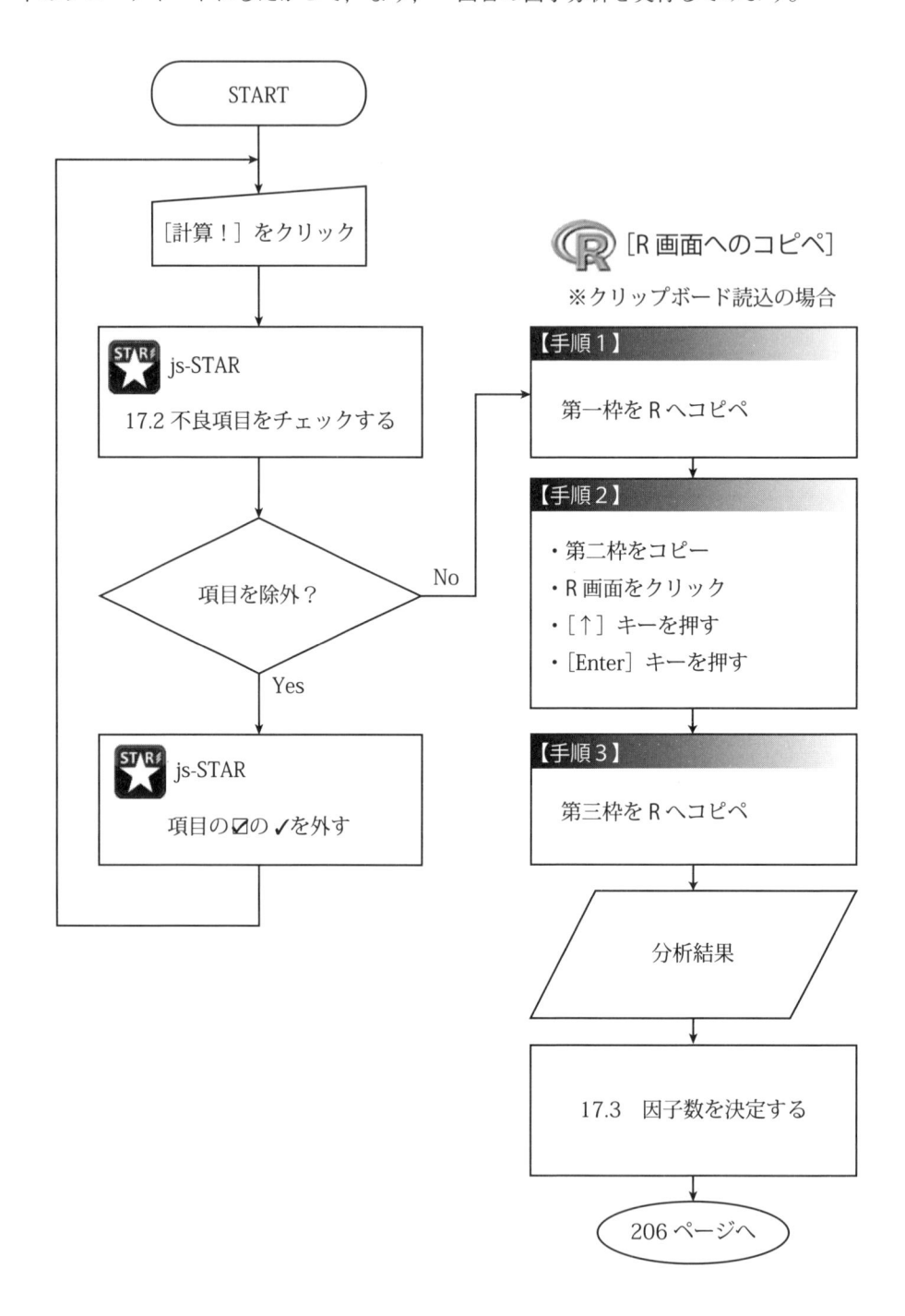

```
                    START
                      │
                      ▼
              ［計算！］をクリック
                      │
                      ▼
            ┌──────────────────┐          [R画面へのコピペ]
            │  js-STAR         │          ※クリップボード読込の場合
            │  17.2 不良項目を  │
   ┌────────│  チェックする    │────┐    【手順1】
   │        └──────────────────┘    │     第一枠をRへコピペ
   │                │                │         │
   │                ▼                │         ▼
   │          ＜項目を除外？＞──No──→│    【手順2】
   │                │                     ・第二枠をコピー
   │               Yes                    ・R画面をクリック
   │                ▼                     ・［↑］キーを押す
   │        ┌──────────────────┐         ・［Enter］キーを押す
   │        │  js-STAR         │              │
   │        │  項目の☑の✓を外す│              ▼
   └────────└──────────────────┘        【手順3】
                                          第三枠をRへコピペ
                                               │
                                               ▼
                                            分析結果
                                               │
                                               ▼
                                       17.3 因子数を決定する
                                               │
                                               ▼
                                          206ページへ
```

17.2 不良項目をチェックする

因子分析もデータの正規分布を前提とする。そこで，左のフローのように［計算！］をクリックしたあと，すぐに［17.2 不良項目をチェックする］のボックスに入る。これには **js-STAR** の［結果］の枠を見ると速くて便利。下のように，$Mean \pm SD$ の値をチェックする。

```
                    結　果

 結果消去　タブ変換                              ▼  ▲

  - Item Selection -
  ----------------------------------------
  Var.    Mean+SD      Mean-SD
  ----------------------------------------
   1       4.475        1.725
   2       4.475        1.725
   3       3.828        0.972
   4       5.200        2.600
   5       4.612        1.388
   6       4.028        1.172
  ----------------------------------------

  _/_/_/ Analyzed by js-STAR _/_/_/
```

今回の評定値は 1 ～ 5 の範囲なので，項目 4 が 5.200 で上限値 5 を超えている（→天井効果）。また，項目 3 が 0.972 で下限値 1 を下回っている（→フロア効果）。それぞれ分布が J 字形，L 字形にゆがんでいるおそれがある。そこで，上記の項目 4（バナナ），項目 3（ブドウ）は"不良項目"として因子分析に持ち込まないようにする。左のフローチャートに従って，当の項目のチェックを外してから，再び［計算！］する。

ただし，本例は練習データのためこのまま項目 4，項目 3 を除外せずに分析することにする。

不良項目のチェックが終わったら，フローチャートの ＜項目を除外？＞ で No に進路をとる。そして，［R画面へのコピペ］を実行することにしよう。R画面へのコピペはデータ入力方法を『クリップボード読込』にしている場合，"コピペ"ではない手順が含まれることに注意しよう（具体的な操作手順は 167 ページを復習してください）。

フローのように，分析結果を得て，［17.3 因子数を決定する］のボックスへ入る。

17.3 因子数を決定する

一回目の因子分析の目的は，抽出する因子の数を決めることである。これには分析結果のいろいろな情報を利用し，以下の (1) ～ (4) の観点から検討する。

(1) スクリープロットを読む

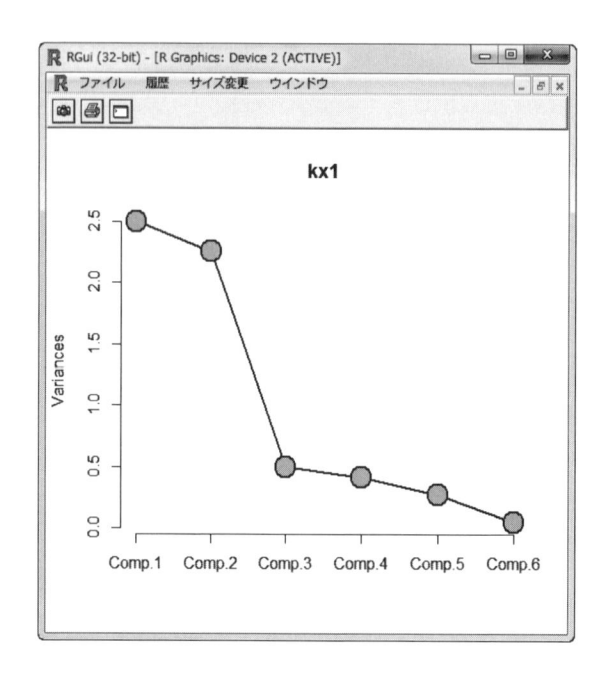

　Rグラフィックスは上のような図を描く。これを**スクリープロット**（断崖図）という。これを見て，**抽出する因子数を決める**。上のように，激しく切り立った"断崖"が現れるその直前の個数を適当とみて採用する（つまり2個）。

　スクリープロットは，因子分析と似た手法である**主成分分析**（principal component analysis）の結果である。因子分析が潜在的な因子を探索するのに対して，主成分分析はデータの全分散を要約するのみである。そこで，潜在的な次元にゆく前に，だいたいデータは幾つくらいのまとまり（主成分）になるのか見通しをつける。

　スクリープロットのヨコ軸には，6つの主成分 Comp.1 〜 Comp.6（項目数と同数になる）が，まとまりの大きい順に並べられる。タテ軸はその主成分にまとめられる分散（Variance）の大きさを表す。第1主成分と第2主成分（Comp.1, Comp.2）の分散が大きく，その直後に激しい落差（いわゆる断崖）が生じている。ここまでが有力であり，第3主成分より以降は弱小なまとまりである。そこで，データの背後に隠れている因子の数についても，有力な因子が2個くらいあるのではと考える。

(2) 累積説明率は50%以上か

　スクリープロットから因子抽出数を一応，2個と決めた。さらに検討するため，R出力を見てみよう。下のようなタイトルから始まる。タイトル中には因子分析の設定が書かれているので，分析結果の保存はここから以下をドラッグ＆コピーし，文書ファイルに貼り付ける。

```
> ###########################################
> # 因子分析→事後分析「なし」
> #   ml：最尤法
> #   varimax：バリマクス回転（カイザーの正規化）
> ###########################################
> tx0 # 基本統計量（SD=不偏分散の平方根）
      N    Mean    SD      Min   Max
x1    10   3.1     1.4491  1     5
x2    10   3.1     1.4491  1     5
x3    10   2.4     1.5055  1     5
x4    10   3.9     1.3703  1     5
x5    10   3.0     1.6997  1     5
x6    10   2.6     1.5055  1     5
>
```

基本統計量の下に「主成分分析」の結果が出力される。その★印の行を読む。

```
> tz1 # 主成分分析
          pc1     pc2     pc3     pc4     pc5     pc6
説明分散   2.497   2.258   0.500   0.414   0.275   0.055
寄与率     0.416   0.376   0.083   0.069   0.046   0.009
累積比率   0.416   0.793   0.876   0.945   0.991   1.000   ★
> # 下段に平行分析のオプションあり
>
```

いま2つの主成分を有力とみたが，その2個でデータの全分散をどの程度説明できるかをチェックする。見出しの"pc2"は「主成分2」のことであり，そこまでの「累積比率」の行を見ると，0.793すなわち79.3%が説明されることが分かる。これを**累積説明率**という。

累積説明率が50%以上あることが一つの目安であり，1個ではまだ満たないが，いま候補としている2個なら50%を大きく超えて適当であるといえる。累積説明率が50%を下回ると，今回のデータが因子の影響をあまり受けないような内容だった可能性がある。用いられた項目（今回の果物の種類）が，果物の好みを決める因子を探索するのに適切であったかどうかが疑われる。独自性の強い項目（後述）を外し再分析しても改善しない場合は要注意である。

(3) 平行分析はその因子数を支持するか

R出力の［オプション］で平行分析を実行できる。**平行分析**（parallel analysis）とは，データの断崖図に対してシミュレーションの断崖図を作成し，並べて描く方法である。もしデータの断崖が実質的な断崖でないなら，シミュレーションによりたまたまできる"偶然の断崖"と

同じような勾配になるだろう。しかし，データの断崖がシミュレーションによる"偶然の断崖"を超えて切り立つなら，それは"偶然でない断崖"とみなされる。そこまでを有力な因子数とする。

この"平行図"は省略するが，下の★印の行を実行すると，平行分析の結果についてコメントを出力してくれるので，平行図を見なくても判定結果を知ることができる（下段の英文訳出参照）。

```
> # [オプション]（上向矢印→先頭の # を消去→ Enter）
> fa.parallel(dx,n.iter=50,err=T)  # 平行分析★
```

Parallel analysis suggests that the number of factors=2 and the number of components = 2.
（訳）平行分析は因子数＝2，主成分数＝2を（有力として）示唆する。

平行分析のシミュレーションには，主成分分析だけでなく因子分析の一手法である**主因子法**も用いられる。その結果も因子数＝2を支持している。

なお，平行分析は多少の時間を要する。初期値はシミュレーション回数を50回としてある（n.iter = 50）。n.iter の変更はユーザの任意である。n.iter = 50 の結果にさらに確証を得たいなら，さらに n.iter = 100 と書き直してから Enter してください。

(4) 適合度指標と情報量基準を読む

適合度指標は，その因子数によるモデルがデータにどの程度よく当てはまるかを示す。また，**情報量基準** BIC はそのモデルのシンプルさも加味して判定する。以下のように出力される。

```
> tx5  # 適合度による因子数 (NF) の比較検討
          χ2       df    p値      RMSEA    BIC
NF=1    13.8926    9    0.1262   0.4118   -6.8306
NF=2     0.9506    4    0.9172   0.0000   -8.2598
>
```

因子数 NF は，ユーザの入力した因子数 ± 2 個の範囲で仮定される。ただし，NF の上限は項目数の 1／2 未満とする（今回 NF = 3 は不可）。

それぞれの因子数 NF について適合度指標として χ^2 値と $RMSEA$，及び情報量基準として BIC を出力する。これら 3 指標はいずれも小さいほうが"良いモデル"とされる。上の結果では 3 指標とも因子数 NF = 1 より NF = 2 を支持している。各指標について解説する。

χ^2値

χ^2値は，カイ二乗検定でおなじみのようにズレの指標である。因子モデルとデータとのズレを表す。χ^2値が小さいほどズレが小さく，当てはまりが良い。したがってp値は大きいほど良いことになるが，逆にp値が小さく有意であることは，モデルとデータとのズレが偶然以上の大きさであることを意味する。

RMSEA（Root Mean Square Error of Approximation）

因子モデルとデータとのズレを自由度とデータ数で標準化した指標であり，数ある適合度指標の中でも信頼性が高いとされる。0.05以下が当てはまりが良く，0.05～0.10は許容範囲であり，0.10以上は望ましくないとされる。

BIC（Bayesian Information Criterion）

ベイズ情報量基準であり，当てはまりの良さとモデルのシンプルさ（ここでは因子数の少なさ）の両観点からの評価指標である。絶対的な基準値はなく，複数のモデルの比較に用いる。値の小さいほうが良いモデルとされる。

今回，以上の3指標はみな因子数=2を支持した。ただし，χ^2値とRMSEAが支持しても，BICが支持しないというケースもよく生じる。BICは因子数が多いとシンプルでないとして"ペナルティ"を加点する。そのためである。そうしたケースでは前二者の適合度指標を優先する場合が多い。

因子数については，以上のスクリープロットや統計的指標とは全く別に，理論的予測または先行的知見から決定されることも，ふつうにありえる。

ここで一回目の因子分析は終わる。

本例で決定した因子数は，初期値の2個と一致したので，二回目の因子分析を実行する必要はないが，基本的に，二回目以降の因子分析は次ページのフローチャートのようになる。因子の抽出法，因子数，回転法の設定をいろいろに変えながら繰り返し実行する。

[二回目以降の因子分析]

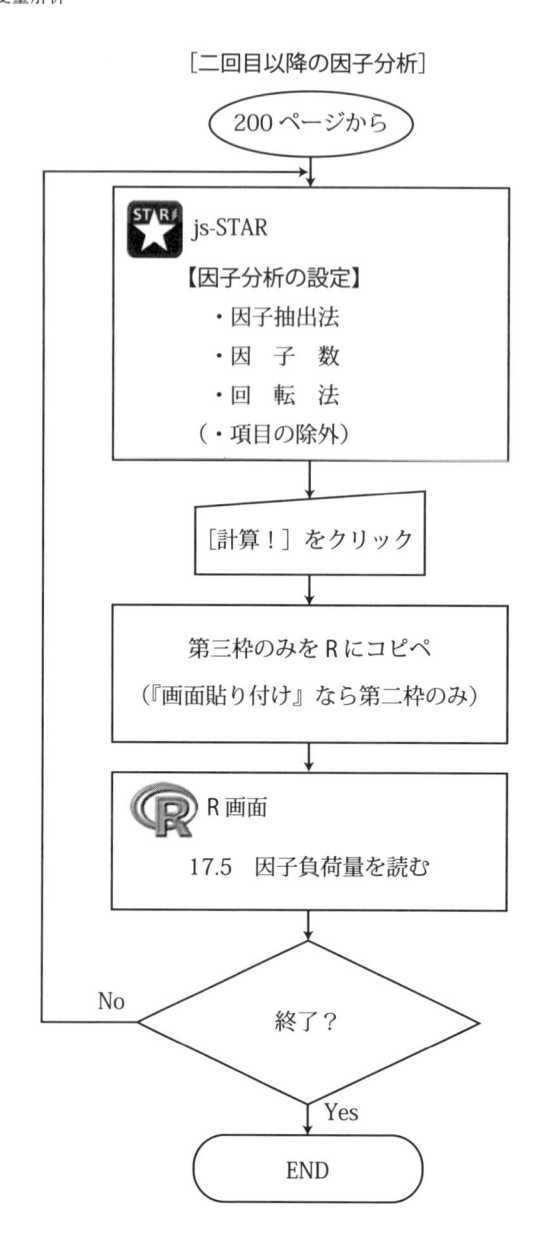

```
       200ページから
          │
          ▼
   ┌──────────────────┐
   │ js-STAR          │
   │ 【因子分析の設定】 │
   │  ・因子抽出法     │
   │  ・因 子 数      │
   │  ・回 転 法      │
   │  （・項目の除外）  │
   └──────────────────┘
          │
          ▼
   ┌──────────────────┐
   │ ［計算！］をクリック │
   └──────────────────┘
          │
          ▼
   ┌──────────────────────┐
   │ 第三枠のみをRにコピペ   │
   │（『画面貼り付け』なら第二枠のみ）│
   └──────────────────────┘
          │
          ▼
   ┌──────────────────┐
   │ R画面             │
   │ 17.5 因子負荷量を読む │
   └──────────────────┘
          │
          ▼
       ◇ 終了？ ◇ ──No──► (ループで先頭へ)
          │Yes
          ▼
        END
```

　二回目以降の因子分析では，因子探索に役立たない項目を減らすことも試みられる。その場合は，js-STARのデータ・グリッドで項目のチェックを外してから（項目を除外してから），［計算！］をクリックする。

　項目を除外してもRにデータを入力し直す必要はない**【重要】**。上のフローにあるように，［計算！］後の**第三枠だけをRに**［**コピペ**］**すればよい**。なお，『画面貼り付け』を選択しているときは第二枠になる（要するに最下段の枠内をコピペする）。

　二回目以降，結果がよくなければ［因子分析の設定］に戻り，何回もフローを循環する。

17.4 因子負荷量を読む

最終的に因子分析を終了するかどうかは，因子負荷量の出方による。

因子負荷量（factor loadings）とは，項目が因子の負荷を受けている（因子に支配されている）程度を表す

この受けている負荷の程度は，下のように細かな値として数量化される。見出しに「回転後の……」とあるがこれは後述する。

```
> tx3 # 回転後の因子負荷量
        F1      F2      共通性
x1     -0.470   0.880   0.995
x2      0.101   0.828   0.696
x3      0.345   0.680   0.582
x4     -0.923   0.276   0.928
x5      0.729   0.339   0.646
x6      0.659   0.088   0.442
説明分散 2.168   2.121   NA
寄与率   0.361   0.354   NA
累積比率 0.361   0.715   NA
> # ■斜交解のときは共通性・説明分散は無意味
>
```

タテに項目 x 1 ～ x 6，ヨコに因子 F 1，F 2（Factor1，Factor2）がとられ，各項目の因子負荷量が記載される。因子負荷量は実質，相関係数なので，相関係数と同じ解釈ができる。たとえば，x 1（リンゴ）と F 1，F 2（因子 1・因子 2）との因子負荷量を取り上げるとその解釈は下段のようになる。

```
        F1      F2      共通性
x1     -0.470   0.880   0.995
```

・x 1 は F 1 と負に相関する（F 1 の影響が大になると x1 の値は小さくなる）
・x 1 の全分散は F 1 により $(-0.470)^2 = 0.221$ すなわち 22.1% 説明される
〈同様に……〉
・x 1 は F 2 と正に相関する（F 2 の影響が大になると x1 の値も大きくなる）
・x 1 の全分散は F 2 により $0.880^2 = 0.774$ すなわち 77.4% 説明される
〈以上より〉
・x 1 の全分散はその 22.1 + 77.4 = 99.5% が因子に決定されている　△
・残り 0.5% が因子に決定されず x 1 独自に動く　▼

△印の文中の 99.5% すなわち 0.995 を項目 x 1 の**共通性**（communality），▼印の文中の 0.5% すなわち 0.005 を x 1 の**独自性**（uniqueness）という。

共通性の大きい x 1 のような項目は，因子との関連が深く，因子の内容を推理するときに良い材料となる。反対に，独自性の大きい項目は，因子の影響を受けず独自に動くので因子内容を推理する手掛かりにならない。したがって，多数の項目があるときは，共通性の小さい項目（一つの目安は共通性 0.10 以下）を外して因子分析をやり直すこともよく行われる。また，**共通性が 1.00 を超えたときは要注意**であり，反復推定が収束しなかったことによるので，因子抽出法を最小二乗法や反復主因子法に変えて再分析する必要がある。

結果の表は R 出力を整形し，下表のように作る。

表 24　回転後の因子負荷量

	F1	F2	共通性
x1	−0.470	0.880	0.995
x2	0.101	0.828	0.696
x3	0.345	0.680	0.582
x4	−0.923	0.276	0.928
x5	0.729	0.339	0.646
x6	0.659	0.088	0.442
説明分散	2.168	2.121	
寄与率	0.361	0.354	
累積比率	0.361	0.715	

表の下段の**説明分散**は，因子が決定している分散の合計値であり，因子の説明力を表している。F 1 の説明分散 = $(-0.470)^2 + 0.101^2 + \cdots + 0.659^2 = 2.168$ と計算される。

また，因子 1 の**寄与率** =（説明分散／項目数）=（2.168 ／ 6）= 0.361 と計算される。つまり因子 1 は全 6 項目の全分散の 36.1% を説明する強さをもっている。

累積比率は 2 個の因子による合計の説明率であり，因子 1 と因子 2 でデータ全体の 71.5% の動きを説明したことになる。

17.5　因子を解釈・命名する

ここから因子の内容を解釈する。これ以降，コンピュータの支援はない。統計分析は前ステップで終了している。上の因子負荷量の表を見ながら，人間の頭で「因子 1 とは何か」「因子 2 とは何か」を推理する。以下の手順で進める。

（1）因子負荷量｜0.40｜以上をマークする

まず，因子の解釈に役立ちそうな項目を選ぶ。このため因子負荷量｜0.40｜以上をマークする。因子負荷量｜0.40｜は中程度の強さの相関とされるので，これを一応の基準とする。もちろん結果次第でもっと上げてもよい。ただし，下げるのは｜0.30｜までが限界と考えておこう。

以下は，F 1（因子 1）の負荷量をマークした例である（＊印）。

	F1		
x1	-0.470	*	りんご
x2	0.101		みかん
x3	0.345		ぶどう
x4	-0.923	*	バナナ
x5	0.729	*	ナシ
x6	0.659	*	モモ

(2) 因子の内容を推理する

マークした負荷量のうち，プラスの負荷量を示した項目 x5（ナシ），x6（モモ）を取り上げる。そして，ナシとモモに**共通する性質**を考える。酸味がなく，果汁が多い，というところだろうか。

反対に，今度はマイナスの負荷量を示した x1（リンゴ），x4（バナナ）が，上とは**逆の性質をもつかを確かめる**。リンゴは多少の酸味があるが，果汁は滴るほど多いとはいえない。バナナは酸味もないが，果汁はきわめて少ない。

したがって，因子1は（酸味の濃淡にあまり関係なく）果汁の多さ・少なさに関連した好みだろうと解釈することができる。

(3) 因子を命名する

因子解釈のまとめとして，因子に適切な名前を付ける。因子1は豊かな果汁への好みとして，『果汁たっぷり因子』でどうだろうか。これは**単極型の命名**であり，因子のプラス側の内容を表したものである。**両極型の命名**なら『果汁量の因子』でもよい。単極型の命名は因子のリアルなイメージを伝えるので分かりやすい。

命名に正解はないし，ひどい命名でも明らかな誤りともいえない。センスの良し悪しの問題である。統計手法のテクニックよりも，その人の推理力や洞察力，語彙力に依存する。

同じように上の3ステップを踏んで，因子2も解釈してみよう。

ステップ1：因子負荷量 |0.40| 以上をマークする

F2に対しては下の＊印のようにマークされる。

	F1	F2		
x1	-0.470	0.880	*	りんご
x2	0.101	0.828	*	みかん
x3	0.345	0.680	*	ぶどう
x4	-0.923	0.276		バナナ
x5	0.729	0.339		ナシ
x6	0.659	0.088		モモ

ステップ2：因子の内容を推理する

マークされたx1〜x3（リンゴ，ミカン，ブドウ）に共通する性質は何か。果物の代表格のようなものだ，明確な酸味や甘みを味わえる，果物にしかない果物らしい食感をもっている，などだろうか。

ステップ3：因子を命名する

そこで，『果実感ハッキリ因子』くらいでどうだろうか。もちろん両極的な命名で『果実感因子』のようなネーミングでもよい。

こうして果物の好みを決定している2つの因子，『果汁たっぷり因子』と『果実感ハッキリ因子』が見いだされた。それが研究の結論になる。

17.6 結果の書き方

> （……果実の好みを決定している味覚因子を探索するため，参加者10人を対象に6種類の果物に対する好みを，表22のような5段階尺度で評定してもらった。）
> 　各果実に対する好みの評定値の平均と標準偏差を表□［省略］に示す。各果実について評定値の平均±SDを目安に天井効果またはフロア効果を判定したが，特に問題となる分布の偏りは見られなかった［そういうことにした］。
> 　主成分分析によるスクリープロットと平行分析の結果から2因子解を適当とし，因子分析（最尤法，バリマクス回転）を行った結果，表24のような因子負荷量を得た。因子負荷量の絶対値0.40以上を示した項目をもとに因子を解釈することにした。
> 　因子1は項目5（ナシ）・項目6（モモ）にプラスの負荷量を示し，項目4（バナナ）にマイナスのきわめて強い負荷を示すことから，果汁の多さ・少なさに関する内容と解釈し，『果汁たっぷり因子』と命名した。
> 　因子2は，項目1〜項目3（リンゴ，ミカン，ブドウ）に大きなプラスの負荷量を示すことから，明確な果物らしい食味や食感に関する内容と解釈し，『果実感ハッキリ因子』と命名した。

因子分析の結果の記述では，次の5点を述べるようにする。

- 因子の個数をどのように決定したか　　※スクリープロットと平行分析による
- 因子の抽出法と回転法は何を用いたか　※抽出法は最尤法，回転法はバリマクス回転
- 因子負荷量はどのようになったか　　　※因子負荷量の表を掲載（ほぼ必須）
- 因子解釈に用いた項目をどのように選んだか　※因子負荷量の絶対値0.40以上
- 各因子の解釈と命名はどのように行ったか　　※項目間の共通性を推理・確認

第一段落（カッコ内）は，本来は「結果」ではなく「方法」の章で述べることである。
第二段落以下が「結果の書き方」である。

因子分析の設定は，**因子数**，**因子の抽出法**，**回転法**のほかに**共通性の初期値**の四点で決まる。共通性の初期値は述べていないが，通常は SMC（重相関の二乗：square of multiple correlation）を用いるので省略できる。

因子負荷量の表は**因子パターン**（因子と項目との関係性）を示すので，掲載する表の題目を"回転後の因子パターン"と書くこともできる。

17.7 因子負荷量の大きい順に項目を並べ替える

必須ではないが，因子負荷量の大きい順に項目を並べ替えると，因子解釈の作業がしやすくなる。また，項目数20個以上くらいから，そのように並べ変えた因子負荷量の表を掲載するほうがベターである。下の［オプション］の★印の行を実行すると並べ替えてくれる。

```
> # [オプション]（上向矢印→先頭の # を消去→Enter）
> # dset              # データ全体の表示
> # fsco              # 因子得点（回帰法による）の表示
> # rmat;test;tadj    # 相関行列，p値，調整後p値（BH法）
> # fa.parallel(dx,n.iter=50,err=T)  # 平行分析
> # print(kx2,di=3,cu=0,so=T)  # 負荷量の大きい順の表示★
>
```

17.8 因子軸の回転について理解する

因子分析では，因子負荷量を算出した後に，さらに回転計算を行う。以下の左側が回転前の負荷量，右側が回転後の負荷量である。

[回転前]	F1	F2	共通性★	[回転後]	F1	F2	共通性★
x1	0.026	0.997	0.995	x1	−0.470	0.880	0.995
x2	0.497	0.670	0.696	x2	0.101	<u>0.828</u>	0.696
x3	0.636	0.421	0.582	x3	0.345	<u>0.680</u>	0.582
x4	−0.666	0.696	0.928	x4	<u>−0.923</u>	0.276	0.928
x5	0.801	−0.065	0.646	x5	0.729	0.339	0.646
x6	0.616	−0.249	0.442	x6	0.659	0.088	0.442

回転前に比べて，回転後は各項目の因子への帰属が明確になる。これを"単純構造が得られる"と表現する。たとえば項目 x2，x3，x4 は，回転前に2因子のどちらにも負荷量 | 0.40 | 以上を示していたが，回転後は一方の因子だけに | 0.60 | 以上を示すようになった（上表のアンダーライン部参照）。

各項目の共通性（上表の★印）が回転前と回転後で変わっていないことに注意しよう。回転計算は，そのように因子全体の説明分を変えずに，特定の一つの因子に項目を接近させる。下の図は，この回転計算のイメージである。

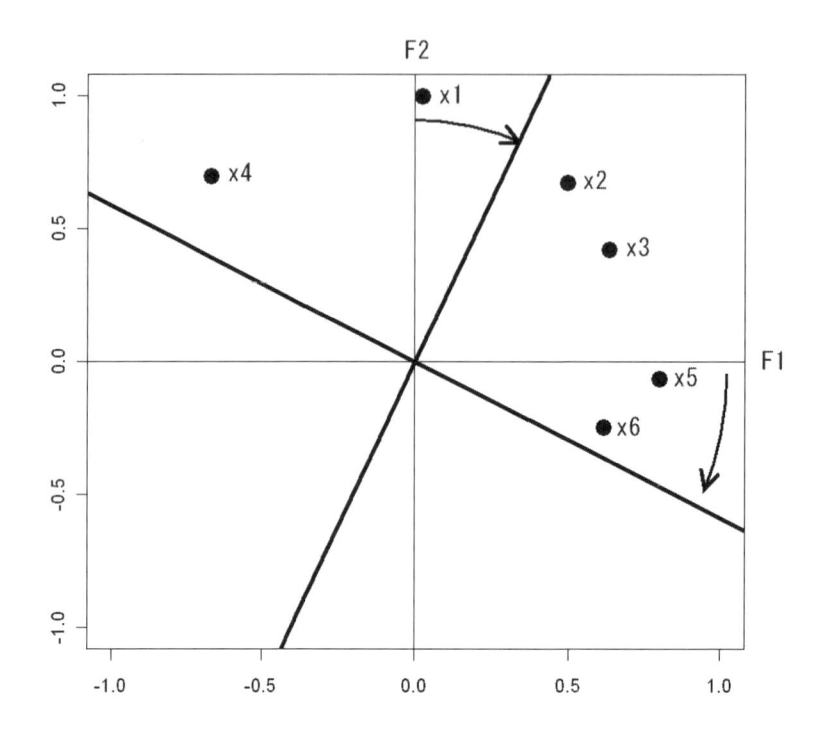

ヨコ軸が因子1，タテ軸が因子2である。これを**因子空間**と呼ぶ。この因子空間の中に項目 x1～x6の因子負荷量を座標として項目を点描する。そこまでが回転前の因子パターンである。そこから，項目の位置を変えずに，項目がどちらか一方の因子だけに接近するように因子軸を回転する（**因子軸の回転**）。x2やx4の座標の変化に注目していただきたい。

上図は**バリマクス回転**といわれる方法である。因子軸の交差角度を直角に保ったまま回転させるので，**直交回転**という。直交回転には他の方法もあるが，バリマクス回転が最もシンプルで多用される。

これとは別に**斜交回転**といわれる方法もあり，因子軸の角度に制約を付けず回転する。これにより各項目の共通性が回転前と違ってくる。このため斜交回転ではR出力の「共通性」や「説明分散」の値は無意味である【重要】。斜交回転の因子負荷量には「共通性」や「説明分散」を付記することはできない。

代わって**因子間相関**を報告する必要がある。因子間相関は因子軸の交差角度を表す。斜交回転を選ぶとR出力中に表示されるので，それを読み取り，結果に書き込む。

このように因子の抽出法と回転法の組み合わせで，因子負荷量は変わってくる。どれがよいかは，因子解釈がうまくいくかどうかで決めるしかなく，試行錯誤的な分析になる。

js-STARの画面で選べる回転法は下の4つである。

・バリマクス回転（正規化：回転前の因子負荷量を標準化する）
・バリマクス回転（非正規化）
・プロマクス回転
・オブリミン回転

バリマクス回転は直交回転の唯一のメニューである。回転前の因子負荷量を標準化してから回転計算を行う正規化と，非正規化の選択がある。どちらでもよい。**プロマクス回転**と**オブリミン回転**は斜交回転であるが，前者はバリマクス解を標的にして回転させるので中間的である。

どれがよいかは結果次第である。良い結果が得られるものが良い。実用的には直交回転が優れている。理論的に階層モデルが想定されるとき斜交回転が適切である。

なお，斜交回転では，因子パターン（因子負荷量）と因子構造（因子と項目の相関係数）の二通りの表が出力される。基本的に因子パターンを読み取るが，因子構造がより明確に単純構造を示す場合はそちらを読み取るのも一案である。出力オプションの［斜交解の因子構造］により表示できる。直交回転法では因子パターンと因子構造は一致する。

17.9　因子得点を利用する

因子分析では，各項目について因子負荷量を計算するほか，各参加者について因子得点を計算する。

因子得点（factor scores）は，参加者が因子に影響される程度を表す。これはR出力の［オプション］のdsetまたはfsco（下の★印）を実行すると表示される。

```
> # [オプション]（上向矢印→先頭の#を消去→Enter）
> # dset              # データ全体の表示★
> # fsco              # 因子得点（回帰法による）の表示★
> # rmat;test;tadj    # 相関行列，p値，調整後p値（BH法）
> fa.parallel(dx,n.iter=50,err=T)    # 平行分析
> # print(kx2,di=3,cu=0,so=T)        # 負荷量の大きい順の表示
> # print(kx2$Str,dig=3,cut=0,so=1)  # 斜交解の因子構造（相関）
>
```

下はdsetを実行した表示例である。

```
>     dset    #データ全体の表示
      x1   x2   x3   x4   x5   x6    F1        F2
1     1    1    1    3    3    1     0.2323   -1.5165   ★
2     3    1    1    5    2    3    -0.9230   -0.5805
3     5    5    1    5    3    1    -0.7290    1.0836
4     3    3    2    5    1    2    -0.8420   -0.5117
5     5    4    4    5    1    1    -0.7882    1.0538
6     2    3    2    3    4    2     0.5662   -0.5498
7     2    2    1    4    1    3    -0.3589   -1.0485
8     5    4    5    5    5    3    -0.1990    1.3865
9     3    5    3    3    5    5     1.0120    0.4771
10    2    3    4    1    5    5     2.0296    0.2059
```

↑
参加者番号

各参加者の素データ（5段階評定値）と因子得点が表示される。因子得点は通常，**標準化因子得点**（standardized factor scores）であり，平均＝0，標準偏差＝1に変換された値になっている。js-STARのRプログラムでは，"回帰法"による因子得点を計算する。

因子得点がゼロから離れれば離れるほど，その参加者は因子に強く影響された回答を与える。上の参加者9番・10番は，**F1**「果汁たっぷり因子」に強くプラスに影響されている（それぞれ1.0120, 2.0296）。それで両者ともx5（ナシ）とx6（モモ）を評定値＝5「人の分まで食べたい」と回答している（上表のアンダーライン部参照）。

また，参加者1番は，**F2**「果実感ハッキリ因子」に強くマイナスに影響されているので（出力中の★印，－1.5165）。それで果実感の明確な果物らしい果物x1, x2, x3（リンゴ・ミカン・ブドウ）に対して軒並み評定値＝1「食べたくない」を回答している。

このように因子得点と各項目の評定値，そして因子負荷量は，下のような影響関係にある。

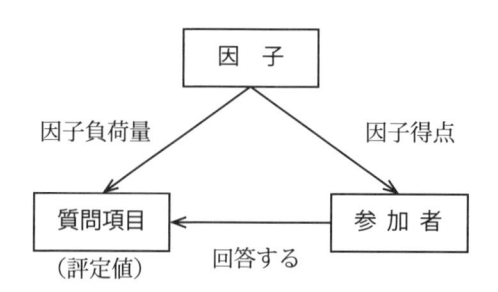

```
              ┌─────┐
              │ 因 子 │
              └─────┘
           ／            ＼
     因子負荷量         因子得点
       ／                    ＼
┌─────┐                ┌─────┐
│質問項目│ ←── 回答する ── │参加者│
│(評定値)│                └─────┘
└─────┘
```

参加者が質問項目に回答した評定値に基づいて，因子から項目への説明力（因子負荷量）と，因子から参加者への影響力（因子得点）が推定される。見方によっては，陰で因子が参加者に指図し，あらかじめ決められた評定値を各項目に付けさせているようなものである。そうした仮定により計算された数値が因子得点である。

　因子得点は参加者ごとに算出されるので，因子分析以後に参加者を対象として種々の分析を進めることができる。たとえば参加者を男女の2群に分け，因子得点に男女差があるかどうかを見ることができる。その場合には，[オプション]の dset（評定値と因子得点）または fsco（因子得点のみ）を表示し，因子得点の部分をドラッグ&コピーして利用する。

　こうした因子分析から他の分析手法への連携をサポートする機能として，js-STAR の因子分析メニューに［因子得点を用いた事後分析］のオプションがある。次章の例題がそれである。

練習問題 [7]

例題 16 の因子分析の手法を変えてみよう。例題 16 では，因子抽出法を最尤法，因子軸の回転法をバリマクス回転としたが，バリマクス回転は直交回転なので，これを斜交回転の一方法であるプロマクス回転に変えて分析してみよう。下図のように設定する。

因子抽出法：	ml：最尤法
因子数：	2
回転法：	promax：プロマクス回転

［計算！］をクリックすると，いつも第一枠から第三枠まで出力されるが，第三枠のみをR画面にコピペする。幾つかの項目のチェックを外して再分析するときも，第三枠のみをR画面にコピペするだけでよい。このように，データを読み込んだあとは，分析の操作はラクである。いろいろと手法を変えたり，項目を削ったりして実行し，複数の結果を得て比較してみるようにする。

プロマクス回転の結果は省略するが，プロマクス回転は斜交回転であり，因子軸の交差角度に制約を設けない。そのため因子間相関を生じることになる。下のように因子間相関が出力されるので，これを結果の記述に含めるようにする。

```
> tx4 # 因子間相関
        F1      F2
F1   1.000   0.219
F2   0.219   1.000
> # 直交解のときは参考値（因子得点相関）
>
```

因子間相関 0.219 はひじょうに弱く，無視できる程度の大きさである。そこで，あらためて直交回転（バリマクス回転）を実行する根拠になるだろう。

ただし，因子間相関が大きかったら，斜交解を採用すると簡単に即断できないことに注意しよう。使われている複数の項目が似ていて内容の重複が十分にチェックされていない可能性がある（因子の作為的抽出につながる）。また，大きすぎる因子間相関は一つの因子とみなしたほうがよいという解釈も可能である。

18章 因子分析から分散分析へ

例題17 味覚因子に男女差はあるか？

例題16で果物の好みを評定した参加者10人のうち，男性と女性の好みに因子レベルの差があるといえるか分析せよ。

表25 参加者10人の6種の果物の好み （値の定義は表22参照）

参加者番号 s	リンゴ x1	ミカン x2	ブドウ x3	バナナ x4	ナシ x5	モモ x6	要因A yoinA
1	1	1	1	3	3	1	1
2	3	1	1	5	2	3	1
3	5	5	1	5	3	1	1
4	3	3	2	5	1	2	1
5	5	4	4	5	1	1	1
6	2	3	2	3	4	2	2
7	2	2	1	4	1	3	2
8	5	4	5	5	5	3	2
9	3	5	3	3	5	5	2
10	2	3	4	1	5	5	2

解説

"因子レベルの差"というのは，個々の果物における男女差ではなく，因子分析により抽出された味覚因子における男女差のことである。評定値の差は，単に男性より女性がモモを好むというような表面的事実を示すのみであるが，因子得点の差なら「なぜそうなのか」という因果的法則性に言及できる。たとえば，男性より女性がジューシィな味覚を好むから（因子1にプラスに影響される傾向が強いから）モモを好むというような。

実用的利点としては，6種類の果物の評定値について6回の分散分析を行う代わりに，2個の味覚因子得点を用いた2回の分散分析で済ませることができる。

分析手順としては，データ行列の右端に要因を1つ追加する。上の表25のyoinA（要因A：男女）のように男性＝1，女性＝2と水準番号を与える。注意すべきは，水準番号が1, 2, …と増加するように男女別に参加者を並べておくことである（昇順ソートという）**【必須】**。

js-STARの**【因子得点を用いた事後分析】**のメニューで**【分散分析】**を選択しよう。

18.1 操作手順

①**手法を選ぶ**：【因子分析】をクリック

②**「因子得点を用いた事後分析」を下のように設定する**

上のように［因子得点を用いた事後分析］を『分散分析』とし，［事後分析の要因数］を『1』とする。これで1要因分散分析の設定になる。データ・グリッドの見出しには『要因A』の列が追加される（2要因を指定すると『要因A』と『要因B』の列が追加される）。

以下，前例の因子分析と同じ操作手順になる。

一点だけ必要なことは，『要因A』の列に水準番号を入れておくことである。上のグリッドの形式にあわせて，下のようなデータ行列をつくる。それを js-STAR に貼り付ける。

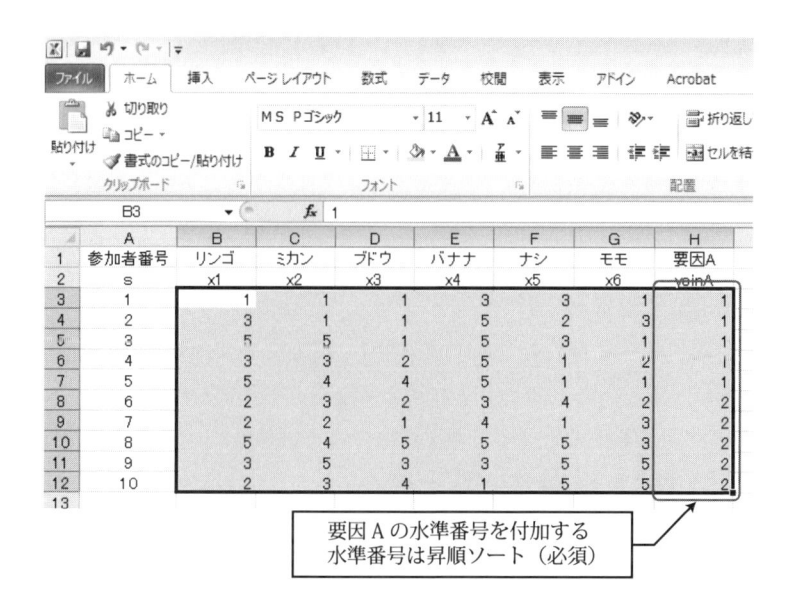

要因Aの水準番号を付加する
水準番号は昇順ソート（必須）

18.2 分散分析の結果を読む

因子分析の結果が出力されたあと，下のような分散分析の結果が表示される。

```
> tx7 # 標準化因子得点を用いた分散分析の結果
              要因A    要因B   要因C   A×B    A×C    B×C    AxBxC
因子1_ F比 =   6.3613   NA     NA     NA     NA     NA     NA
因子1_ p値 =   0.0357   NA     NA     NA     NA     NA     NA
              NA       NA     NA     NA     NA     NA     NA
因子2_ F比 =   0.0818   NA     NA     NA     NA     NA     NA
因子2_ p値 =   0.7821   NA     NA     NA     NA     NA     NA
> # 因子得点の計算は回帰法による
>
```

見出しは分散分析の主効果・交互作用の計7つあるが，本例は1要因計画なので「要因A」の欄だけを読む。すると，因子1の得点では有意であり（$F = 6.3613$, $p = 0.0357$），男女差が見いだされた。因子2の得点では有意でない（$F = 0.0818$, $p = 0.7821$）。

ここで結果の概略をつかんで，有力な因子得点についてはさらに詳細な分析をjs-STARの分散分析メニューで行うようにする。下の出力はそのための情報とデータである。下のデータをjs-STARにコピペする。

```
> ## ■■ js-STAR ／ Asをクリック ■■
> levA # 要因Aの水準数
[1] 2
>
> NN    # 各水準の参加者数を設定する際に参照する
 5 5
>
> daF1 # 因子得点F1：js-STAR へコピペし【代入】→【計算】
0.232 -0.923 -0.729 -0.842 -0.788 0.566 -0.359 -0.199
1.012 2.03
>
```

見出しにある「■■ js-STAR／Asをクリック ■■」にしたがって，js-STARの分散分析メニュー【As（1要因参加者間）】をクリックする。そして，表示されたlevA（要因Aの水準数），NN（参加者数），daF1（因子1のデータ）を，R画面からjs-STARの該当箇所へ入力またはコピペする。次ページの操作イメージを参照してください。

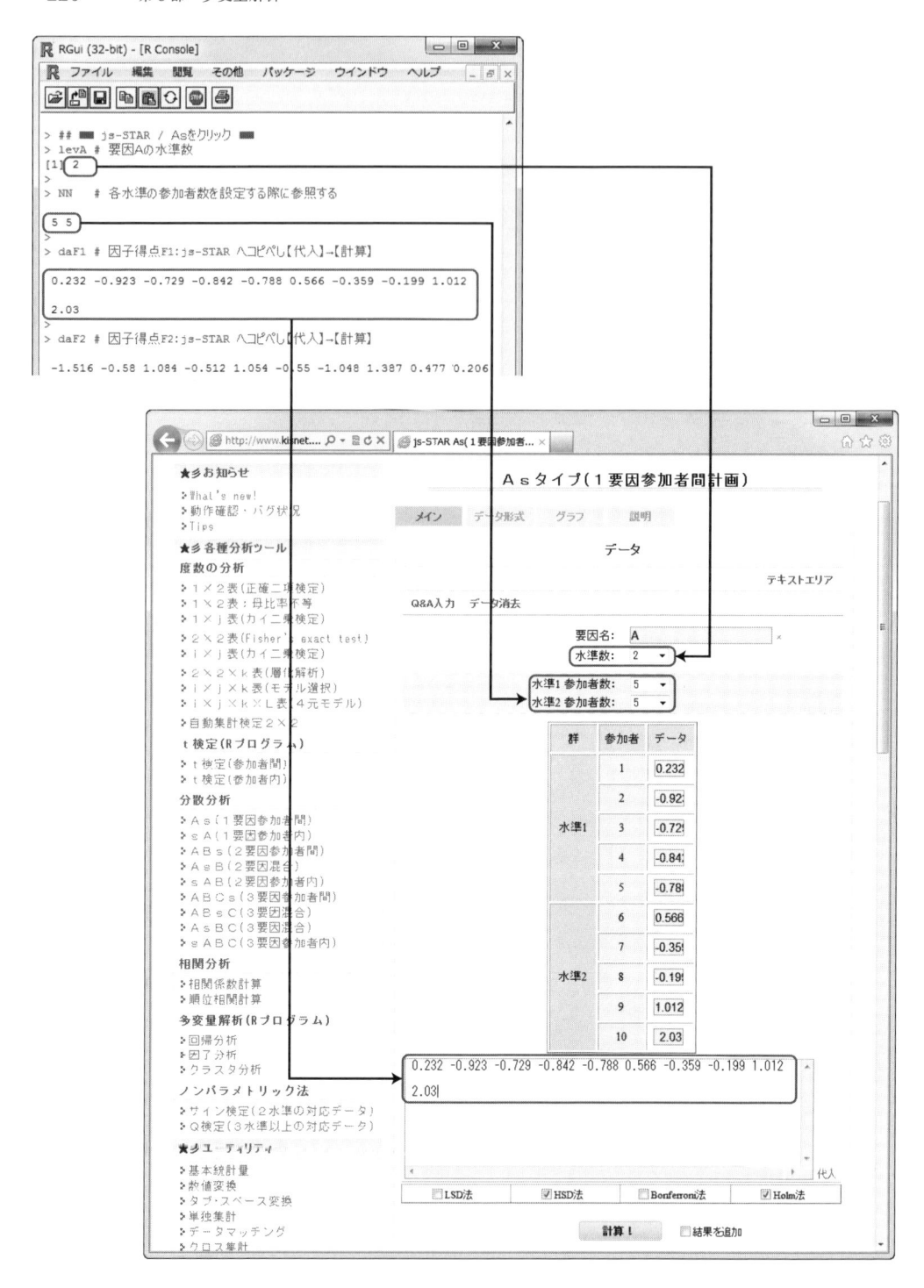

本例では2因子を抽出したので，因子得点も2種類出力される（出力中でdaF1, daF2と表示される）。このため，2回の分散分析を実行し複数回の検定になるが，**この2因子は直交解なのでp値を調整する必要はない**。直交回転なら何因子解でもp値の調整は不要である。つまり従属変数が相関しなければ多数回検定の問題は生じない。

[結果の書き方]

> 　標準化因子得点を用いた分散分析を行った結果，因子1『果汁たっぷり因子』では男性よりも女性の平均が有意に大きいことが見いだされた（$F(1, 8) = 6.36$, $p = 0.036$, *effect size f* = 0.892, *power* = 0.696）。しかし，因子2『果実感ハッキリ因子』では男女差は有意でなかった（$F(1, 8) = 0.082$, $p = 0.782$, *effect size f* = 0.101）。
> 　因子分析の結果から，果物の好みは果汁の量と果物らしい明確な味覚の2因子によって決まることが明らかになったが，特に女性のほうが男性より果汁の多い果物を好むことが示唆された。

　カッコ内の効果量 f は，$f = \sqrt{F比 \times df1 / df2} = \sqrt{6.36 \times 1 / 8} = 0.892$ として求められる。

　結果の解釈として，女性が因子1の性質を好むことと相対的に，男性が果汁の多い果物を嫌うと考えることもできる（ベタベタするから？）。好きな程度に男女差があるのか，嫌いな程度に男女差があるのかは因子得点の値だけでは分からない。評定値の平均を比べて検討しなければならない。因子得点は標準化され，相対化された指標であることに注意しよう。

　因子得点を用いた分析により，現実にいかにもありそうな有意差が得られると，発見された因子の実在性が高まる。そこまで見通して，因子分析以後に行う"事後分析用"のデータ（参加者の年齢や性別などの属性データ）を取っておくと生産的である。

練習問題 [8]

例題17の因子分析後の分散分析では,男女1要因だけを指定したが,もう1要因,参加者の年代(十代・二十代)を加えて分析してみよう。

下のように [事後分析の要因数] = 2 を選択する。要因Aの列には"男性=1""女性=2"と入力したので,これに加えて [要因B] の列に"十代=1""二十代=2"と入力する。この入力は必ず昇順ソートされていなければならない。

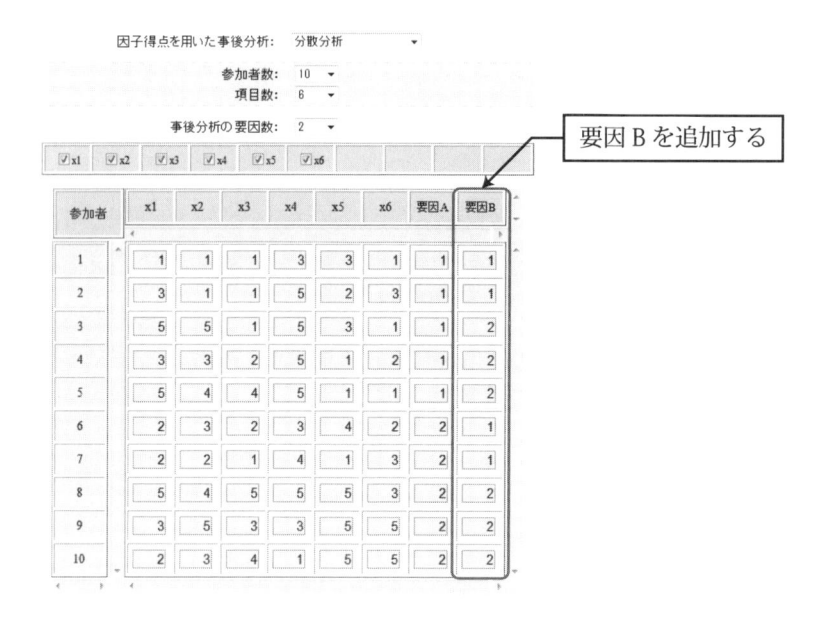

実行結果として下の出力(一部)が得られる。因子1・因子2とも男女×年代の交互作用は有意でなく(ps = 0.2457, 0.9151),因子1では主効果Aが有意傾向(p = 0.0715),因子2では主効果Bが有意である(p = 0.0149)。詳細な分析は分散分析 A B s メニューを用いて得ることになるが,その前の速報値として役に立つだろう。

```
> tx7 # 標準化因子得点を用いた分散分析の結果
              要因A      要因B      要因C     A×B
因子1_ F比 =   4.7769    0.1627    NA        1.6551
因子1_ p値 =   0.0715    0.7007    NA        0.2457
              NA        NA        NA        NA
因子2_ F比 =   0.1899   11.4067    NA        0.0124
因子2_ p値 =   0.6783    0.0149    NA        0.9151
```

19章 クラスタ分析

クラスタ分析は，因子分析と同じく"参加者×変数（項目）"のデータ行列を分析する。ただし，因子分析は変数をグループ分けするが，**クラスタ分析は参加者をグループ分けする**。この分けられたグループを"クラスタ"（cluster）という。クラスタは「束ねたもの」という意味である。クラスタ分析（cluster analysis）は，似たような回答を与える同質の参加者を束ね，グループ化する方法である。

クラスタ分析には，**階層的クラスタ分析**と平面的クラスタ分析（**k-means法**）がある。一般には，クラスタ数が幾つになるかの試行錯誤的な探索となるので階層的クラスタ分析がよく用いられる。平面的クラスタ分析は，最初からクラスタ数をk個と固定したグループ分けの方法であり，本書では取り扱わない。

例題18 味覚傾向の似た者同士をグループ分けしよう

例題16で因子分析により抽出した果物の味覚因子を用いて，参加者10人を味覚の似た者同士にグループ分けし，各グループの特徴を比較しなさい。

表26 参加者10人の標準化因子得点

参加者	果汁たっぷり	果実感ハッキリ
1	0.2323	− 1.5165
2	− 0.9230	− 0.5805
3	− 0.7290	1.0836
4	− 0.8420	− 0.5117
5	− 0.7882	1.0538
6	0.5662	− 0.5498
7	− 0.3589	− 1.0485
8	− 0.1990	1.3865
9	1.0120	0.4771
10	2.0296	0.2059

解 説

前の例題で抽出した『果汁たっぷり因子』と『果実感ハッキリ因子』の標準化因子得点（平均 = 0, SD = 1）を用いて，その値が近い参加者，いわゆる"似た者"同士をクラスタ化する。

たとえば，参加者2番・4番は『果汁たっぷり』を強く嫌う点でよく似ている（− 0.9230, − 0.8420）。両者はまた『果実感ハッキリ』も同程度に好まない（− 0.5805, − 0.5117：表中のアンダーライン部参照）。したがって同じ特徴を示す者たちとして"束ねられる"（クラスタ化される）。このクラスタに対して，参加者3番・5番も『果汁たっぷり』を強く嫌う点では同じで

あるが（−0.7290, −0.7882），『果実感ハッキリ』を大いに好むところが前2名とは大きく異なる（1.0836, 1.0538）。そこで別クラスタとされる。

このように，参加者同士の各得点の近さ・遠さ（すなわち距離）に基づいてクラスタ化を行う。js-STARの多変量解析メニュー【クラスタ分析】をクリックしよう。

19.1 操作手順

クラスタ分析も，因子分析と同様，基本的に二回以上の実行を必要とする。

まず，一回実行して，その結果を見てクラスタ数を決定する。そして，決定したクラスタ数を指定して，二回目のクラスタ分析を実行し正式の結果を得ることになる。

①**手法を選ぶ**：【クラスタ分析】をクリック

②**参加者数，項目数，成員名の有無を下のように設定する**

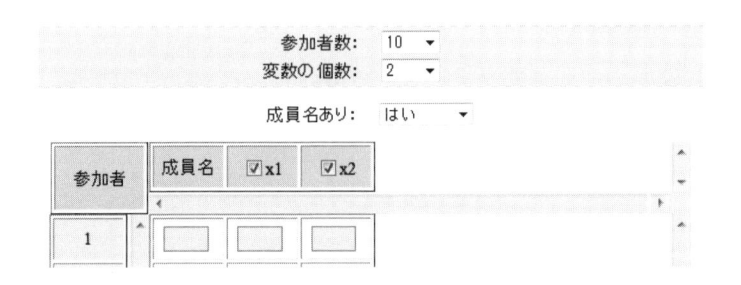

R画面から因子得点のデータを持ってくる場合は，[成員名あり]を『はい』としておく。すると，上のようにデータ・グリッドの見出しに"成員名"の列が設けられる。

[成員名あり]に『いいえ』を選択すると，"成員名"の列は設けられず，見出しは"x1"から始まる（参加者番号1, 2, 3, .. を成員名とみなす）。

③**データを入力する**

画面のデータ・グリッドに，表26の数値を直接に入力する。

ここでは，例題16で求めた標準化因子得点を分析するので，例題16のR出力を利用することができる。

R画面で，因子分析の[オプション]のfscoを実行する。fscoは因子得点を表示する。表示された参加者番号と因子得点をそっくりそのままjs-STARにドラッグ＆コピペする。次のイメージ図を参照してください。

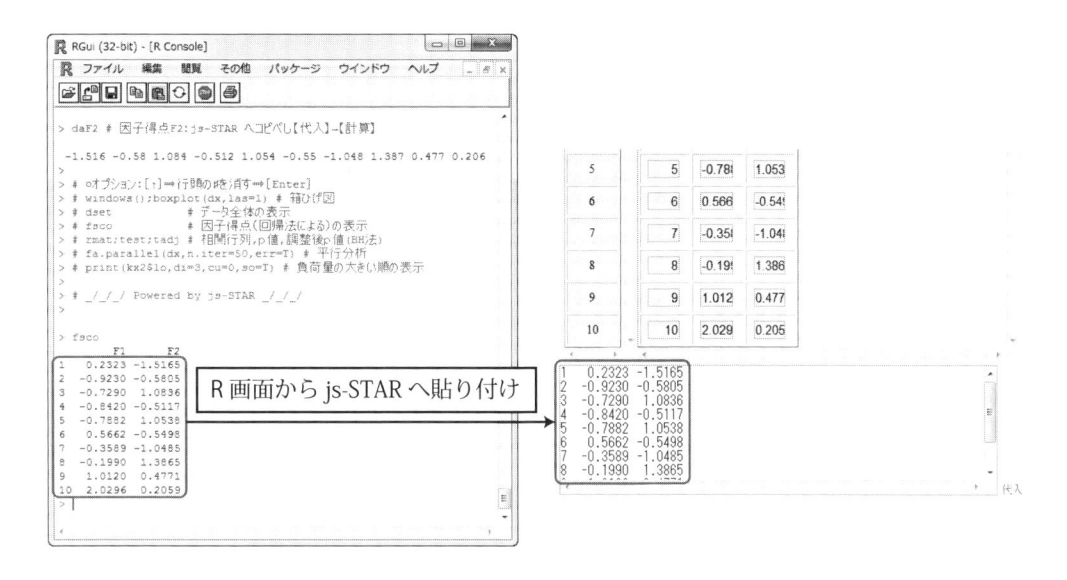

④ 分析手法の設定を行う

クラスタ分析の各種手法を設定する。すでに入っている初期値は，最もポピュラーな設定であるので，通常はこのままを推奨する。[クラスタ数] だけ初期値＝2となっているので，それでよくなければ二回目の実行のときに変える。以下，各設定について説明する。

データの標準化 ：基本的に初期値の「する」のままにしておくこと【重要】。
　　　　　　　　　標準化により各変数のデータは平均＝0，$SD=1$ に変換される。こうしてデータを同一の尺度で同一のバラつきにしておく。そうしないと，たとえば10点満点の変数における5点差と，100点満点の変数における5点差を同じ距離と判定するようなことが起こる。本例が用いる2変数は，どちらも標準化因子得点なので，実は [データの標準化] は不要であるが，標準化された指標でない場合は必須である。
距離の計算 ：初期値 [euc：ユークリッド距離] を推奨
距離の二乗 ：ウォード法では [する]，他の方法では [しない] を推奨
クラスタ化の方法：初期値 [ward：ウォード法] を推奨
クラスタ数 ：一回目は初期値 [2] のままでよい。二回目以降はユーザの任意

これ以下，[計算！] ボタンをクリックし，R画面へのコピペとなる。データ入力方法が『クリップボード読込』と『画面貼り付け』では手順が異なるので，167ページを参照してください。

19.2 デンドログラムを読む

ここでは，一回目のクラスタ分析の結果から，クラスタ数＝3が適切と決めて，二回目のクラスタ分析を実行したことにする。その結果として，下のトーナメント表のような図が描かれる。これは**樹形図**または**デンドログラム**（dendrogram）という。

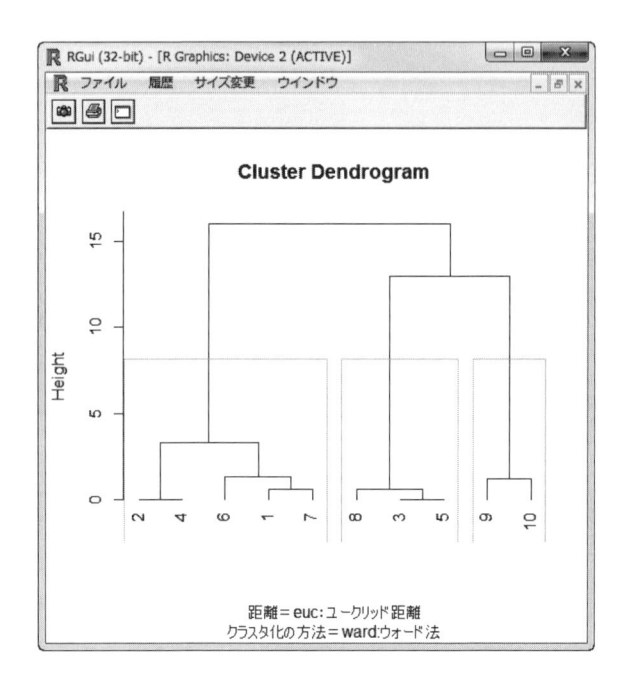

[Cluster Dendrogram の図：横軸に成員番号 2, 4, 6, 1, 7, 8, 3, 5, 9, 10、縦軸に Height (0〜15)。距離＝euc:ユークリッド距離、クラスタ化の方法＝ward:ウォード法]

ヨコ軸は成員名である。このような通し番号ではなく，成員名に「田中」「中野」などの固有名を用いることもできるが，その場合，js-STAR に貼り付けるデータの通し番号の代わりに，固有名を入力するような加工が必要である。

デンドログラムのタテ軸は"樹木"の高さ（Height）を表し，**樹木の高さは参加者間の距離（非類似度）を示す**。樹木の低い所で結ばれている参加者ほどお互いの距離が小さく，よく似ている。樹木の高い所で結ばれた参加者同士は，かなり高いところまで登らないと一緒になれない。つまり，お互いの距離が大きく，似ていない。

図を見ると，やはり参加者2番・4番が真っ先に結ばれ，最初のクラスタを形成している。同じく，参加者3番・5番も"ほとんど上に登ることなく"底辺で結ばれて別クラスタを形成している。しかし，両クラスタは，樹形図の最高点に達するまで結ばれることがない。それほど異質なクラスタである。『果実感ハッキリ』を激しく嫌う者たちと大いに好む者たちとの違いである。

[クラスタ数を決める]

一回目のクラスタ分析では，このデンドログラムを見て，クラスタ数を決める。

それには，適当な高さ（Height）で水平線を引いてみることである。その**水平線が樹木（タテ線）を切る交点の数がクラスタ数になる**。本例では，高さ＝4辺りで水平線を引いて樹木を

3本切った。つまり，クラスタ数＝3と決定した。

　もう少し低い所，高さ＝2.5辺りで水平線を引くと，タテ線4本を切る（クラスタ数＝4）。それも有力かもしれない。

　クラスタ数の決定は，最終的に各クラスタについて"特徴づけがうまくいく"ような数がベストである。つまり，各クラスタ内は同質であればあるほど特徴づけがしやすく，かつ各クラスタ同士が異質であればあるほど特徴づけがしやすい。その観点から次のような決め方が望ましい。

・なるべく低い高さで水平線を引く　　⇒クラスタ内が同質になる
・クラスタ数が少なくなる高さを選ぶ　⇒クラスタ同士が異質になる

　第一の観点を優先し，水平線の候補が複数あって迷ったら，第二の観点をとるようにする。実践的には，全ての候補（クラスタ数）を実行し，クラスタの特徴づけを試みて"良い結果"を選ぶことである。

　クラスタ数を決めたところで，一回目のクラスタ分析は終了し，一回目のR出力は読まずに捨てるのであるが，**本例は二回目のクラスタ分析としてクラスタ数＝3で実行しているので**，以下を読み進める。

19.3　クラスタのプロフィール分析

タイトルには，各種設定が書き込まれる。

```
> ########################
> # クラスタ分析：
> #   ユークリッド平方距離
> #   ウォード法
> #   ・クラスタ数　＝3
> #   ・変数の標準化＝なし
> ########################
> tx0 # 基本統計量（SD＝不偏分散の平方根）
      n    M     SD      min      max
x1   10    0   0.9661  -0.9230  2.0296
x2   10    0   0.9876  -1.5165  1.3865
>
```

　まず，クラスタ分析に用いた変数の基本統計量が表示される。js-STARの設定で［データの標準化］を『する』とした場合も，元のデータの平均と標準偏差が計算される。本例では，x1，x2共に標準化因子得点なので，元々どちらもM（平均）＝0，SD＝1であり，細か

な数値になっている。

次に，各クラスタの特徴を明らかにする（プロフィール分析）。このため成員数と各変数の平均を比べた結果が出力される。

```
> tx4 # 各クラスタのプロフィール分析
            CL1      CL2      CL3     F/χ2     p値
成員数n     5.000    3.000    2.000    1.400    0.4966
x1_M       -0.274   -0.592    1.574    8.543    0.0132
x1_SD       0.677    0.336    0.745    0.930    0.6281
             NA       NA       NA       NA       NA
x2_M       -0.852    1.189    0.346   32.015    0.0003
x2_SD       0.442    0.186    0.194    1.638    0.4409
> # n の有意差検定は適合度検定（χ2値）
> # M の有意差検定は分散分析（F値）
> # SD2 の同質性検定はバートレット検定（χ2値）
>
```

上辺の見出し"CL1"は「クラスタ1」を表す。3クラスタあるので，CL1～CL3と表記される。その右の見出し「F/χ^2」は，掲載される統計量がF比またはχ^2値であることを示す。注釈にあるように，成員数の有意差検定と分散（SD^2）の同質性検定のとき掲載される数値はχ^2値であり，平均の有意差検定のとき掲載される数値はF比である。以下，各検定について順番に述べる。

「成員数n」は各クラスタに所属するメンバーの人数である（5人，3人，2人）。この成員数の有意差検定の結果として，χ^2値 = 1.400，p = 0.4966 が表示される。各クラスタの成員数に有意差があれば，参加者間に多数派と少数派が存在するという知見が得られる。本例は有意にならないが，有意であったときには3クラスタ以上なら多重比較が必要である。その際は，js-STARの【1×j表（カイ二乗検定）】を実行してください。

そこから以下は，各変数の平均（M）と分散（SD^2）の有意差検定を交互に繰り返す。「x1_M」は変数1『果汁たっぷり因子』の平均を表し，各クラスタの平均（－0.274，－0.592，1.574）について分散分析を行った結果として，F比 = 8.543，p = 0.0132 が表示される。これは有意なので，次に出力される多重比較の結果を読みにゆく。

```
tx5 # 平均の多重比較(プールドSDを用いたt検定)
            CL1         CL2
x 1_CL2     0.4996      NA
x 1_CL3     0.0129      0.0129
            NA          NA
x 2_CL2     0.0003      NA
x 2_CL3     0.0076      0.0356
> # 数値は調整後p値(両側確率)
> # p値の調整はBenjamini & Hochberg(1995)による
>
```

　変数x1の見出しが付いた行を読む。"x1_CL3"とCL1, CL2との間の平均差が有意である（adjusted ps = 0.0129, 0.0129）。クラスタ3の平均 = 1.574であり、他のクラスタより『果汁たっぷり』を強く好む特徴をもつことが示唆される。

　前段の出力では、変数x2についてもF =32.015, p = 0.0003が得られていた。上の多重比較によると全クラスタ間に有意差が見られる（adjusted ps < 0.05）。ちなみに、各クラスタの各変数の平均を図示してみると、下のようになる（○内の数字はクラスタ番号）。

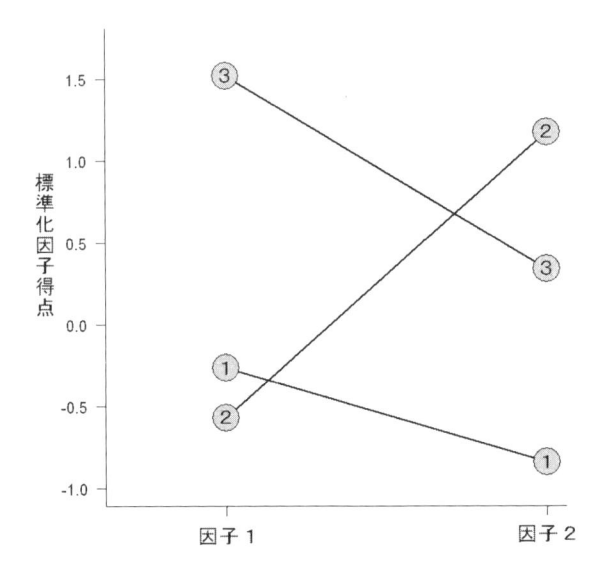

　クラスタ3が因子1『果汁たっぷり』を大いに好む人たちであり、グラフの形が"＼"になっている。対照的に、クラスタ2は因子2『果実感ハッキリ』を比較的好む人たちであり、グラフの形が"／"になっている。クラスタ1はどちらの好みも強く示さずグラフの形はほぼ横ばいの"－"であり、果物自体をそれほど好まない一群であることが見て取れる。

　こうした明確な特徴づけをすることができれば、クラスタ分析は一応の成功である。

19.4 結果の書き方

> 　果物の好みについて因子分析により抽出した2因子の標準化因子得点を変数とし，参加者10人を対象にユークリッド距離の二乗を用いたクラスタ分析（ウォード法）を行った。その結果，図□のデンドログラム［226ページから作図する］が得られた。
> 　この図□において3クラスタを適当とし，各クラスタの因子得点の平均（図♯参照）［229ページから作図する］について分散分析を行った。
> 　その結果，変数1『果汁たっぷり因子』の因子得点については，分散分析の結果は有意であり（$F(2, 7) = 8.543$, $p = 0.013$, $effect\ size\ f = 1.562$），プールド SD を用いた t 検定（$\alpha = 0.05$, 両側検定）により多重比較を行った結果，クラスタ3の平均が他のクラスタより有意に大きいことが見いだされた（$adjusted\ p$ s $= 0.013, 0.013$）。クラスタ1とクラスタ2の平均の差は有意でなかった（$adjusted\ p = 0.500$）。p 値の調整は Benjamini & Hochberg (1995) の方法による（以下の多重比較も同様）。
> 　また，変数2『果実感ハッキリ因子』においても分散分析の結果は有意であり（$F(2, 7) = 32.015$, $p = 0.000$, $effect\ size\ f = 3.024$），多重比較によると，クラスタ2の平均がクラスタ3より有意に大きく（$adjusted\ p = 0.036$），また，クラスタ3の平均がクラスタ1より有意に大きかった（$adjusted\ p = 0.008$）。すなわち，"クラスタ2＞クラスタ3＞クラスタ1" という大小関係が見られた。
> 　以上の結果から，クラスタ3は特にジューシィな果物を好む集団であり，クラスタ2は果物らしいハッキリした味覚を好む集団であり，相対的にクラスタ1は特に強い好みを示さない，あまり果物を好まない集団であるといえる。

　第一段落がクラスタ分析の結果である。基本的に，ほぼ常に［データの標準化］を行うので，(本例では書かれていないが)「各変数は標準化された」という一文を入れるようにする

　クラスタ分析の結果はデンドログラムが唯一である。第二段落以降はむしろクラスタ分析ではなく，分散分析の結果となる。だいたいそのような展開になる。分散分析の F 比の自由度は出力中にはないが，$df1 =$ (クラスタ数 $- 1) = (3 - 1) = 2$, $df2 =$ (参加者数 $-$ クラスタ数) $= (10 - 3) = 7$ と計算する。効果量 $f = \sqrt{F比 \times df1 / df2}$ で計算する。あるいは分散分析 **A**s を実行すれば自由度も効果量も得られる。

　クラスタ分析の設定に関して，下記の4点は必須の記載事項である。

①用いた変数は何か　　　　　※標準化因子得点
②変数を標準化したか　　　　※標準化因子得点は不要。通常「標準化した」と書く
③用いた距離は何か　　　　　※ユークリッド距離の二乗
④クラスタ化の方法は何か　※ウォード法

　① 用いた変数として，各参加者による果物6項目の評定得点を用いることも可能である。しかし，回答パターンが似た項目は一つの因子にまとめられるので，因子得点を用いるほうがよい。回答パターンが似た項目が多くなると，そうした同質の項目群にクラスタの形成が引きずられて，結局できあがるクラスタも同質のものになる。つまり，クラスタ分析に用いる変数同士は相関しないほうがよく，相関する変数同士はいずれか一つだけを採用するようにする。

② 変数の標準化は，常に「する」と覚えておこう。
③ 用いた距離は，参加者同士の違いを表す指標のことであり，通常は参加者間の直線的距離（2変数なら引き算の値）を用いる。これをユークリッド距離という。手法の設定をウォード法にする場合はその二乗値，すなわち"ユークリッド距離の二乗"を用いる。
④ クラスタ化の方法は各種あるが，**ウォード法**（または最小分散法）が一般的である。ほかに，js-STAR画面で選択できる方法には以下のものがある。どれがよいかという問題ではなく，どれでもよい，結果次第である。

[クラスタ化の方法：ウォード法以外]
single　　　※最短距離法，または最近隣法
complete　　※最長距離法，または最遠隣法
average　　 ※群平均法
median　　　※メディアン法

19.5　クラスタ数kによる成員数の比較

クラスタ数を決めるときの参考資料として，クラスタ数をk個としたときの各クラスタの成員数を試算する。k =（指定したクラスタ数 ± 2）として，それぞれkクラスタを想定したときの成員数を下のように有意差検定する。各クラスタの成員数をカウントしたい場合や，人数に偏りがないか（多数派・少数派が存在するか）見たい場合に参考にする。

```
> tx7 # クラスタ数kによる成員数nの試算
        CL1   CL2   CL3   CL4   CL5    χ2     df    p値
k =2    5     5     NA    NA    NA     0.0    1     1.0000
k =3    5     3     2     NA    NA     1.4    2     0.4966
k =4    3     2     3     2     NA     0.4    3     0.9402
k =5    2     2     3     1     2      1.0    4     0.9098
> # ■成員数 =1 があるクラスタ数では検定結果無効！
>
```

19.6　変数間相関をチェックする

クラスタ分析に用いる変数同士は，基本的に相関しないほうが望ましい。以下に出力された相関行列を見て，それを確認する。

本例は，因子分析における直交解の因子得点を変数としていたので，相関の心配はない。下のように相関係数は − 0.037 であり，実質ゼロである。

```
> tx8 # 変数間相関
        x1       x2
x1      NA      -0.037
x2      NA       NA
> tx9 # 相関係数の有意性検定
        x1       x2
x1      NA       0.919
x2      NA       NA
> # 数値はt検定による調整後p値(両側確率)
> # p値の調整は Benjamini & Hochberg(1995) による
>
```

もう一つ注意すべきは，変数同士が相関を示した場合，上述のtx4「各クラスタのプロフィール分析」(228頁)における分散分析のp値を調整する必要が出てくる(変数の個数だけ分散分析を繰り返すことになるから)。R出力では調整を行っていないが，変数同士が相関ゼロ(直交する)なら調整の必要はない。

変数同士が直交することが確認されない場合は，各分散分析のp値は次のように調整しなければならない。

```
## 3回の分散分析のp値を調整する例
pchi <- c(0.03, 0.05, 0.01)    # pchi へp値3個を代入
p.adjust(pchi, me="BH")        # ＢＨ法。ホルム法にするなら me="holm"
```

コラム14　R Studio を使う

R画面(Rコンソール)はRをインストールするとすぐに使える実行環境であるが，実行速度が遅いなどの問題点がある。

R Studio (アールスタジオ)は，Rのための統合開発環境(IDE)である。直感的なインターフェースと強力なコーディングツールを結合させたツールで，Rコンソールより高速に実行することができる。js-STAR，Rと同様に無料で使うことができるので，Windowsのパワーユーザおよび Mac ユーザは R Studio を使うことをお勧めする。

《インストール》

R Studio のインストールは，Rをインストールした後に行う。

R Studio で検索するか，http://www.rstudio.com/ にアクセスしてダウンロードする。

《操作手順》

例題14 を例に操作手順について説明する。

166ページの操作方法と同じだが，一点だけWindowsユーザには③の手順が必要である。Windows以外のOSのユーザは必要ない。操作せず確認するだけでよい。

①手法を選ぶ：js-STARの【相関係数計算】をクリック
②データをコピペする（Excelなどからjs-STARの［データ］枠へ）
③［データ入力方法］で『画面貼り付け』を選択する【重要】※Windows以外では確認のみ

Rプログラム

データ入力方法： 画面貼り付け ▼

④［計算！］ボタンをクリック

Rプログラムが出力されたら，そこでR Studioを起動しよう。下の図のように，［ファイル］⇒［New］⇒［R Script］と選択すると，Rプログラムを貼り付けるためのエリアが表示される。

上の"実行エリア"にRプログラムを貼り付ける。基本的に"ふつうのコピペ"を2回繰り返し，そのあと一挙に実行する。もちろんWindowsユーザも利用できる。Windows限定の『クリップボード貼り付け』より手順が1つ少ないし，待ち時間を感じさせないハイスピードで快適に実行される。手順は以下である。

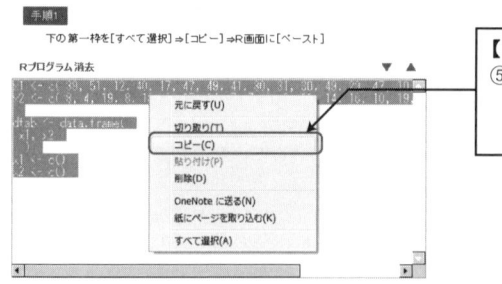

234 ── 第3部 多変量解析

【手順1】
⑤js-STAR で
第一枠を［右クリック］⇒すべて選択になるのでそのまま⇒［コピー］を選ぶ

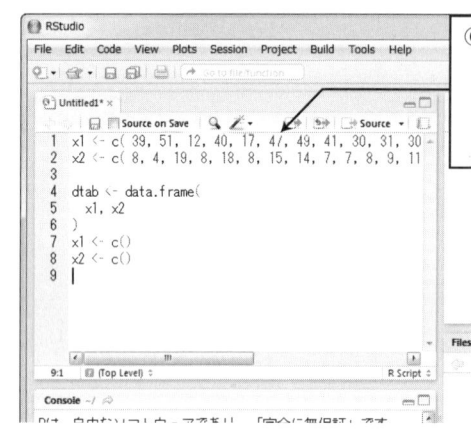

⑥RStudio で
［右クリック］⇒[Paste] を選ぶ

キー操作に慣れている人は，
Win. は CTRL ＋[V]，Mac は Command ＋[V]

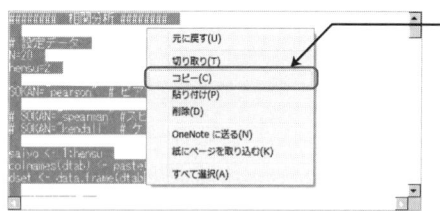

【手順2】
⑦js-STAR で
第二枠を［右クリック］⇒すべて選択になるのでそのまま⇒［コピー］を選ぶ

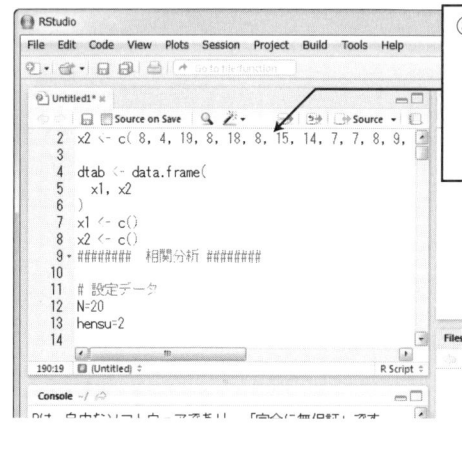

⑧RStudio で
前のRプログラムの直下を［クリック］
それから［右クリック］⇒[Paste]

キー操作に慣れている人は，
Win. は CTRL ＋[V]，Mac は Command ＋[V]

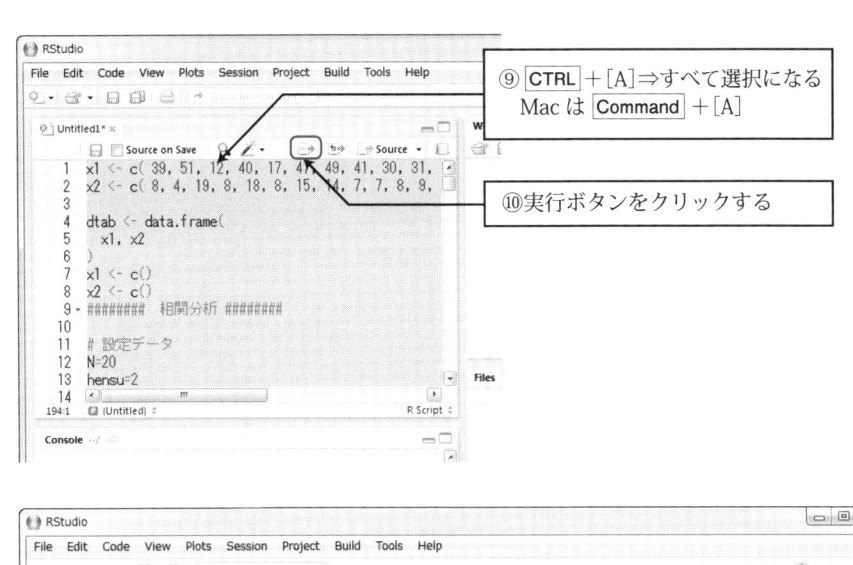

19章 クラスタ分析

⑨ CTRL + [A] ⇒ すべて選択になる
Mac は Command + [A]

⑩ 実行ボタンをクリックする

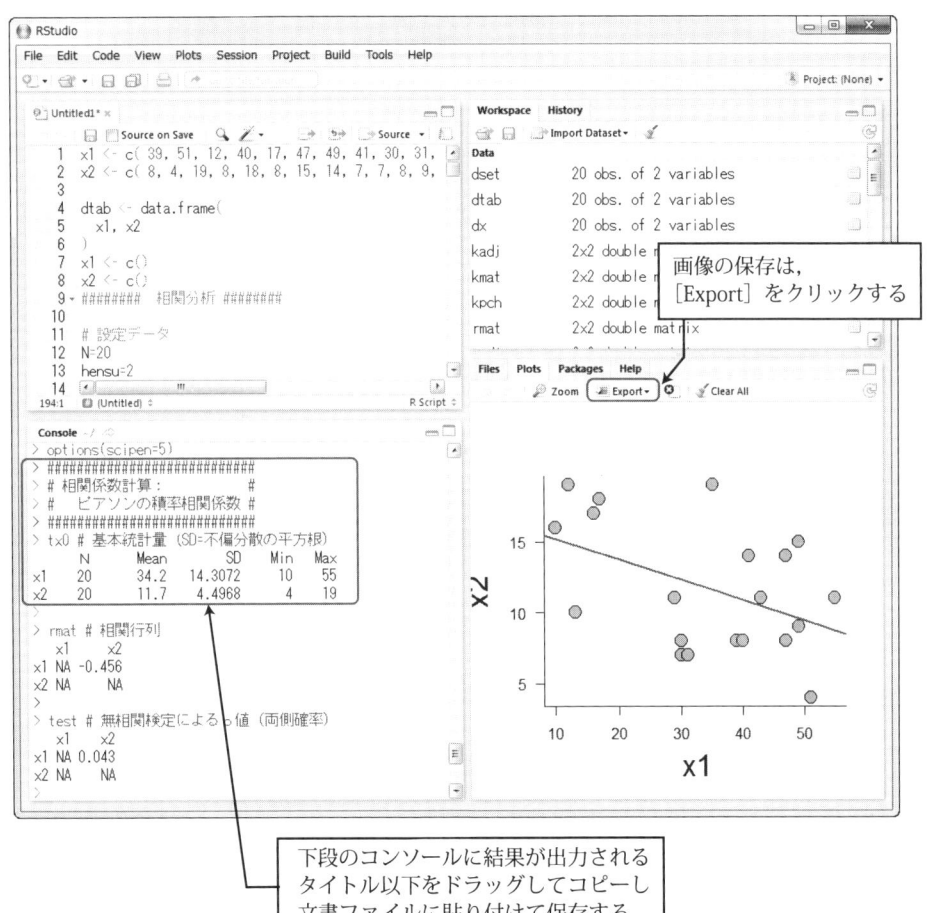

画像の保存は，[Export] をクリックする

下段のコンソールに結果が出力される
タイトル以下をドラッグしてコピーし
文書ファイルに貼り付けて保存する

あとがき1：信濃路の緑陰にて

　以前，わたしは高額で高度な統計分析システムを自在に利用できる環境にいた。そこから，偶然の影響でそれが叶わない境遇へと身を移すことになった。当時，Rは名ばかり知っていた。貧者のツールだと思っていた。しかし切なき身の必然でRに接近せざるをえず，初めて触り驚愕した。深く頭を垂れた。

　本書はそのRへの謝意と畏敬から書くことになった。中野博幸氏に話をもちかけた。js-STAR をキャリア（空母）として各種Rプログラムを搭載し，メニュー選択に応じて発進させるという構想だった。期せずして中野氏も全く同意の趣旨に思い至っていた。

　が，js-STAR のキャリアへの改造は"大改造"になった。特に多変量解析のメニューに関しては，js-STAR のインターフェースを新規に設計することになった。わたしの研究時間とプログラミングの腕の乏しさから，中野氏には何遍も振り出しに戻るような作業を繰り返させてしまった。大変な時間とご苦労をかけた。ただ，"こんなふうになったらいいけどなぁ"と，半ば無理と思いつつ提案したことも，同氏は持ち前の発想と技量で次々に解決し，実現した。事も無げに「できましたよ」と言われるたびに舌を巻いた。js-STAR の大改造が成らなければ本書も成らなかった。というより，本書を出しても意味がなかった。共作・共著のパートナーでありながら，そのことはどうしても明記しておきたい。

　付言ながら，図表作成と文面の校閲を務めてくれた妻の専心と協力に，そして先年急逝された尊兄・堀　啓造氏（香川大学教授）の思い出に，本書を捧げる旨ここに記します。「人間は交互作用する生き物だ」「低いレベルの有意差は意味がない」など，同氏が遺した名言が思い出される。

　　　　　　　　　　　　　　　　　　　　　　　　　　　　　　　　　田中　敏

あとがき２：星を戴きて往く

　STARには20年以上の歴史があります。その開発史上，いくつかの大きな転機がありました。
・ブラウザで実行できるようになったこと
・EXCELなどのデータを入力できるようになったこと
・分散分析の多重比較が複数から選択できるようになったこと
・Rとの連携ができるようになったこと

　js-STARは直接確率計算のメニューとして，1×2表と2×2表がありますが，これ以上の大きな表では，カイ二乗検定を使います。カイ二乗検定を行うためには，実測値0のセルがないことなど，いくつかの制約があるため，js-STARの機能強化として，大きな表での直接確率計算の実装を考え始めました。

　しかし，調べていくとそのアルゴリズムはとても複雑でしかも計算量や桁数が非常に大きくなるということがわかってきました。

　そんなとき，Rの存在を知ります。Rでは，大きな表の直接確率計算ができるではないですか。それならば，js-STARのカイ二乗検定を実行すると，同時にRのプログラムを書き出すようにすればよいと思いつきました。もともと，js-STARは他のソフトウエアとの親和性を考えて作っていたので，このひらめきは素晴らしいものでした。

　今回のRとの連携は，js-STARの開発史上最強です。

　しかし，その開発は困難を極めました。多変量解析に対応した全く新しいインターフェースをどうするか，Rとの連携をスムーズに行うためには手順をどうするか，などなど……。

　大幅な機能アップが使いやすさを犠牲としてしまい，とんでもない駄作となる可能性があります。実際，そういうソフトウエアをたくさん見てきました。

　ですから，田中先生の"こんなふうになったらいいけどなぁ"という提案は，ユーザ目線からの素直な要求であり，それは必ず実現しなければならないことでした。最終的な感想はユーザのみなさんにゆだねるとしても，わたしとしては現時点でこれ以上ないものになったと思っています。

　ユーザビリティを徹底的に考えたjs-STARを利用して，統計分析ツールとして最強のRを使い，最新の分析手法を試してみることができます。js-STARとRともに無料のソフトウエアですから，大きな投資は必要ありません。「最新の分析手法を試してみたいけれど，市販のソフトウエアは高額で手が届かない」とあきらめていた人，「無料のRは魅力的で使ってみたいけれど，プログラミング言語のために敷居が高くて……」と困っていた人，いろいろな方々に参考になる書籍だと思います。

　本書が，みなさんが統計分析の奥深い世界へ一歩踏み出すための一助となるなら，作者冥利に尽きるというものです。

中野　博幸

索　引

▶ A to Z

AIC	79
Benjamini, Y.	51, 52, 67, 121, 131, 141, 152, 230
BH 法	51
BIC	76, 205
CAIC	79
Cohen, J.	57, 191
Cook 距離	196
df	46
F 比	109
F 分布	39
G-G 調整値	132
G*Power	34
H-F 調整値	132
Hochberg, Y.	51, 52, 67, 121, 131, 141, 152, 230
Holm, S.	67
js-STAR	11, 12
k-means 法	223
Mean	88
n	88
p 値	23
power	30
Q-Q プロット	195
r	166
R	11
R jpWiki	11
RMSEA	205
R Studio	168, 232
R グラフィックス	20
R コンソール	18
R パッケージ	11
SD	88
S-L プロット	196
t 検定	12, 87
——（参加者間）	85
——（参加者内）	101
t 分布	92
z 得点	66
α	23

$1-\beta$	30
η^2	123
ϕ	45
χ^2 値	41, 205

▶ ア 行

イェーツの連続性修正	57
⇒ 連続性修正を見よ	
イータ二乗	133
因子解釈	209
因子間相関	212
因子空間	212
因子軸の回転	212
因子得点	213
——を用いた事後分析	217
因子負荷量	207
因子分析	197
ウェルチ（Welch）の法	89
ウォード法	225
オッズ比	58
オブリミン回転	213

▶ カ 行

回帰係数	82
回帰診断	194
回帰直線	169
回帰分析	179, 181
回帰モデル	174
階層的クラスタ分析	223
カイ二乗検定	13, 41, 61
確率密度	26
加重平均	143
片側検定	24
片側の対立仮説	24
過分散判定	77
加法モデル	75, 187
間隔尺度	12
棄却域	27

危険率	34
記述統計量	88
期待値	44, 63
期待度数	63
期待比率	42
——不等	42
基本統計量	88
帰無仮説	24
逆相関	165
球面性検定	132
球面性の仮定	132
共通オッズ比	80
共通性	208
曲線相関	169, 177
極端値	96
寄与率	208
偶然出現確率	23
区間推定	31
クラスタ分析	223
クロス集計表	55
欠損値の処理	180
決定係数	173
検出力	23, 28
検定力	28
ケンドール, M. G.	177
効果量	23
——d	90
——dz	104
——f	117
——g	28
——h	57
——w	33
交互作用	139
コホート研究	58
混合計画	145

▶ サ 行

最小二乗法	169

参加者間計画	85
参加者間誤差	128
参加者内誤差	128
残差	175
――逸脱度	76
――増分	76
――の正規性	195
――の等散布性	195
――の独立性	195
――の不偏性	195
残差分析	65
算術平均	96
散布図	169
――マトリクス	185
散布度	96
実験計画法	13, 112
実験デザイン	111
斜交回転	212
主因子法	204
重回帰モデル	176
重相関係数	191
自由度	46
自由度調整係数 ε	130
自由度調整済み決定係数	190
樹形図	226
主効果	139
主成分分析	202
順位尺度	13
順位相関係数	13
順序尺度	13
情報量基準	76, 79
処遇	111
シンプソンのパラドクス	72
信頼区間	31
信頼区間推定	32
信頼水準	32
水準別誤差項	152
スクリープロット	202
ステップワイズ増減法	186
ステップワイズ法	75
スピアマン, C. E.	177
正確二項検定	18, 23
正規分布	98

正の相関	165
切片	174
説明分散	208
説明変数	174
説明率	173
セル	20
線形モデル	181
層化解析	72, 74
相関	165
――の強さ	173
相関行列	185
相関係数	166
層別オッズ比	80

▶タ 行

対応のある t 検定	101
代表値	95, 96
タイプⅠエラー	34
タイプⅡエラー	34
対立仮説	24
多重共線性	193
多重検定問題	51
多重比較	50, 124
多変量解析	12
ダミー変数化	75
単回帰モデル	176
単純主効果	149, 150
単純主効果検定	150, 156
単純統計量	88
中央値	95
調整後 p 値	51
調整された残差	66
直交解	220
直交回転	212
対検定	50
適合度指標	204
適合度の検定	43
データの標準化	225
点推定	31
デンドログラム	226
統計的検定	17

統計的推定	31
統計的モデリング	13, 73
等散布性	171
独自性	208
独立性の検定	62
独立比率の差の検定	56
度数	13
度数集計表	17

▶ナ 行

二項検定	13
二項分布	26

▶ハ 行

箱ひげ図	94
⇒ ボックスプロットを見よ	
外れ値	96, 195
バートレット検定	121
バリマクス回転	212
パワーアナリシス	33
ピアソンの積率相関係数	166
⇒相関係数を見よ	
非心 F 分布	118
非心度	48
非心度指数	118
標準化逸脱残差	195
標準化因子得点	214
標準化偏回帰係数	189
標準誤差	189
標準正規分布	66
標準偏差	87, 97
評定	85
評定値	85
評定得点	85
標本	22
標本標準偏差	97
標本比率	21
標本分散	97
比率尺度	12
比率の差	58
比率の比	58
フィッシャーの正確検定	55
負の相関	165
不偏標準偏差	98

不偏分散	97	変曲点	99	▶ヤ 行	
不良項目	184			有意確率	23
プールされた誤差項	152	ポアソン分布	73	有意水準	23
プールド SD	121	母集団	22	ユークリッド距離	225
プロマクス回転	213	ボックスプロット	94		
分位点	95	母比率	21, 22	要約統計量	88
分割表	55	母比率不等	35		
分散	88, 97	母分散	97	▶ラ 行	
——の同質性	88	ホルム法	52	離散変量	12
分散拡大要因	193	ボンフェローニ法	52	リスク比	58
分散分析	12, 124, 217			リーベン検定	122
——ABs	135	▶マ 行		両側検定	24
——As	85, 111	マンテル・ヘンツェル検定	73	両側の対立仮説	24
——AsB	145				
——sA	125	無相関検定	172	累積説明率	203
分散分析表（アノヴァテーブル）					
	109	名義尺度	13	連関係数	45
		メディアン	95, 96	レンジ	31, 95
平均平方	109			連続性修正	57
平行分析	203	目的変数	174	連続変量	12
偏イータ二乗（partial η^2）		モデル決定係数	190		
	123, 133	モデルセレクション	73		
偏回帰係数	82, 188	モード	96		

著者紹介

田中　敏（たなか さとし）　学術博士
所　属：信州大学教育学部 教授
専　攻：言語心理学、教育心理学
著　書：『クイック・データアナリシス』『実践心理データ解析』（新曜社）ほか
E-mail：tanasato@shinshu-u.ac.jp

中野博幸（なかの ひろゆき）
所　属：上越教育大学 学校教育実践研究センター 教授
専　攻：数学教育、情報教育
著　書：『クイック・データアナリシス』（新曜社）、『js-STAR でかんたん統計
　　　　データ分析』（技術評論社）
E-mail：hiroyuki@juen.ac.jp
HomePage：http://www.kisnet.or.jp/nappa/

R & STAR データ分析入門

初版第1刷発行　2013年7月25日
初版第3刷発行　2020年6月5日

著　者　田中　敏
　　　　中野博幸
発行者　塩浦　暲
発行所　株式会社 新曜社
　　　　〒101-0051 東京都千代田区神田神保町3-9
　　　　電話（03）3264-4973・Fax（03）3239-2958
　　　　E-mail：info@shin-yo-sha.co.jp
　　　　URL　http://www.shin-yo-sha.co.jp/
印　刷　メデューム
製本所　積信堂

©Satoshi Tanaka, Hiroyuki Nakano, 2013 Printed in Japan
ISBN978-4-7885-1350-1　C1033

新曜社の関連書

クイック・データアナリシス 10秒でできる実践データ解析法	田中　敏 中野博幸	四六判128頁 本体1200円
実践心理データ解析　改訂版 問題の発想・データ処理・論文の作成	田中　敏	A5判376頁 本体3300円
数字で語る 社会統計学入門	H. ザイゼル 佐藤郁哉 訳	A5判320頁 本体2500円
心理学エレメンタルズ **心理学研究法入門**	A. サール 宮本聡介・渡邊真由美 訳	四六判296頁 本体2200円
質的データ分析法 原理・方法・実践	佐藤郁哉	A5判224頁 本体2100円
実践 質的データ分析入門 QDAソフトを活用する	佐藤郁哉	A5判176頁 本体1800円
臨床心理学研究法7 **プログラム評価研究の方法**	安田節之 渡辺直登	A5判248頁 本体2800円
ワードマップ　ゲーム理論 人間と社会の複雑な関係を解く	佐藤嘉倫	四六判196頁 本体1800円
ワードマップ　プログラム評価 対人・コミュニティ援助の質を高めるために	安田節之	四六判264頁 本体2400円
ワードマップ　パーソナルネットワーク 人のつながりがもたらすもの	安田　雪	四六判296頁 本体2400円
ワードマップ　ネットワーク分析 何が行為を決定するか	安田　雪	四六判256頁 本体2200円
ワードマップ　社会福祉調査 企画・実施の基礎知識とコツ	斎藤嘉孝	四六判248頁 本体2200円
キーコンセプト　ソーシャルリサーチ	G. ペイン／J. ペイン 髙坂健次（訳者代表）	A5判292頁 本体2700円
事例でよむ社会調査入門 社会を見る眼を養う	平松貞実	四六判256頁 本体2300円
ソーシャルグラフの基礎知識 繋がりが生み出す新たな価値	春木良且	A5判176頁 本体1800円
発達科学ハンドブック2 **研究法と尺度**	日本発達心理学会 編 岩立志津夫・西野泰広 責任編集	A5判344頁 本体3600円

※表示価格は消費税を含みません。